国家科学技术学术著作出版基金资助出版

无抗饲料在养殖业中的应用

武书庚　齐广海　主编

U0389304

科学出版社

北　京

内 容 简 介

本书系统介绍了无抗饲料在主要食用养殖动物（包括生猪、家禽、反刍动物、水产动物）和宠物养殖中的应用。其中，第一章介绍了畜牧业常用的替抗技术和产品及研发案例；第二章至第五章分别介绍了无抗饲料在生猪（种猪、乳猪、生长育肥猪），家禽（肉鸡、蛋鸡、鸭），反刍动物（犊牛和羔羊、奶牛、肉牛、羊），水产动物（淡水、海水、特种水产动物）养殖中的应用；第六章介绍了无抗饲料在宠物养殖中的应用；第七章展望了无抗饲料的产业化前景。

本书可供动物营养与饲料科学等相关专业高校师生、科研人员阅读，也可供饲料工业和养殖业从业人员参考使用。

图书在版编目（CIP）数据

无抗饲料在养殖业中的应用/武书庚，齐广海主编. —北京：科学出版社，2024.3

ISBN 978-7-03-077574-0

Ⅰ.①无… Ⅱ.①武… ②齐… Ⅲ.①饲料-研究 Ⅳ.①S816

中国国家版本馆 CIP 数据核字（2024）第 016573 号

责任编辑：陈 新 郝晨扬/责任校对：郑金红
责任印制：肖 兴/封面设计：无极书装

科学出版社 出版
北京东黄城根北街16号
邮政编码：100717
http://www.sciencep.com

北京中科印刷有限公司印刷
科学出版社发行 各地新华书店经销

*

2024年3月第 一 版 开本：720×1000 1/16
2024年3月第一次印刷 印张：11 1/2
字数：230 000

定价：120.00 元
（如有印装质量问题，我社负责调换）

《无抗饲料在养殖业中的应用》编委会

主　编　武书庚　齐广海

副主编　刘永立　翟乐平　郑君杰

编　委（以姓名汉语拼音为序）

前　言

随着养殖业集约化水平的不断提高，抗生素的使用也在大幅增加。尽管抗生素在治疗疾病与促进畜牧业生产方面曾做出突出贡献，但其大量甚至过度使用也带来一系列问题。例如，抗生素的长期使用不仅会破坏动物肠道菌群平衡、降低动物免疫力，使动物产生持久耐药性，还会随着食物链进入人体，危害人类健康。抗生素在动物体内不能完全被吸收，有 60%～90%的药物随动物粪便排出体外，严重污染生态环境。当前，越来越多的国家和地区加入禁用或限用饲用抗生素的行列。例如，瑞典于 1986 年最先禁止饲用抗生素的使用；欧盟也于 2006 年全面禁止饲用抗生素的使用；美国、日本、韩国近年来也相继出台相应的法律法规来限制饲用抗生素的使用。我国也不例外，先后出台了《饲料和饲料添加剂管理条例》《兽药管理条例》《中华人民共和国农产品质量安全法》等一系列法律法规，规范饲用抗生素的使用，尤其是农业农村部（第 194 号公告）已决定"自 2020 年 1 月 1 日起，退出除中药外的所有促生长类药物饲料添加剂品种"。综合考虑抗生素在动物体内的耐药性、保障肉类食品安全、抗生素对肠道健康的破坏及对环境的影响等问题，研制并使用无抗饲料已成为畜牧业发展的必然趋势。

无抗饲料是指不含抗生素和化学药物添加剂的饲料。然而，在国内当前规模养殖环境条件下，如果在饲料中停止抗生素的使用，势必会提高动物疾病发生率、影响动物生产性能、降低养殖效益，给畜牧业带来损失；养殖端治疗用兽药的用量可能增加，加重抗生素滥用。因此，无抗饲料需要多方面和多层次开发与利用，其推广和应用需要逐步完成。

本书主要介绍无抗饲料在养殖业中的应用，系统阐述了无抗饲料在畜牧养殖业中的开发和应用及饲用抗生素替代相关技术，帮助我国广大饲料工作者进一步掌握无抗饲料开发利用技术的原理与方法，促进无抗饲料在我国饲料工业中的推广。

本书由无抗饲料行业的顶尖团队主笔，无抗养殖技术及产品部分由刘永立和翟乐平编写，生猪部分由汪以真和路则庆编写，肉鸡部分由刘国华和邱凯编写，蛋鸡部分由武书庚和郑君杰编写，鸭部分由闻志国和吴永保编写，反刍动物部分由刁其玉和屠焰编写，水产动物部分由叶金云编写，宠物部分由王金全编写，无抗饲料产业化发展部分由戴小枫和李爱科编写，其他编委会成员分别参与到多个章节的某一添加剂的应用场景编写中。

囿于编者学识和学术水平，加之资料收集与整合不足，书中难免存在不足，敬请广大读者批评指正。

主　编

2023 年 3 月

目　　录

第一章　无抗养殖技术概述

自 1946 年 Moore 等首次报道在饲料中添加抗生素能明显提高肉鸡的平均日增重（average daily gain，ADG）以来，人们对抗生素的研究和应用越来越广泛。1950 年底，美国食品药品监督管理局（Food and Drug Administration，FDA）正式批准在饲料中使用抗生素，并逐渐为世界各国所应用。抗生素在防治动物疾病、提高饲料利用率、促进畜禽生长等方面发挥了重要作用，先后有 60 余种抗生素应用于畜牧养殖业。2005 年统计数据显示，我国每年抗生素原料生产量约为 21 万 t，其中有 9.7 万 t 用于畜牧养殖业。

然而，长期高剂量添加抗生素带来了一系列问题。首先，抗生素的滥用会导致越来越多的耐药菌株，甚至"超级细菌"的出现，耐药菌株难以被现有的抗生素杀灭，并且随着食物链进入人体，给疾病治疗带来极大困难。其次，抗生素会随着机体血液循环而遍布动物的肝、肾、淋巴结等器官，导致动物免疫力下降，只有加大剂量或延长用药时间才能达到抗病效果，从而形成恶性循环。此外，大量的抗生素在动物体内无法全部降解，会随动物粪便、尿液排出，在水和土壤中蓄积，导致环境污染。

饲用抗生素的禁用在全球范围内已经成为行业和社会共识。1986 年瑞典全面禁止在畜禽饲料中使用抗生素促生长，成为首个禁用抗生素作为生长促进剂的国家。之后，不断有个别抗生素被禁用，2000 年丹麦在畜禽饲料中全面禁用促生长类抗生素添加剂，欧盟已于 2006 年全面禁止饲用抗生素的添加。美国也于 2014 年开始分步禁止饲用抗生素的使用。为维护我国动物源性食品安全和公共卫生安全，2019 年农业农村部按照《遏制细菌耐药国家行动计划（2016—2020 年）》和《全国遏制动物源细菌耐药行动计划（2017—2020 年）》部署，发布第 194 号公告，决定于 2020 年停止生产、进口、经营、使用部分药物饲料添加剂。自 2020 年 7 月 1 日起，饲料生产企业停止生产含有促生长类药物饲料添加剂（中药类除外）的商品饲料，我国"饲料停抗"政策正式实施。

第一节　畜牧业常用有效技术和产品

为了应对无抗的到来，国家、行业、企业、科研人员在替抗产品和无抗养殖技术的研究方面做了大量工作。替抗产品应具有抗有害微生物、抗炎、适度抗氧化和免疫刺激、改善肠道健康、防腹泻、促生长和生产等作用。从消除饲料中抗营养因子的角度，为减少抗营养因子对动物健康的破坏作用，开发了酶制剂、发酵饲料、特定加工工艺、低蛋白饲粮等技术和产品；从维持适当的动物免疫力和抗氧化的角度，开发了微生态制剂（活菌、益生元、后生元等）、酸化剂、酶制剂、活性肽、中草药及植物提取物等产品；从直接治疗的角度，开发的添加剂有卵黄抗体、溶菌酶、植物精油等；从平衡动物营养素的角度，开发了功能性饲料添加剂组合等。

一、替抗技术

1. 营养平衡与高消化率

饲料营养素是养殖动物最好的保健品，"精准营养"是所有替抗技术方案成功的基础；通过选用高品质蛋白源、合成氨基酸，降低饲粮粗蛋白质水平、平衡饲粮氨基酸等产品和技术，可提高食糜中营养素被肠道吸收的速度，防控营养性腹泻；饲粮中微量元素、维生素、脂肪酸也需要平衡，以满足动物特定应用场景；通过提供优质饲料原料、饲料原料组合满足营养需要。

2. 饲料卫生

严格控制霉菌及其毒素，通过蒸汽对饲料消毒杀菌，控制饲料中重金属含量等技术手段，可用于维持较好的饲料卫生状况。

3. 饲料加工

不同动物、不同生理阶段需要不同的饲料粒度，膨化、熟化等工艺可消除热敏性抗营养因子，使淀粉糊化、蛋白质变性，提高饲料的安全性和营养素的消化率，促进营养素的利用，改善动物胃肠道健康。

4. 发酵工艺

饲料发酵可以消除饲料中的抗营养因子、扩大饲料原料来源（糟渣、果渣）、释放营养性（氨基酸、肽、维生素、微量元素、酶等）和免疫刺激代谢产物，提高营养素的消化率，改善动物健康状况；发酵工艺涉及菌种选择及组合，温度、水分、时长控制，烘干与否等工艺技术。

二、饲料产品

1. 酸化剂

酸化剂可改善适口性，增加采食量；提高饲料系酸力和动物胃内酸水平，提高胃蛋白酶活性，调控肠道内容物的酸度，进而影响淀粉酶、脂肪酶、胰蛋白酶等的分泌和活性，提高饲料消化率；减缓食物在胃中的排空速度，促进营养素（蛋白质、能量、微量元素等）在胃肠中的吸收；调节动物肠道微生态平衡，破坏细菌细胞膜，干扰细菌酶的合成，抑菌或杀菌，预防病原微生物引起的动物肠道疾病；抗应激，改善生长性能。目前对丁酸类产品的研究较多。

2. 植物精油

植物精油含萜烯类化合物、芳香族化合物、脂肪族化合物、含氮及含硫化合物等成分。植物精油具有诱食、抗氧化、抗微生物、抗炎、增强免疫、改善消化、调控肠道菌群、保障肠道健康等作用，广泛用于改善动物健康状况。值得注意的是，通过化工合成百里香酚、香芹酚、肉桂醛组装的精油产品，因有害杂质、旋光性、辅助成分等问题，饲用效果并不好。

3. 中草药和植物提取物

我国《饲料原料目录》中收录了 117 种可饲用天然植物，规定其粉或粗提物均可作为饲料原料复配到饲料中，以便改善饲料品质、提高养殖动物效益，扩大了药用植物的应用场景，为动物保健提供可能。《植物提取物术语》得到国家标准化管理委员会立项（国标委发函〔2021〕23 号），农业农村部出台了《植物提取物类饲料添加剂申报指南》（农办牧〔2023〕2 号），这些必将为饲用天然植物及其提取物的规范应用、提高动物生产性能和改善产品品质做出更多的贡献。

4. 益生菌

益生菌具有调节肠道微生物稳态、改善肠道健康和增强宿主免疫力的功能，用于预防肠道疾病。益生菌用于幼龄动物（如断奶仔猪、雏鸡、犊牛、羔羊等）、生长动物（如肉仔鸡、生长育肥猪等）和繁殖动物（如母猪、奶牛、蛋鸡等），是饲用替抗的重要产品（表 1-1）。

表 1-1 益生菌研究简史

年份	事件
1962	Bogdanov 从保加利亚乳杆菌中分离出了 3 种具有抗癌活性的糖肽，首次报道了乳酸菌的抗肿瘤作用
1965	D. M. Lilly 和 R. H. Stillwell 在 Science 期刊上最先使用益生菌（probiotic）这个定义来描述一种微生物对其他微生物的促生长作用
1977	德国人首先提出了乳酸杆菌可以调节脂肪代谢，降低胆固醇含量
1983	美国塔夫茨大学两名美国教授 Sherwood Gorbach 和 Barry Goldin 从健康人体中分离出了 LGG（鼠李糖乳杆菌），并于 1985 年获得专利
1989	英国 Roy Fuller 定义：益生菌是额外补充的活性微生物，能改善肠道菌群的平衡从而对宿主的健康有益
1993	我国学者张篪教授系统研究了世界第五长寿区（我国广西巴马地区）百岁以上老人体内的双歧杆菌，发现长寿老人体内的双歧杆菌比普通老人多
2001	联合国粮食及农业组织（FAO）和世界卫生组织（WHO）对益生菌做了如下定义：通过摄取适当的量、对食用者的身体健康能发挥有效作用的活菌
2005	美国北卡罗来纳州立大学的 Dobrogosz 和 Versalovic 教授提出了"免疫益生菌"（immunoprobiotic）的概念
2007	Science 期刊预测人类共生微生物的研究将是国际科学研究的 7 个领域之一

年份	事件
2017	Paul W. O'Toole 教授等发表综述文章 "Next-generation probiotics: the spectrum from probiotics to live biotherapeutics"（《新一代益生菌：从益生菌到活体生物治疗药物》），系统回顾并展望了目前国际上新一代具有重要临床价值的益生菌产品的研究与应用
近年	随着基因工程和第二代 DNA 测序技术的发展，微生物面纱逐步被揭开，二代益生菌（next-generation probiotic，NGP）、活载体口服疫苗逐渐登场，为世界所瞩目

5. 益生元

益生元包括可被宿主肠道菌群选择性利用和转化、有益于宿主健康的物质，如菊粉（inulin）、壳寡糖（chitosan oligosaccharide，COS）、果寡糖（fructooligosaccharide，FOS）、低聚半乳糖（galactooligosaccharide，GOS）、低聚木糖（xylooligosaccharide，XOS）、甘露寡糖（mannan oligosaccharide，MOS）、大豆低聚糖（soybean oligosaccharide，SBOS）、低聚异麦芽糖（isomalto- oligosaccharide，IMO）等。多属于短链分支糖类，不被单胃动物自身分泌的消化酶分解，进入消化道后段可被肠道有益微生物消化利用，选择性地促进双歧杆菌、乳酸杆菌、链球菌等有益菌群的增殖。

6. 合生元

合生元是将益生菌与益生元组合，共同发挥调控肠道菌群、改善宿主健康的作用，即具有"益生"作用的复合产品。

7. 酶制剂

酶制剂分为消化酶和非消化酶，可提高畜禽消化道内源酶活性，补充内源酶的不足，提高日粮中相应养分（如磷、蛋白质、脂肪、淀粉等）的消化代谢率；破坏植物细胞壁，提高饲料的利用效率；消除饲料中的抗营养因子（如非淀粉多糖、单宁等），降低肠道食糜黏度，促进营养物质的消化吸收，体现"促生长"的效果；抑制畜禽后肠道有害微生物的繁殖，否则未被消化吸收的养分进入大肠会发酵，促进有害微生物的繁殖，产生毒素，抑制动物生长，降低生长性能；直接杀死有害菌，如溶菌酶能水解肽聚糖中的 N-乙酰氨基葡萄糖和 N-乙酰胞壁酸之间的 β-1,4-糖苷键，以此破坏细菌细胞壁，具有一定的抑菌和抗菌活性。溶菌酶被世界卫生组织（WHO）认定为无毒无害且安全的添加剂产品，应用于食品和饲料领域。

8. 活性肽

活性肽具有广谱抗细菌、真菌、病毒、寄生虫的活性，不易引起病原菌产生耐药性，不同的抗菌肽又具有不同的抗菌特点。

9. 复配组合产品

复配组合产品是复配上述两种或两种以上的替抗产品，如"酸化剂+植物精油""益生菌+益生元"等，市面上多数替抗产品并非单一产品，多是复配组合产品。

第二节 无抗研发案例

中国农业科学院饲料研究所家禽营养与饲料创新团队以"高产动物也需要保健，饲料营养素是最好的保健品"为理念，研究养殖生产实践中饲料原料、饲料添加剂、预混合饲料、浓缩饲料、配合饲料，以及在当今各种饲养规模、养殖模式、饲养设备与设施配备、饲养管理水平、饲养动物品种等条件下动物生长、生产、繁殖、抗应激等的营养需要满足情况，提出功能性饲料添加剂的研究方向和思路；不断深入研究现有饲料营养素和添加剂的作用机理，各种应用场景下需要补充量和实际补充量之间的差异，从而指导饲料和养殖环节，满足动物需要、确保动物健康和生产潜能的发挥。

"利用现代生物技术，挖掘中药瑰宝、探寻富硒乳酸菌、开发微生物源活性肽，科技赋能无抗饲料，助力绿色高效生态养殖"，是焦作市饲用替抗工程技术研究中心设立之初的核心任务。多年来，该中心在保障食品安全、满足人民对绿色健康食品向往的赛道上，走出了一条科技创新之路。作为全国无抗绿色养殖先行者，焦作市率先在"生物发酵+经方中药"方向研发系列产品。我国多数地区处于缺硒地带，补硒能改善人民健康，该中心打破常规，采用植物乳杆菌转化无机硒，开发了富硒植物乳杆菌；随着现代微生物研究的深入，开发了对革兰氏阴性细菌和阳性细菌有效的抗菌脂肽。这些产品用于生产，践行焦作市饲用替抗工程技术研究中心依托公司（佰役安生物工程有限公司）的使命"让养殖户安心，让养殖业安稳，让食品安全"。

以"共建安全农牧产业链、同创大众绿色生活圈"为使命的河南同发生物科技有限公司（简称同发生物），以"小鸡蛋大民生"为宗旨，致力于研究动物营养与健康，让养殖更简单，让动物产品更安全、更营养。同发生物与中国农业科学院饲料研究所、河南农业大学、河南牧业经济学院等合作，瞄准粮食安全和豆粕替代，设立蛋白虫工程技术研究院，探索理想蛋白、微量元素平衡和净能体系，满足低蛋白低豆粕配方需要；确保食品安全，解析营养素的双向调节作用，维持家禽适度的抗氧化、免疫和肠道微生态，确保家禽健康；面向人民生命健康，研究蛋壳、蛋清、蛋黄和风味的形成机理、营养调控技术以及功能性成分在鸡蛋（肉）中的转化和调节机制，研制蛋鸡 2.2%预混料+功能包、甄能蛋等系列产品，帮助养殖企业实现降本增收。最终形成了生物科技研发、饲料加工、供应链、信息科技、商业和国际贸易六大板块，辐射 10 多个国家和地区，实现研、产、供、销一条龙，科、工、贸的标准化与一体化平台。

以"全心全意提高动物免疫力"为宗旨，专业致力于动物免疫力增强产品和配套应用技术的创新与研发而设立的河北省动物专用免疫增强剂技术创新中心认为，当前饲养动物方式（多经过高度选育）和养殖模式（多为工业化生产、工厂化养殖）导致养殖动物代谢旺、应激多、密度大、运动少，加之霉菌毒素、免疫抑制性疾病等免疫抑制性因素较多，使得养殖动物免疫力低下、易发病、病难治、难养成。开发免疫增强剂和配套应用技术是动物保健的重要武器，是健康养殖的必备手段。自 2009 年以来，河北省动物专用免疫增强剂工程技术中心相继开发了肌腺泰、全解、蓝电、安益肽、高免多糖等免疫增强剂产品，为健康养殖做出了应有的贡献。

以"创新使用天然药物、发展功能性添加剂、减量使用抗生素"为宗旨，河北省功能性饲料添加剂技术创新中心基于对饲料和养殖生产过程的认识、饲料营养平衡的理论，针对饲养动物容易缺乏的营养素、养殖生产中的特定问题，以平衡特定动物的营养需要为出发点，开发功能性饲料添加剂，调节动物肠道平衡、增强免疫力、促进营养吸收、降低饲料消耗、改善生产性能和肉蛋奶品质、减少环境污染。自 2019 年以来，他们开发了三清侠、霉立邦、多利纤、反刍宝、V圣肽等产品 30 余个，为健康养殖做出了自己的贡献。

Aegis 新技术研究中心秉承"仁信立本，科创捷行"的理念，以减少畜牧业药物使用、规避细菌耐药性、研发替代抗生素产品、促进行业可持续发展为己任，利用仿生法，在研究人、禽等天然溶菌酶活性中心特点的基础上，创新技术，利用生物发酵的方法大量生产物美价廉的天然溶菌酶；研究养殖生产过程中动物遇到的各种疾病状况，有针对性地确定溶菌酶的适宜剂量，确保优质高效地生产动物产品，满足人民对美好生活和生命健康的需要；针对不同动物，优化提出了"以Aegis 溶菌酶技术为核心替代抗生素、以无抗饲料为载体、疾病发生时规范治疗"的集成无抗养殖技术，在生猪、蛋鸡、水产、奶牛等动物养殖生产中落地。

以"安全、有效、经济"为宗旨，河北同源百草生物科技有限公司发扬"诚信做人、用心做事"的企业精神，依托安国中药材专业市场优势，瞄准国家的无抗饲料和养殖减抗、乡村振兴等需要，深耕中药、做好经方药，聘请相关专家组建同源百草研究院，针对饲养动物、消费者的不同需要，兼顾动物健康、品质高效，为广大用户和养殖业提供系统无抗优品解决方案。以研发的中草药添加剂物化技术，实现替抗、减抗、无抗、绿色，维持动物健康，高效生产安全、营养、美味、健康的动物产品，增加养殖收益、助力乡村振兴。

针对我国水产养殖所用鱼粉长期大量依赖进口的问题，常州亚源生化科技有限公司在比较养殖水产动物对植物性蛋白、动物性蛋白、微生物发酵蛋白消化和吸收利用规律的基础上，选择容易得到的玉米、小麦、南瓜等原料作为底物；培育微生物、选择酶制剂，采用酶、菌协同与定向降解技术，生产活性肽类产品，发挥替代鱼粉和水产动物保健作用；针对当前无抗养殖动物需要，开发富含天然谷氨酰胺的优蛋白（Upro），可促进肠道发育、具有一定的抗菌作用，用于改善动物健康状况和产品品质。

自成立以来，河北正大鸿福动物药业有限公司坚持采用中草药解决绿色无抗养殖问题，深入研究饲用植物提取工艺、组方工艺，研究家禽各类病毒病、肌胃炎、腺胃炎、气囊炎、支气管栓塞、滑液囊霉形体病、大肠杆菌病、鼻炎、球虫等多项疑难病症的发病机理；充分利用中草药配伍的君臣佐使，以兽药和饲料添加剂的批号，开发粉剂、散剂、预混剂、注射剂、滴耳剂、滴眼剂、口服溶液剂、颗粒剂、丸剂、片剂、消毒剂（液体）等多种剂型，满足无抗养殖和高效生产需要。

石家庄市永昌兽药有限公司（简称永昌兽药）创始人张生于 2001 年提出"延残"理论，认为畜禽养殖业的滥用西药局面势必会引起人类的食源性药物残留，长期下去，又势必会引起人类疾病趋向复杂性、多元性、难治性。该理论得到业界专业人士肯定：获得"前瞻性经营理念""关爱人类健康""绿色的人文经济"等评价。先后有 8 个产品被《中华人民共和国兽药典》收编为国家标准，其中"奶牛乳房消炎散""禽瘟解毒散"以其绿色、高效的特点被评为中国名牌产品。关注中药、天然植物提取、深加工，永昌兽药以"精、气、神"，用"人才之华为精、创新三源为气、文化之魂为神"为企业强身健体。

第二章　无抗饲料在生猪养殖中的应用

我国是世界第一生猪养殖大国，也是世界第一猪肉消费大国。2022年，全国生猪出栏69 995万头，猪肉产量5541万t（图2-1）。我国生猪饲养量和猪肉消费量均占世界总量的50%以上，猪肉占我国国内肉类消费总量的60%。生猪养殖是我国畜牧业支柱产业，我国素有"猪粮安天下"之说，生猪产业是"菜篮子"工程的重要组成，保障生猪养殖可持续发展是我国畜牧业乃至农业的重中之重。

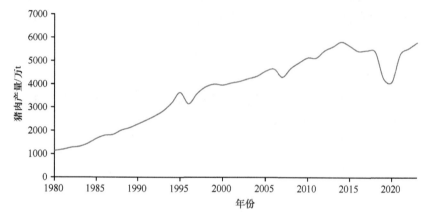

图2-1　1980年以来我国猪肉产量变化

数据来源：国家统计局

养猪业在我国畜牧业中的核心地位是长期以来随历史发展不断积累产生的结果。新中国成立之后，生猪产业发展较为缓慢，以农户的副业养殖为主，生猪养殖效率低、生猪出栏率低，猪肉的市场供给短缺，需要通过发放"猪肉票"来限制消费。改革开放后，我国生猪产业开始持续高速发展，进入21世纪，我国生猪产业也从单纯追求数量增长逐渐转变到追求数量、质量、结构和经营效益并重的发展模式。尤其是2007年国务院发布了《国务院关于促进生猪生产发展稳定市场供应的意见》，出台了一系列扶持生猪生产稳定发展的政策，提高了国内生猪养殖的积极性，推动了生猪产业向产业化、规模化和标准化的发展。近年来，我国生猪产业的综合生产能力和市场保障能力有了进一步提高，基本满足了我国不断增长的对猪肉及其加工品的市场消费需求。

根据欧盟禁抗的过往经验，我国生猪饲料禁抗同样面临生产水平下降、仔猪腹泻率和死亡率增加、养殖现场治疗用抗生素用量增加、养猪综合生产成本提高等问题,给我国生猪养殖稳产保供带来新的严峻挑战,"无抗猪肉"生产也面临很大的压力。本章归纳整理了目前无抗饲料在种猪、乳猪及生长育肥猪生产中的应用情况,为实现饲料禁抗、养殖减抗、产品无抗的生猪健康养殖提供理论依据和实践指导。

生猪无抗饲料的推动是一个系统工程,在做好生物安全的基础上,重视饲料原料质量控制,配备合理的饲料营养策略,选择合适的替抗产品,打造舒适的养殖环境,制定科学的管理体系,不断提高从业人员的技术水平和整体素质,是实现饲料无抗乃至整个养殖链条无抗的关键所在。

第一节 无抗饲料在种猪生产中的应用

俗话说:"母猪好,好一窝;公猪好,好一坡。"种猪生产的好坏直接影响养猪生产的效益,种猪饲养管理是整个养猪生产中的关键环节。其中,种公猪的好坏直接影响母猪的产仔数和后代仔猪的品质,高水平的饲养管理可提高种公猪的配种能力、使用年限,节省引种开支。作为生产仔猪的工厂,母猪摄入的营养不仅影响自身健康,而且影响仔猪的初生重、成活率、断奶体重,以及后期的生长性能,最终影响出栏时间和育肥的生产效益。母猪妊娠和泌乳期是生猪养殖的重要阶段,加强母猪的营养管理,科学结合各个阶段的营养需要,调控母猪的日粮营养,可以极大地提高母猪的繁殖率,增加断奶仔猪数量,减少无效母猪,提高猪场的经济效益。

本节介绍种猪生产中实用、常用的功能性添加剂和使用技术,重点阐述了酶制剂、微生态制剂、低蛋白日粮、生物发酵饲料、寡糖、中草药或植物提取物等产品和技术在提高种猪繁殖性能、改善后代健康水平上的应用。

一、酶制剂

饲用酶制剂能够帮助和促进动物消化吸收,提高种猪饲料利用率和生产性能,降低饲料成本。目前,可添加的酶制剂主要分为两类:一类是动物消化道可以分泌的内源性消化酶(蛋白酶、脂肪酶、淀粉酶等),另一类是动物本身不能产生的外源性消化酶(植酸酶、非淀粉多糖酶等)。在生猪健康养殖过程中,酶制剂能够消除饲料中的抗营养因子和有毒有害物质,提高内源酶活性,降低消化道食糜黏度,促进动物健康生长(表2-1)。

表2-1 酶制剂在种猪生产中的应用效果

种猪	酶制剂种类和剂量	应用效果	文献
哺乳母猪	300g/t 脂肪酶	显著提高仔猪断奶重,出生后14~21天阶段增重;显著缩短母猪返情间隔	时本利等,2012

种猪	酶制剂种类和剂量	应用效果	文献
妊娠母猪	150g/t 和 300g/t 溶菌酶	显著提高 ADFI，缩短断奶到发情时间间隔；血清 IgM 在泌乳第 1 天显著升高，IgA 和 IL-10 在泌乳第 10 天显著升高；显著降低初生仔猪死胎率和后代仔猪腹泻率，血清 IgA、IgG、IgM、IL-10 的浓度显著升高，有助于改善母猪和后代的健康状况	Xu et al.，2018
泌乳母猪	250FTU/kg 植酸酶	替代 0.16%有效磷和 0.15%钙，显著减少母猪体重损失，增加能量摄入	Wealleans et al.，2015

注：ADFI 为平均日采食量（average daily feed intake），IgA 为免疫球蛋白 A，IgG 为免疫球蛋白 G，IgM 为免疫球蛋白 M，IL-10 为白细胞介素 10。下同

二、微生态制剂

微生物与动物和环境构成微生态系统，在正常状态下，肠道内各菌群协调共生，优势菌群起主导作用，维持动物微生态平衡。微生态制剂主要通过调控肠道微生物群落结构、产生次生代谢物而发挥作用，对病原性感染和外源性刺激产生的疾病有明显的预防与治疗效果。《饲料添加剂品种目录（2013）》中可做饲料添加剂的微生物菌种共 35 种，具体为乳杆菌（22 种）、芽孢杆菌（6 种）、酵母（2 种）、光合细菌（1 种）、霉菌（2 种）、丙酸杆菌（1 种）、丁酸梭菌（1 种），并规定了其适用范围（表 2-2）。饲喂微生态制剂，不仅能够有效提升母猪的繁殖性能与健康水平，而且能够不同程度地促进和改善哺乳仔猪的生长发育及健康状况（表 2-3）。

表 2-2　《饲料添加剂品种目录（2013）》中允许使用的益生菌种类及其适用范围

益生菌通用名称	适用范围
动物双歧杆菌、嗜酸乳杆菌、地衣芽孢杆菌、干酪乳杆菌、枯草芽孢杆菌、产朊假丝酵母、酿酒酵母、迟缓芽孢杆菌、两歧双歧杆菌、德氏乳杆菌保加利亚亚种、短小芽孢杆菌、青春双歧杆菌、乳酸肠球菌、植物乳杆菌、米曲霉、乳酸片球菌、婴儿双歧杆菌、戊糖片球菌、沼泽红假单胞菌、长双歧杆菌、屎肠球菌、嗜热链球菌、短双歧杆菌、粪肠球菌、德氏乳杆菌乳酸亚种、罗伊氏乳杆菌、黑曲霉、纤维二糖乳杆菌、发酵乳杆菌	养殖动物
布氏乳杆菌、产丙酸丙酸杆菌	牛饲料、青贮饲料
副干酪乳杆菌	青贮饲料
凝结芽孢杆菌	生长育肥猪、肉鸡和水产养殖动物
侧孢短芽孢杆菌	肉鸡、肉鸭、猪、虾
丁酸梭菌	断奶仔猪、肉仔鸡

数据来源：农业部第 2045 号公告

表 2-3　微生态制剂在种猪生产中的应用效果

种猪	微生态制剂种类	应用效果	文献
母猪	微生态制剂	显著提高母猪 ADFI，提高母猪奶水中乳蛋白、乳糖和乳脂含量；减少母猪发情间隔和体重损失	孙明梅，2015
母猪	以乳酸杆菌、黄芪发酵产物制成的微生态制剂	提高泌乳力 2.54%、乳蛋白 25.43%、乳脂 24.84%，母猪分娩滞产率降低 14.6%；断奶后 7 天发情率、14 天受胎率均显著提高；哺乳期间，仔猪 ADG 有提高趋势、腹泻发病率有所降低、成活率提高 3.87%	于宝君等，2018

注：ADG 为平均日增重（average daily gain）。下同

三、寡糖

寡糖具有优良的抗氧化、免疫调节功能，饲喂适量寡糖不但有利于缩短母猪发情间隔、改善母猪泌乳性能，还能有效提高母猪乳汁成分中生长激素、免疫因子等的含量，有利于提高后期仔猪和生长育肥猪的生产性能（表 2-4）。

表 2-4　寡糖在种猪生产中的应用效果

种猪	寡糖种类和剂量	应用效果	文献
母猪	0.1%半乳甘露寡糖	生长激素水平显著提高，效果与 20mg/kg 维吉尼亚霉素相当，优于 20mg/kg 吉他霉素；肿瘤坏死因子水平显著提高，效果优于上述两种抗生素	王彬和印遇龙，2007
母猪	0.2%甘露寡糖	显著缩短发情期，提高生产效率，不影响妊娠母猪发情	段绪东，2013
妊娠后期和哺乳母猪	300mg/kg 壳寡糖	缩短母猪产程，提高母猪和仔猪的抗氧化能力	龙次民等，2015

四、中草药

中草药饲料添加剂具有无毒、无害、无残留等优点，含有丰富的多糖和生物碱，对母猪泌乳能力、产仔性能等方面具有一定的提升作用，是替代抗生素类和激素类药物的理想饲料添加剂（表 2-5），具有极大的开发价值。

表 2-5　中草药在种猪生产中的应用效果

种猪	中草药种类和剂量	应用效果	文献
公猪	熟地、淫羊藿、菟丝子、川断、玄参等复方中草药方剂，12g/天	显著增加精液量、精子密度、精子活力，显著降低顶体异常率、精子畸形率	龙翔和邰秀林，1998
哺乳母猪	复方中草药（黄芪、益母草、淫羊藿、王不留行、蒲公英、鱼腥草、白术、山楂、五味子等）	在改善 ADFI、繁殖性能和缩短发情时间间隔等方面，与 300mg/kg 80%多西环素无显著差异	胡石春，2012
莱芜黑猪经产母猪	10g/kg 姜粉、5g/kg 八角粉或 10g/kg 丹参粉	单一添加均能显著提高初乳中乳蛋白含量、总抗氧化能力（T-AOC），其中丹参粉能显著提高初乳中乳脂和乳糖水平	李雪艳等，2016

五、活性肽

活性肽是生物体在长期进化过程中产生的一类对抗外界病原体感染的肽类活性物质，是宿主免疫防御系统的重要组成部分。与经典特异性免疫系统的高特异

性和记忆性相比,活性肽除了具有免疫调节功能,还具有广谱抗菌、抗病毒的功能,且它们主要通过破坏细胞膜来杀灭病原菌,不会产生耐药性,被认为是可以替代传统抗生素的新资源。活性肽用于种猪饲粮,具有抗病毒、抗细菌、提高繁殖性能和仔猪的生长性能等作用(表2-6)。

表2-6 活性肽在种猪生产中的应用效果

种猪	活性肽种类和剂量	应用效果	文献
母猪	400mg/kg 天蚕素抗菌肽	显著提高产活仔率和产健仔率,在提高仔猪初生重、断奶重、ADG和成活率方面,效果均优于400mg/kg阿莫西林+300mg/kg泰妙菌素	李波等,2011
母猪	200mg/kg 天蚕素抗菌肽	增加产仔数和健仔数,提高哺乳仔猪成活率,降低腹泻率,提高ADG	孙丹丹等,2015

六、维生素

动物机体对维生素的需要量较少,且维生素并非各种组织的主要成分,也不能提供能量,但维生素的作用十分重要,一旦缺乏会导致一系列不良反应,其中影响较大的就是猪的繁殖性能。饲粮中添加适宜浓度的维生素,能够改善种猪繁殖性能和机体免疫机能,维持机体健康,从而减少抗生素的使用。其中维生素A(VA)参与母猪卵巢发育、卵泡成熟、黄体形成、输卵管上皮细胞功能的完善和胚胎发育等过程,当母猪缺乏VA时,内分泌腺萎缩,结构受损,内分泌功能紊乱,激素分泌减少或完全停止;生殖器官上皮受影响最严重,性周期发生障碍;叶酸通过影响妊娠前期胚胎的生长发育,参与母猪繁殖性能的调控。另外,维生素E(VE)、维生素D(VD)等均与繁殖性能有关(表2-7)。

表2-7 维生素在种猪生产中的应用效果

种猪	维生素种类和剂量	应用效果	文献
公猪	VE	提高组织α-生育酚含量,睾丸中精子存量和次级精母细胞数量,精液中精子的数量和精子活力	Tareq et al.,2009
母猪	2mg/kg 叶酸	显著提高产仔数和产活仔数,不影响断奶窝重	高振华等,2010
母猪	VE	显著提高仔猪初生重,提高分娩时仔猪脐带血清和泌乳母猪血清GSH-Px、CAT活性	黄少文等,2015

注:GSH-Px表示谷胱甘肽过氧化物酶,CAT表示过氧化氢酶。下同

七、低蛋白日粮

蛋白质饲料资源短缺、饲料利用率低、环境污染等问题制约了生猪养殖业的发展,通过降低饲粮粗蛋白质水平、配合合成氨基酸的使用,可以减少豆粕等蛋白原料的使用,提高饲料利用率,改善生产性能;低蛋白日粮中补充支链氨基酸(L-亮氨酸、L-缬氨酸和L-异亮氨酸),有利于提升机体生长性能和免疫性能,明显降低生猪养殖中的氮排放,促进绿色生态养殖(表2-8)。

表 2-8　低蛋白日粮在种猪生产中的应用效果

种猪	日粮粗蛋白质水平	应用效果	文献
妊娠母猪	从 13.5%降低到 9.5%，补充 Lys 和 Met	不影响总产仔数、产活仔数和初生窝重，对初生仔猪血清 MDA 含量及 T-AOC、SOD、CAT 的活性也无明显影响	陈军 等，2017
哺乳母猪	16%	采食量提高 2%，窝重提高 10%，泌乳量提高 8.5%，栏舍氨气浓度减少 8.9%~10.9%	张光磊等，2018
泌乳母猪	降低 2.5 个百分点	夏季高温，不影响生产性能、血清皮质醇和游离氨基酸含量，显著降低血清尿素氮浓度，显著减少粪氮排泄量；饲粮可消化赖氨酸从 0.93%降到 0.83%，显著提高哺乳仔猪 ADG，显著减少泌乳期母猪失重	方桂友等，2018

注：Lys 表示赖氨酸，Met 表示蛋氨酸，MDA 表示丙二醛，SOD 表示超氧化物歧化酶。下同

八、生物发酵饲料

饲料原料经益生菌发酵能够在保证母猪正常营养所需基础上，改善母猪泌乳能力、乳汁品质、断奶仔猪体重及健康状况。母猪妊娠期和泌乳期是生猪养殖的重要阶段，发酵饲料可以提高母猪繁殖和泌乳性能，达到改善母仔一体化的效果，从而有效减少抗生素在母仔猪上的使用量（表 2-9）。生物发酵饲料也拓展了非常规饲料原料在母猪上的应用。

表 2-9　生物发酵饲料在种猪生产中的应用效果

种猪	生物发酵饲料	应用效果	文献
公猪	粪肠球菌、丁酸梭菌、芽孢杆菌、乳酸菌混合发酵的玉米-豆粕型日粮	提高机体免疫力、精子密度、精子活率、精子顶体完整率、质膜完整率及精子线粒体膜电位活性，改善繁殖性能	孙昌辉，2019
泌乳母猪	15%枯草芽孢杆菌、酵母菌发酵的玉米-豆粕型饲料	优化奶成分，减少背膘损失，提高子代生长性能	Wang et al.，2018a
妊娠母猪	发酵饲料	对细胞免疫的作用主要表现在增加免疫球蛋白的局部浓度，增加 IgA、IgG 等的分泌；对体液免疫的作用主要表现在益生菌通过激活肠道黏膜中的巨噬细胞、T 淋巴细胞、NK 细胞、DC 细胞等，增强妊娠母猪自身的免疫应答反应	Grela et al.，2015
妊娠母猪	10%发酵膨化秸秆	提高母猪初乳中乳蛋白、乳脂和乳糖的含量	杨一，2016

九、饲料加工技术

抗生素对预防产后生殖道感染及母猪因产仔体质下降导致的全身感染具有明显效果，但抗生素的使用也会引起母猪受孕率低、淘汰率高，造成母猪内分泌紊乱，影响母猪肠道有益菌群的健康，从而降低饲料利用率，引起药源性便秘。通过饲料加工技术提高原料营养价值，能够有效改善母猪的繁殖性能和健康程度，减少抗生素对母猪造成的不良影响（表 2-10）。种公猪饲粮应以精料为主，辅以适量的青绿饲料。研究表明，青绿饲料能有效缓解种公猪因夏季持续高温造成的繁殖功能障碍。

表 2-10 饲料加工技术在种猪生产中的应用效果

种猪	加工技术	应用效果	文献
母猪	适宜的粉碎粒度	提高 ADFI 和营养成分消化率	王凤红等，2010
妊娠母猪	秸秆发酵膨化（10%）	提高饲粮中纤维水平，提高母猪繁殖性能、背膘厚度、乳成分	杨一，2016
妊娠后期和哺乳母猪	1：1 苜蓿草粉和亚麻籽膨化（15%）	显著提高断奶仔猪均匀度，有利于保育与育肥上的饲养管理，减少经济损失	潘培颖等，2018
泌乳母猪	膨化全脂大豆（40%）	代替部分豆粕，显著改善生产性能	赵元等，2015

第二节　无抗饲料在乳猪生产中的应用

乳猪的初生体重较小，但在出生后代谢旺盛，生长发育迅速。一般初生重 1kg 的乳猪，10 日龄时可达初生体重的 2 倍左右，30 日龄为 6 倍以上，60 日龄为 15 倍以上（图 2-2），乳猪随周龄增加，体重迅速增加。因为生长发育较快，乳猪生产的关键在于保证其营养供给，解决其采食、营养、抗病力不能适应快速生长发育的矛盾。乳猪的消化系统结构和机能不完善，初生乳猪胃内仅有凝乳酶，唾液和胃液中蛋白酶较少，胃底腺不发达，不能分泌胃酸，胃内有少量没有活性的蛋白酶，不能消化蛋白质，特别是对植物性蛋白消化能力较差，容易导致腹泻、营养吸收障碍等问题。生产中往往通过添加多种饲用或药用抗生素，预防或治疗乳猪疾病，但长期大剂量添加抗生素带来了一系列问题。目前，在饲料禁抗的大背景下，乳猪断奶后需供应营养全面的无抗饲料，有利于提高仔猪存活率，从而保证生产效益。

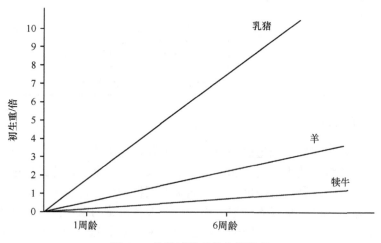

图 2-2　幼龄哺乳动物生长速率

本节以提高乳猪机体免疫功能、改善肠道菌群平衡、提高养分消化吸收为目标，解决仔猪消化功能紊乱、腹泻、采食量下降、生长发育迟缓、成活率低等问题，重点阐述微生态制剂、中草药、酸化剂、酶制剂、氧化锌等产品的作用与效果。

一、酶制剂

断奶应激不同程度地降低了仔猪胰腺和肠道中胰蛋白酶、淀粉酶和脂肪酶活性，从而在短时间内影响仔猪的消化能力，进而影响仔猪的生长发育及其抵抗疾病的能力。酶制剂的添加能降解饲料中的抗营养因子，弥补乳猪内源酶分泌不足的缺点，帮助其消化吸收各种营养物质，达到促进生长并保护肠道屏障的作用；能够提高早期断奶仔猪平均日增重、饲料转化率等生产性能指标；降低腹泻率和死亡率（表 2-11）。酶制剂可以说是仔猪断奶过程中饲用抗生素的理想替代产品之一。

表 2-11　酶制剂在断奶仔猪生产中的应用效果

酶制剂种类和剂量	应用效果	文献
酸性蛋白酶、真菌 α-淀粉酶、木聚糖酶、β-甘露聚糖酶、葡萄糖氧化酶、酸性纤维素酶、半乳糖苷酶等复合酶制剂	显著提高蛋白质、脂肪、纤维等养分的利用率，显著提高生长性能，对机体的抗氧化、免疫功能具有一定的促进作用	陆晓莉，2019
50U/kg 葡萄糖氧化酶	与 50mg/kg 喹烯酮、50mg/kg 吉他霉素、75mg/kg 金霉素相比，显著提高血清总蛋白含量，极显著提高仔猪血清 IgA、IgG、IgM、IL-6、TNF-α 和 IFN-γ 含量，提高抗氧化能力和免疫功能	陈瑾等，2020
500~4000FTU/kg 植酸酶	随剂量增加，ADFI、ADG、磷表观总消化率、骨断裂强度和骨灰分质量均呈线性增加	Broomhead et al.，2019
100mg/kg 颗粒状溶菌酶	改善生长性能，显著改善空肠形态，提高肠道 IgA 含量，显著降低仔猪肠道弯曲杆菌的含量，促进肠道健康	Oliver and Wells，2013

注：IL-6 表示白细胞介素 6，TNF-α 表示肿瘤坏死因子 α，IFN-γ 表示干扰素 γ。下同

二、酸化剂

酸化剂分为单一酸化剂，无机酸化剂（磷酸、盐酸等），有机酸化剂（甲酸、乙酸、乳酸、延胡索酸、丙酸及其盐类等），复合酸化剂（磷酸型、乳酸型、有机酸和有机酸盐复合酸化剂等）。

酸化剂能够有效降低断奶仔猪胃肠道酸度、提高消化酶的活性和饲料适口性、减缓肠道消化压力、提高机体对营养物质的消化吸收能力，有效清除病原菌，改善肠道菌群结构，促进乳猪和断奶仔猪生长（表 2-12，表 2-13）。

表 2-12　酸化剂的作用机理

作用	机理
提高饲料适口性	适量的酸可提高日粮适口性,增加仔猪 ADFI
降低胃肠道 pH,提高消化率	降低断奶仔猪胃内容物 pH,并维持相对稳定,提高消化道酶活性和营养物质消化率
降低腹泻率,缓解应激	酸性条件有利于乳酸菌的繁殖生长,对大肠杆菌等有害微生物有抑制作用
参与机体内代谢,促进养分消化吸收	柠檬酸、延胡索酸参与机体三羧酸循环,乳酸是糖酵解的终产物之一,通过糖异生作用释放能量,促进机体消化吸收
作为饲料保藏添加剂	乙酸、丙酸、山梨酸是饲料防霉剂,广泛用于饲料保藏;延胡索酸能提高预混料中维生素 A、维生素 C 的稳定性

表 2-13　酸化剂在断奶仔猪生产中的应用效果

酸化剂种类和剂量	应用效果	文献
延胡索酸、乳酸、甲酸、苹果酸、柠檬酸、反式丁烯酸	均有效提升断奶仔猪生长性能,且乳酸和柠檬酸能降低断奶仔猪水肿病的发病率	Tsiloyiannis et al.,2001
有机酸(甲酸、乙酸、丙酸、月桂酸组合或丁酸、山梨酸、月桂酸组合)	提高断奶仔猪生长性能,提高碳水化合物、中性洗涤纤维、酸性洗涤纤维和磷的表观消化率,改善肠道绒毛形态,降低粪便大肠杆菌数量,提高血液免疫抗体含量	阳巧梅等,2018
1%和1.5%复合酸化剂(柠檬酸、乳酸、苯甲酸)	有效防治仔猪腹泻,改善生产性能,接近抗生素(100mg/kg 金霉素+30mg/kg 利高霉素)的效果	吴秋玉等,2019

三、微生态制剂

生产实践中,因饲料、环境和饲养管理等诸多应激因素的影响,极易造成仔猪胃肠道微生物群落紊乱,进而减弱机体抵抗病原菌的能力,出现断奶仔猪腹泻问题,严重影响仔猪及后期的生长速度。添加饲用微生态制剂可以调节肠道微生物群落平衡,促进营养物质消化吸收,调节机体免疫功能,改善生产性能(表 2-14),具有安全无污染、无药物残留、不易产生耐药性等特点,是良好的抗生素替代产品之一。

表 2-14　微生态制剂在断奶仔猪生产中的应用效果

微生态制剂种类和剂量	应用效果	文献
丁酸梭菌和复合益生菌(1×10^8CFU/kg 丁酸梭菌+1×10^9CFU/kg 地衣芽孢杆菌)	显著提高断奶仔猪 ADG,显著降低饲料/增重(F/G)和腹泻率,达到与2250mg/kg Zn+抗生素组的同等效果;显著提高十二指肠淀粉酶、空肠淀粉酶、脂肪酶的活性,显著提高干物质、粗蛋白质、钙、磷的表观消化率,其效果与 50mg/kg 吉他霉素+100mg/kg 喹乙醇+20mg/kg 硫酸黏杆菌素相当	王腾浩,2015
2×10^8CFU/kg 解淀粉芽孢杆菌	增加仔猪肠道绒毛高度、肠道绒毛高度/隐窝深度(绒隐比),效果与 150mg/kg 金霉素相当	Du et al.,2018

四、氧化锌

自 1989 年丹麦科学家 Poulsen 发现饲料中添加 2500~4000mg/kg 氧化锌能促

进仔猪生长、有效防治断奶仔猪腹泻以来，氧化锌在生猪养殖中的应用已经超过30年。大量研究和生产实践证明，高剂量氧化锌的使用在控制乳猪和断奶仔猪腹泻方面确实起到了抗生素等抗菌物质无法实现的效果，为减少饲用抗生素在乳猪和断奶仔猪饲料中的添加做出了巨大贡献，目前已成为业内控制断奶后腹泻、促进仔猪生长的最经济有效的手段（表2-15）。但是，长期饲用高锌日粮会给畜禽业发展和生态环境带来不良影响，因此，农业部第2625号文件规定，自2018年7月1日起，仔猪断奶后前2周配合饲料中氧化锌形式的锌的添加量由之前的不超过2250mg/kg更改为不超过1600mg/kg。

表2-15　氧化锌在断奶仔猪生产中的应用效果

氧化锌种类和剂量	应用效果	文献
3000mg/kg 氧化锌	显著降低仔猪腹泻率，增加十二指肠和回肠的绒隐比，显著降低血浆脂质过氧化物水平，效果与 300mg/kg 金霉素+60mg/kg 硫酸黏杆菌素相当	Zhu et al.，2017
900mg/kg、1800mg/kg 和 3400mg/kg 氧化锌	显著提高 ADG，降低腹泻率，提高 ADFI，极显著改善 F/G，提高仔猪血清免疫球蛋白水平，改善体液免疫水平，显著提高干物质和粗蛋白质、粗脂肪的表观消化率，效果与 100mg/kg 金霉素相当	王飞等，2007
1200mg/kg 纳米氧化锌	显著提高仔猪末重和 ADG，显著降低血浆二胺氧化酶水平，提高十二指肠和回肠的绒隐比，抑制厌氧菌的粘附，提高回肠紧密连接蛋白的基因表达水平，效果与 20mg/kg 硫酸黏杆菌素相当	Wang et al.，2017a

五、多糖和寡糖

多糖和寡糖具有天然的免疫增强功能和代谢调节功能，在断奶仔猪日粮中添加多糖/寡糖能显著提高其免疫力，缓解仔猪断奶应激，改善断奶仔猪生产性能（表2-16）。

表2-16　多糖/寡糖在断奶仔猪生产中的应用效果

多糖/寡糖种类和剂量	应用效果	文献
0.3%果寡糖+0.15%甘露寡糖或 0.45%果寡糖+0.10%甘露寡糖	显著提高仔猪 ADG，降低 F/G，效果与 25mg/kg 吉他霉素+20mg/kg 硫酸黏杆菌素相当	邹志恒等，2004
200mg/kg、400mg/kg、600mg/kg 和 800mg/kg 白术多糖+茯苓多糖（1:1）	提高仔猪 ADG，显著降低 F/G，效果优于 20mg/kg 硫酸黏杆菌素+40mg/kg 杆菌肽锌+100mg/kg 喹乙醇；600mg/kg 白术、茯苓多糖显著降低了仔猪腹泻率，效果与抗生素相当	陈丽玲等，2020
400mg/kg 和 800mg/kg 黄芪多糖	提高仔猪饲料转化效率，效果与 150mg/kg 金霉素相当	甄玉国等，2016
0.1%灵芝多糖	提高仔猪 ADG，效果与 100mg/kg 土霉素相当；灵芝多糖显著降低仔猪腹泻率和死亡率，与土霉素相比腹泻率下降 69.23%	李成洪等，2011

六、中草药

2020年1月1日我国正式实施"饲料停抗"政策，退出了除中药外的所有促生长类药物饲料添加剂品种。中草药具有安全、绿色的特性，能够改善肠道健康，但在快速治愈动物疾病上的功效并不十分明显。从目前来看，单独一种中草药添加剂完全替代抗生素较难实现，组方使用效果较好，表现在改善肠道健康、减少腹泻、提高营养素的消化吸收率、改善生产性能等方面（表2-17），总之，应用前景十分广阔。

表 2-17   中草药在断奶仔猪生产中的应用效果

中草药种类和剂量	应用效果	文献
0.01%杜仲黄酮	对仔猪生产性能、腹泻指数和肠道形态无明显影响	Yuan et al.，2020
0.5%杜仲叶提取物	对仔猪 ADG、F/G 和腹泻评分无明显影响	Peng et al.，2019
500mg/kg八角提取物或 250mg/kg 杜仲叶提取物	对仔猪生产性能未见显著影响	王鑫等，2019
0.2%和 0.3%复方中草药（党参、黄芪、益母草、六神曲等）提取物	ADG 分别提高 9.27%和 9.58%，F/G 分别降低 4.74%和 4.88%，效果与 300mg/kg 10%金霉素相当	唐金花，2018

七、生物肽

除在饲料中添加抗菌肽外，也有研究报道了抗菌肽与抗生素对腹泻仔猪的应用效果对比（表2-18）。

表 2-18   生物肽在断奶仔猪生产中的应用效果

生物肽种类和剂量	应用效果	文献
400mg/kg 复合抗菌肽	显著提高断奶仔猪 ADG、干物质和粗灰分的表观消化率、肠道乳酸菌和双歧杆菌数量，显著降低仔猪腹泻率和肠道大肠杆菌数量，效果与 20mg/kg 硫酸黏杆菌素+50mg/kg 吉他霉素相当	Shi et al.，2018
400mg/kg 天蚕素 AD	显著缓解大肠杆菌 K88 攻毒导致的仔猪 ADG、ADFI 和饲料利用率降低，降低仔猪腹泻率，效果与添加 100mg/kg 吉他霉素+800mg/kg 硫酸黏杆菌素相当	Wu et al.，2012
注射 0.6mg/kg 抗菌肽 CWA	与恩诺沙星破坏仔猪肠道屏障、降低粪便中短链脂肪酸水平相反，抗菌肽 CWA 增加了仔猪肠道紧密连接蛋白的表达，增强了肠上皮细胞的伤口愈合能力，改善了微生物群落组成，提高了粪便中短链脂肪酸水平	Yi et al.，2016

八、维生素

仔猪消化系统发育尚未完善，肠道极易受环境和营养应激影响而发生过敏反应，导致消化吸收功能紊乱，甚至腹泻、死亡，从而影响生长性能。仔猪从出生开始补充足够的维生素，可以有效提高仔猪生长性能和免疫功能，增强对环境、疾病等应激因素的抵抗力，从而减轻对饲用抗生素的依赖。断奶仔猪从产床转移到保育舍的应激使仔猪体内的维生素 E（VE）含量显著下降，在断奶仔猪转舍前期，应补充 VE 以防止出现抵抗力下降的现象。生物素主要作为一种辅酶，参与多种重要的新陈代谢，可促进仔猪生长，提高饲料转化率。另外，对 VD_3、VB_2、VB_6、泛酸等（表2-19）也有较多的研究。

表 2-19　维生素在断奶仔猪生产中的应用效果

维生素种类和剂量	应用效果	文献
136mg/kg VE	母猪所产仔猪在断奶1周后对卵清蛋白的免疫反应显著增加	Babinszky et al.，1991
高剂量生物素（500μg/kg）	缓解圆环病毒造成的断奶仔猪腹泻，提高 ADG，有改善 F/G 的趋势	陈宏等，2008
高剂量 VD$_3$	部分改善断奶仔猪的免疫功能和抗氧化能力	Yang et al.，2021
VB$_2$、VB$_6$ 和泛酸	提高血液、肝和肌肉中相应维生素含量，从而有利于提高仔猪机体免疫	Böhmer and Roth-Maier，2007

九、低蛋白氨基酸平衡日粮

适当降低日粮粗蛋白质水平、补充合成氨基酸，不仅不会影响仔猪的生产性能，还可有效降低仔猪的氮排放（表 2-20）。谯仕彦和岳隆耀（2007）在研究中指出，6.5～20kg 的仔猪低蛋白日粮应额外补充赖氨酸、色氨酸、苏氨酸和蛋氨酸，若继续降低蛋白水平（大于 4 个百分点）还应额外补充缬氨酸或异亮氨酸。

表 2-20　低蛋白氨基酸平衡日粮在断奶仔猪生产中的应用效果

低蛋白氨基酸平衡日粮	应用效果	文献
补充 8 种必需氨基酸和精氨酸、亮氨酸	饲粮粗蛋白质水平从 23.1%降至 21.2%，不影响仔猪 ADG	Opapeju et al.，2008
	饲粮粗蛋白质水平从 23.1%降至 18.9%，显著降低断奶仔猪腹泻率，不影响仔猪生长性能	
	饲粮粗蛋白质水平从 23.1%降至 17.2%，显著降低仔猪 ADG	
补充必需氨基酸以符合理想的氨基酸模式	饲粮粗蛋白质水平从 24.3%降至 17.3%，明显减少尿氮和粪氮排放，显著降低断奶仔猪腹泻率，不影响仔猪生产性能	Heo et al.，2008
平衡赖氨酸、苏氨酸、蛋氨酸、色氨酸、异亮氨酸和缬氨酸	饲粮粗蛋白质水平从 22.4%降至 16.9%，不影响仔猪生长性能	Le Bellego et al.，2002

十、生物发酵饲料

采用微生物发酵技术可以有效降解饲料中的抗营养因子，抑制饲料病原菌的生长，改善饲料的适口性，提高饲料的营养物质利用率和消化率。生物发酵饲料替代部分配合饲料（≤30%）对仔猪生长具有促进作用，能够显著提高 ADG、降低 F/G、减少饲用抗生素的使用。

发酵饲料中含有益生菌，将发酵过程中产生的乳酸、乙酸、丙酸和丁酸等有机酸等饲喂仔猪后，可降低其消化道 pH，抑制病原菌生长，进而降低发病率；生物发酵饲料能够提高仔猪免疫功能，采用乳杆菌、酿酒酵母和枯草芽孢杆菌发酵饲料饲喂 14kg 左右仔猪，仔猪血清 IgA 浓度显著升高。饲喂添加枯草芽孢杆菌和乳酸杆菌的饲料后发现仔猪肠道 IL-2、IL-6 及 β-防御素 2（pBD-2）的基因表达量显著提高，对免疫具有积极的调节作用，从而增强宿主的防御能力。随着液态饲喂技术的推广,生物发酵饲料在断奶仔猪饲粮中的使用会越来越普遍(表 2-21)。

表 2-21 生物发酵饲料在断奶仔猪生产中的应用效果

生物发酵饲料种类和用量	应用效果	文献
经乳酸杆菌、枯草芽孢杆菌和酵母菌发酵的饲料，20%用量	提高仔猪 ADG，降低 F/G 和腹泻率，改善仔猪肠道菌群	胡新旭等，2013
植物乳杆菌发酵饲料	仔猪空肠、盲肠内容物中乳酸菌的数量分别提高了 9.65%、11.88%；空肠内大肠杆菌、沙门氏菌的数量分别降低了 9.26%、5.93%；盲肠内大肠杆菌、沙门氏菌的数量分别降低了 2.32%、17.58%	刘金萍，2004

十一、饲料加工技术

仔猪消化道尚未发育成熟，断奶后日粮由液态饲料到固态饲料的转变，以及饲料中抗营养因子和霉菌毒素等极易引起仔猪腹泻。采取适当的饲料加工技术，处理断奶仔猪饲料原料，能够有效缓解断奶仔猪腹泻，提高仔猪生长性能，从而减少饲用抗生素的使用。

粉碎和熟化是饲料加工工艺中增加饲料营养价值的两个重要环节（表 2-22）。挤压膨化工艺能够在基本保持饲料营养成分的基础上，降低其抗营养因子的含量，从而减少这些因子带来的不良反应。与粉状饲料相比，制粒能够增加动物采食量，有效防止动物挑食，减少饲料损失，同时降低饲料中微生物的活性。

表 2-22 饲料加工技术在断奶仔猪生产中的应用效果

加工技术	应用效果	文献
饲料粉碎粒度 0.5mm（与 1.5mm 相比）	提高仔猪生产性能，提高饲粮干物质、氮和能量的表观消化率，缓解仔猪腹泻，效果随仔猪断奶后时间的延长而减弱	李霞，2007
熟化处理，制粒	饲料中淀粉糊化度增加，蛋白质受热变性，易被酶解，提高消化利用率	
增加淀粉糊化度	提高仔猪的生长性能和养分的消化利用率	葛春雨等，2022
膨胀低温制粒工艺和二次制粒工艺	提高断奶仔猪 ADG，降低 F/G，提高部分养分的消化利用率	孙杰等，2015

第三节 无抗饲料在生长育肥猪生产中的应用

生长育肥阶段的猪生长速度快，饲料消耗占养猪饲料总消耗的 78%，超过全部生产成本的 60%，生长育肥阶段也是决定最终效益的重要时期。生长育肥阶段的核心在于提高饲料转化率，降低死亡率，同时提高胴体品质。本节重点介绍了酶制剂、中草药、微生态制剂、发酵饲料、维生素、低蛋白氨基酸平衡日粮、饲料加工技术等在生长育肥阶段的应用效果。

一、酶制剂

酶制剂能显著改善生长育肥猪的消化道结构和功能，加快饲料养分的消化吸收，对提高动物的生长性能、F/G 和健康水平有显著作用。饲料中添加酶制剂同样可改善生长育肥猪的生长性能、胴体性状和肉品质，同时可以不同程度地提高饲料利用率（表 2-23）。

表 2-23　酶制剂在生长育肥猪生产中的应用效果

酶制剂种类和剂量	应用效果	文献
复合酶制剂（β-葡聚糖酶、戊聚糖酶、纤维素酶、甘露聚糖酶、酸性蛋白酶）	提高干物质、能量、粗纤维、粗蛋白质、无氮浸出物、钙、磷的表观消化率，提高 ADG，降低 F/G	王苑等，2014
在低磷饲粮中添加植酸酶	改善生长育肥猪的生长性能，提高养分的表观消化率，减少粪便中矿物元素的排泄量	王晶等，2017
0.1%复合酶	生长育肥猪 ADG 提高 12.45%，F/G 降低 11.2%；降低背膘厚度，提高瘦肉率和大理石纹评分	容庭等，2012

二、中草药

中草药对于生长育肥猪具有促进采食和提高机体免疫力的作用，还能提高屠宰率、瘦肉率，减少滴水损失，改善肉品质等。因为中草药中的粗纤维、木质素含量对生长育肥猪的抗营养作用有限，因此作用效果（猪肉品质、生产性能等）更加明显（表 2-24）。

表 2-24　中草药在生长育肥猪生产中的应用效果

中草药种类和剂量	应用效果	文献
30mg/kg 博落回散	与 20mg/kg 硫酸黏杆菌素相比，提高生长育肥猪十二指肠黏膜的抗氧化能力，提高屠宰率、背膘厚度、眼肌面积、瘦肉率，改善肉质色泽、pH 下降过程，减少失水率和滴水损失	李长虹，2017
1.0%、1.5%、2.0%刺五加散（刺五加、黄芪、当归、枣仁、甘草等配制而成）	与 30mg/kg 杆菌肽锌相比，线性提高生长育肥猪 ADFI、ADG，2.0%组能显著提高 IgA、IgG、IgM 的浓度	刘东风，2017
1.0%、1.5%复方中草药（薄荷、鱼腥草、金银花、板蓝根、黄芪、黄连、木香、陈皮等）	与 50mg/kg 50%维吉尼亚霉素相比，提高生长育肥猪饲料总能和粗蛋白质的表观消化率、胴体重、瘦肉率，降低背膘厚，减少滴水损失，改善肉质色泽，提高大理石纹评分	袁文军和黄兴国，2010

三、微生态制剂和发酵饲料

微生态制剂能有效调节消化道内源菌群动态平衡，提高生长育肥猪对饲料中营养物质的消化与吸收，有效改善机体免疫力，在提高生长育肥猪生产性能的同时还能减少消化道疾病的发生（表 2-25）；发酵饲料可改善生长育肥猪肉品质。

表 2-25　微生态制剂和发酵饲料在生长育肥猪生产中的应用效果

微生态制剂和发酵饲料的种类和剂量	应用效果	文献
枯草芽孢杆菌和地衣芽孢杆菌发酵饲料	提高生长育肥猪 ADG、ADFI，降低 F/G，地衣芽孢杆菌效果较好	罗佳捷等，2014
5%乳酸菌发酵饲料	提高生长育肥猪的背最长肌 pH$_{45min}$ 和肉质色泽评分，提高粗脂肪含量，降低背最长肌肌肉剪切力	朱坤等，2018

微生态制剂和发酵饲料的种类和剂量	应用效果	文献
发酵小麦酒糟	提高生长育肥猪 ADFI、ADG 及背最长肌中谷氨酸、甘氨酸、丝氨酸、丙氨酸含量，改善猪肉风味	许翔等，2017
中草药石榴皮、银杏叶、甘草的发酵物	提高生长育肥猪 ADFI，提高猪肉谷氨酸、核苷酸含量及抗氧化性能，延长猪肉货架期	Ahmed et al.，2016

注：pH_{45min} 是指屠宰后 45min 肌肉的 pH

四、维生素

维生素在提高生长育肥猪生长性能、增强抗应激能力、改善猪肉品质等方面起着至关重要的作用（表 2-26），关于维生素之间配伍应用也有一定的研究。

表 2-26 维生素在生长育肥猪生产中的应用效果

维生素种类和剂量	应用效果	文献
100mg/kg VC	降低生长育肥猪背膘厚度，提高屠宰率	陈立华，2014
80mg/kg VE	改善 90kg 生长育肥猪的肉质色泽、pH、系水力、嫩度、熟肉率	李青萍等，2003
100mg/kg VE、200mg/kg VE 和 300mg/kg VE	改善生长育肥猪的肉质色泽，提高肌肉系水力，减少滴水损失，减少肌糖原降解，抑制肌肉乳酸的生成，降低肌肉蛋白的腐败变质程度，延长货架期，200mg/kg VE 效果最好	刘丽霞等，2007

五、低蛋白氨基酸平衡日粮

降低生长育肥猪日粮中粗蛋白质水平，对于减少氮排放效果显著（表 2-27）。但一些关键的氨基酸对生长育肥猪的生长性能有明显影响，因此低蛋白日粮中需要添加一些限制性的必需氨基酸，如 L-苏氨酸（L-Thr）、L-色氨酸（L-Trp）、L-赖氨酸（L-Lys）、DL-蛋氨酸（DL-Met）等。近年来的研究表明，将饲粮粗蛋白质水平降低 4 个百分点以内，并按照其需要量或理想氨基酸模型补足氨基酸，不会影响生长育肥猪的生长性能。但也有研究发现，低蛋白日粮会对生长育肥猪的生产性能造成一定影响。低蛋白日粮受不同的日粮水平、氨基酸补充、饲料原料类型、饲喂模式等因素影响，生长性能表现不同。总体来说，当日粮蛋白水平下降 3 个百分点时，前四位的限制性氨基酸（L-Lys、L-Thr、L-Trp 和 DL-Met）必须补足；当日粮蛋白水平降低 6 个百分点时，再额外补充其他的支链氨基酸才能够维持与对照组相似的生长性能；进一步降低日粮蛋白水平（高于 6 个百分点）则需要补充氮或足量的非必需氨基酸，以免影响生长性能（Wang et al.，2018b）。

表 2-27 低蛋白日粮在生长育肥猪生产中的应用效果

低蛋白日粮	应用效果	文献
低蛋白氨基酸平衡日粮	提高生长育肥猪采食量，缺乏色氨酸会降低 ADG，缺乏苏氨酸和含硫氨基酸则未影响生长性能	李宁等，2018
补充 L-Trp、L-Ile 和 L-Val，补充 L-Lys、L-Thr 和 DL-Met	前者更有利于提高生长育肥猪 ADG，提高 IgG 和 IgA 等免疫因子表达水平，有利于增强机体免疫力	Jiao et al.，2016

续表

低蛋白日粮	应用效果	文献
在低蛋白（13.31%）日粮中添加 Gly、L-Lys、L-Thr、L-Trp、DL-Met、L-Val 和 L-Ile	能使 20～50kg 生长育肥猪达到与高蛋白日粮（18.19%）饲喂条件下相同的生长性能	Powell et al.，2011

六、饲料加工技术

对饲料原料进行适当的粉碎能使生长育肥猪获得最佳生长性能和饲料利用率；膨化会提高饲料营养物质消化率，降低一些抗营养因子的含量（如大豆中的胰蛋白酶抑制因子、棉籽中的棉酚），还会减少饲料携带细菌、霉菌和粉尘的数量，改善饲料的适口性（表 2-28）。因多数抗生素替代品的热敏特性，在普通饲料加工工艺、加工过程中损失率较高。先将大料混合料制成熟化粉状饲料，提高淀粉糊化度，再与小料混合进行低温制粒，可以有效降低热敏性饲料原料营养损失。

表 2-28　饲料加工技术在生长育肥猪生产中的应用效果

加工技术	应用效果	文献
饲粮玉米平均粒度由 1200μm 减至 400μm	粒度每减少 100μm，生长育肥猪增重效率提高 1.0%～1.5%	Wondra et al.，1995
不同淀粉糊化度的颗粒饲料	提高饲料的淀粉糊化度可以提高生长育肥猪 ADFI 和 ADG，降低 F/G，提高生长性能	于纪宾等，2015
膨化棉籽粕	降低游离棉酚的含量，对棉籽粕营养物质含量影响较小，提高生长育肥猪的生长性能、抗氧化能力、免疫力和营养物质的表观消化率	倪海球等，2018
高效调质低温制粒工艺	提高配方中热敏性原料（乳酸菌）保留率和生长育肥猪的生长性能。二次低温制粒不会破坏热敏性原料，有利于营养物质的吸收和利用	段海涛，2018

第三章　无抗饲料在家禽养殖中的应用

我国家禽饲料占饲料总产量的比例（图 3-1）长期稳定在 50%上下（1991～2008 年），近年来因猪配合饲料增加，禽料占比降低。由于预混合饲料使用较多，因此统计的蛋禽饲料占比持续降低。肉禽饲料近年来基本稳定。

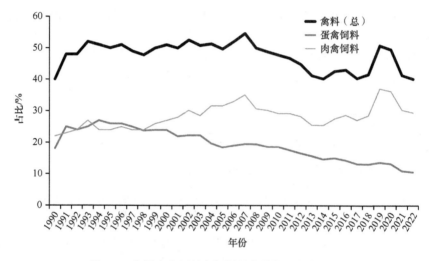

图 3-1　我国家禽饲料占饲料总产量的比例变化图

禽产品经济实惠，禽蛋和禽肉是物美价廉的动物蛋白，因此其人均占有量持续提高（图 3-2），我国鸡蛋人均消费仅低于墨西哥和日本。因肉鸡、肉鸭生长快速，饲料蛋白向动物蛋白的转化效率较高，蛋禽属于即产动物，产蛋期间没有抗生素可用，故家禽养殖生产对免疫、抗氧化和抗病饲料的需求更为迫切。

本章介绍了肉鸡、蛋鸡和鸭的无抗饲料及其应用研究。

第一节　无抗饲料在肉鸡生产中的应用

我国现代肉鸡养殖业起步较晚。1987 年北京家禽育种有限公司引进艾维茵肉鸡原种，在近 40 年的时间里，我国肉鸡养殖业从无到有，迅猛发展，目前我国已经成为世界三大白羽肉鸡生产国之一，并发展起具有中国特色、以黄羽肉鸡为代表的优质肉鸡养殖产业，为补充人体膳食蛋白质、满足肉类食品消费需求和丰富居民"菜篮子"做出了巨大贡献（图 3-3）。2022 年全国家禽出栏 161.4 亿只（白羽肉鸡 60.9 亿只，黄羽肉鸡 37.3 亿只），禽肉产量 2443 万 t，2023 年禽肉产量（2563 万 t）进一步增加。

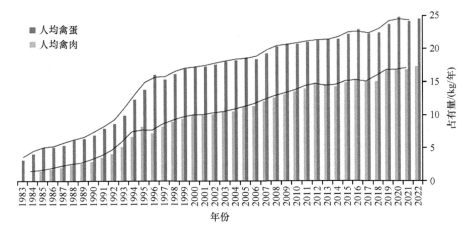

图 3-2　我国人均禽蛋、禽肉占有量变化图

数据来源：国家统计局

图 3-3　近年来我国肉鸡出栏量和鸡肉产量情况

数据来源：艾格农业数据库

　　以引进"洋鸡"起步的我国肉鸡业在饲养方式上也深受北美模式的影响，不仅肉鸡饲料借鉴了玉米-豆粕-鱼粉型高营养浓度的日粮模式，追求生长快、体重大，而且养殖模式也采用北美传统的地面垫料平养，从品种、饲料到养殖方式几乎全盘照搬。虽然表面上复制了美国典型的肉鸡养殖生产方式，但由于饲料原料质量、饲养条件、管理水平仍存在较大差距，鸡群健康状况差、疾病多发、死淘率高等问题突出，养殖生产水平和效益远达不到预期目标。在早期生产水平低下时，饲用抗生素的促生长作用得以显现，进口或合资企业所产肉鸡预混合饲料都将抗生素作为"秘方"使用，对后来饲用抗生素的大规模应用起到示范作用。

　　饲用抗生素最早可追溯到 1946 年。当时美国科学家首次发现抗生素可以促进肉鸡生长。1955 年我国也出现了抗生素促进雏鸡生长的试验报道。饲用抗生素在我国的大规模应用主要发生在 20 世纪 90 年代和 21 世纪初，对肉鸡养殖业的快速发展起到了重要的支撑作用。随着人们逐渐认识到抗生素饲用所存在的健康安全风险，饲用抗生素退出养殖业的讨论逐渐进入议程。早在 1986 年，瑞典就提出全面禁止饲用抗生素的倡议，欧盟各国陆续跟进，启动饲用抗生素禁用进程，截至 2006 年，欧盟全面禁止了所有抗生素在饲料中的应用。尽管我国饲用抗生素退出计划启动较晚，但早在 90 年代后期已经开展饲用抗生素替代技术的研发，且在随后的 20 年里该技术一直都是饲料添加剂研发的热点。

自糖茄素问世至今，我国以益生菌、益生元、酶制剂、酸化剂、植物精油、中草药和植物提取物、酵母培养物、卵黄抗体、抗菌肽、溶菌酶等产品为核心的替抗技术体系初见雏形，在各方面起到了替代抗生素的作用。本章介绍了较有代表性的具有替代抗生素效果的饲料添加剂品种及其在肉鸡饲料中的应用效果，供读者在设计肉鸡无抗饲料时参考。

一、益生菌

益生菌是微生态制剂的一种，具有绿色、安全、无污染等特点，它作为抗生素可能的替代物得到广泛研究。益生菌具有维持肠道菌群平衡、调节机体免疫、提高肉鸡生产性能等功效。大体上可分成三大类：乳酸菌、芽孢杆菌、酵母菌等真菌，其中最主要的是乳酸菌。乳酸菌种类繁多，又可分为：①乳杆菌，如嗜酸乳杆菌、干酪乳杆菌、詹氏乳杆菌、拉曼乳杆菌等；②双歧杆菌，如长双歧杆菌、短双歧杆菌、卵形双歧杆菌、嗜热双歧杆菌等；③革兰氏阳性球菌，如粪链球菌、乳球菌、肠球菌等。芽孢杆菌常用的是枯草芽孢杆菌、凝结芽孢杆菌等。酵母菌常用菌株有酿酒酵母。

（一）乳酸菌

乳酸菌是食品和饲料中应用最为广泛的益生菌（表 3-1）。我国批准用于食品的 38 种微生物中有 15 种属于乳酸菌，在饲用的 35 种微生物中，也有 22 种属于乳酸菌。乳酸菌是指发酵糖类时主要代谢产物为乳酸的一类细菌的总称，形态呈球状或杆状，属于革兰氏阳性细菌。乳酸菌具有嗜酸性，最适存活 pH 为 5.0～7.0，饲料中常用的乳酸菌有屎肠球菌、粪肠球菌、植物乳杆菌、嗜酸乳杆菌、保加利亚乳杆菌等。

表 3-1　乳酸菌在肉鸡生产中的应用效果

乳酸菌种类和剂量	作用机理	应用效果	文献
1×10^9 CFU/kg 嗜酸乳杆菌	生产性能：提高生产性能，增加内源性消化酶的分泌，提高肉鸡的饲料转化率	提高 21 日龄和 42 日龄肉鸡平均日增重（ADG）与饲料转化率	Shokryazdan et al.，2017

续表

乳酸菌种类和剂量	作用机理	应用效果	文献
1%乳杆菌复合制剂	免疫性能：乳酸菌及其发酵产物可以通过刺激机体的免疫系统以及诱导免疫系统产生免疫球蛋白来增强机体免疫功能	肉仔鸡血清 IgG 和 IgA 的水平显著提高	Tana et al., 2010
约氏乳杆菌 FI9785	肠道菌群：定殖肠道，通过自身及生长代谢产生抗菌物质，抑制致病菌，促进有益菌的生长，改善肠道微生物群落结构，从而调节肠道微生物群落平衡	显著改变肉鸡肠道微生物组成	Manes et al., 2017
唾液乳杆菌和屎肠球菌		显著降低肉鸡肠道中致病菌的定殖，且两种乳酸菌配伍使用效果更好	Carter et al., 2017
$3×10^{10}$CFU/kg 由嗜酸乳杆菌、植物乳杆菌、屎肠球菌等比例组成的复合乳酸菌	毒素脱毒：乳酸菌具有毒素脱毒的功能	显著降低 14 日龄和 35 日龄肉鸡肝、肾、血清、回肠食糜和粪便中的黄曲霉毒素 B_1（AFB$_1$）残留量	Chang et al., 2020
乳酸菌	机体代谢：调控血胆固醇、血脂、血压功能	通过分泌胆酸水解酶，直接吸收胆固醇或抑制胆固醇合成限速酶来降低机体胆固醇含量，达到降血脂、降血压的作用	Peng et al., 2016

　　合理使用益生菌能提高肉鸡的生产性能、免疫机能、抗氧化能力，改善动物的肠道健康、肉品质，在"饲料禁抗"的大背景下具有广阔的发展前景。目前存在的问题有菌种质量参差不齐，菌株缺乏安全性检测、抗逆性研究，保质期较短，易失活等。未来可进一步通过规范菌株筛选、鉴定，加强菌种改造，改进加工工艺等方法来解决相关问题。

（二）芽孢杆菌

　　饲用益生芽孢杆菌是目前在饲料行业中研究和应用最为广泛的益生菌之一，属于革兰氏阳性细菌，好氧或兼性厌氧，内生芽孢，具备抗逆性强、稳定性好等生理特点。2013 年农业部公布可直接饲用的芽孢杆菌共 6 种，应用较多的有枯草芽孢杆菌、凝结芽孢杆菌、地衣芽孢杆菌等。芽孢杆菌在肉鸡上的生理功能主要有改善肉仔鸡生长性能、分泌消化酶、提高饲料蛋白的消化利用率、调节动物的肠道菌群平衡、增强免疫力和提高饲料报酬等（表 3-2）。

表 3-2　芽孢杆菌在肉鸡生产中的应用效果

芽孢杆菌种类和剂量	应用效果	文献
枯草芽孢杆菌	提高爱拔益加（AA）肉仔鸡生长性能，增强免疫功能，提高消化酶活性，降低肠道病原菌数量，改善肠道组织结构，并且能提高十二指肠总蛋白酶活性	张晓慧，2013
200mg/kg 凝结芽孢杆菌制剂（$2×10^8$CFU/kg）	提高黄羽肉鸡血清 SOD、T-AOC、CAT、碱性磷酸酶活性及白蛋白、总蛋白含量，以及饲料消化利用率，增强免疫力	林丽花等，2014

（三）酵母菌

　　酵母菌属于真菌，是一种结构相对简单、兼性厌氧的单细胞微生物，其种类多、增殖速度快、代谢旺盛且产物繁多。在《饲料添加剂品种目录（2013）》中，作为微生态制剂的酵母菌只有 2 种：产朊假丝酵母和酿酒酵母，其中酿酒酵母应用最为广泛。酵母菌通过改善动物肠道的菌群结构及内环境来实现其益生作用，而且酵母菌体本身除含有丰富的蛋白质、核酸和 B 族维生素等营养成分外，还含有酶等多种活性因子，具有多种营养功能及独特的生物学作用，广泛用于肉仔鸡饲料中（表 3-3）。

表 3-3　酵母菌在肉鸡生产中的应用效果

酵母菌源物料	应用效果	文献
酿酒酵母培养物	显著提高肉仔鸡 ADG 和 ADFI，F/G 有一定程度的改善，但无显著差异	丁小娟等，2017
饮用以酵母菌为主要成分的发酵菌液	14 日龄起，能在矮脚黄肉鸡盲肠内形成相对更为丰富的细菌群落结构，有效提高 26 日龄和 78 日龄肉鸡十二指肠内容物中胰蛋白酶活性，显著降低 14～78 日龄的 F/G，提高养殖效率	李璐琳等，2018

注：ADFI 为平均日采食量（average daily feed intake）。下同

（四）复合微生态制剂

复合微生态制剂是酵母菌、乳酸菌、肠球菌、芽孢杆菌等多种益生菌通过特殊工艺加工制成的一类活菌制剂，可以促进动物生长发育、调整肠道内菌群平衡、提高动物生产性能及免疫机能。已有研究证实在肉仔鸡饲粮中使用复合益生菌替代抗生素的可行性（表 3-4），进一步丰富了"无抗养殖"解决方案（图 3-4）。

表 3-4　复合微生态制剂在肉鸡生产中的应用效果

复合微生态制剂	应用效果	文献
唾液乳杆菌和尿肠球菌	显著降低肉鸡肠道中致病菌的定殖，且两种乳酸菌配伍使用效果更好	Carter et al.，2017
复合益生菌	显著提高肉仔鸡生长性能，降低饲料成本和死亡率，同时对生长期肉仔鸡的小肠形态有一定影响	秦康乐，2017
复合益生菌制剂	改善肉仔鸡的养分表观利用率、血清生化指标和肠道黏膜形态	谢文惠等，2018

二、益生元

益生元广义上指具有支持或促进肠道益生菌增殖作用的物质，包括低聚糖、多糖、多酚、多不饱和脂肪酸、一些蛋白质的水解产物以及某些植物提取物等。狭义上的益生元则仅包括可被肠道益生菌利用的功能性寡糖。目前饲料中常用的功能性寡糖主要包括甘露寡糖、果寡糖、壳寡糖、低聚木糖、大豆低聚糖、低聚半乳糖等。功能性寡糖是指由 2～10 个单糖分子通过糖苷键链接形成的低聚合度碳水化合物。这些寡糖在动物胃肠道不能被内源性消化酶降解，因而可以到达消化道后段，被肠道微生物发酵利用。

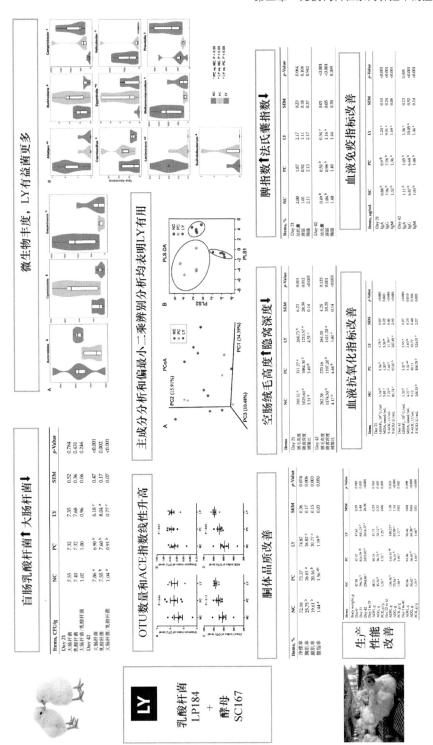

图 3-4　复合益生菌提高肉仔鸡的生产性能（Qiu et al., 2022）

LP184: 乳酸杆菌菌株; SC167: 酵母菌菌株; LY: LP184+SC167

一般认为，寡糖是作为益生菌的发酵底物而发挥益生作用的。其最直接的作用是促进肠道有益菌的增殖，竞争性抑制有害细菌的增殖。而有益菌的发酵活动会产生一些乳酸或乙酸、丙酸和丁酸等挥发性脂肪酸，这些脂肪酸可以作为酸化剂，降低肠道内环境 pH，抑制肠道中有害菌和致病菌的生长。另外，丁酸等也可以为肠上皮细胞提供能量，增强肠上皮吸收功能。此外，益生菌发酵过程中也会产生消化酶和 B 族维生素，对宿主动物也有一定的益生作用。

大量的研究和应用试验已经证实功能性寡糖在肉鸡饲料中有一定的效果，且其具有化学性质稳定、成分明确、生物安全性高、有效添加量低等优点，是一类较为理想的替代抗生素产品。但功能性寡糖仍然存在一些问题，需要在应用时注意。首先，同一寡糖的不同产品之间有效剂量和效果存在较大差异，试验报道的有效剂量相差可达 10～100 倍，其促生长效果也有较大变异，与不同寡糖有效成分的含量不同或聚合度不同有关。例如，果寡糖是蔗果三糖、蔗果四糖和蔗果五糖的混合物，其中蔗果三糖的益生效果最好，蔗果三糖含量越高，果寡糖作用效果越明显。其他寡糖也有类似的情况，因此比较不同厂家产品时不能只关注标识的总寡糖含量，这也要求各生产厂家应该逐步实现寡糖产品的标准化，规范产品市场。其次，寡糖的替抗效果与肉鸡总体健康状况有关，对于养殖环境和卫生条件恶劣的鸡场，寡糖无法达到抗生素的效果；对于养殖条件较好、无细菌感染风险的养鸡场，寡糖可通过促进肠道有益菌增殖和发酵，改善肠道屏障和消化吸收功能，提高动物免疫力，达到甚至超过饲用抗生素的促生长作用。再次，益生元作为肠道有益菌发酵的底物，必须达到一定的浓度才能起到益生作用，在实际应用中可以由多到少摸索最低有效剂量，降低添加成本。最后，为了达到更好的添加效果，进一步降低添加成本，将益生元与益生菌配伍使用是今后益生菌和益生元的应用方向。此外，益生元也可与酸化剂、植物提取物等配伍使用，但相关研究尚不充分，有待继续探索。

（一）甘露寡糖

甘露寡糖（mannan oligosaccharide，MOS）是由甘露糖与葡萄糖或半乳糖残基通过 α-1,6-糖苷键、α-1,2-糖苷键、α-1,3-糖苷键、β-1,4-糖苷键或 β-1,3-糖苷键链接形成的非营养性寡糖。其不被动物消化利用，是肠道有益菌的特定发酵培养基组分。肉鸡饲料中添加甘露寡糖能够促进肠道有益菌繁殖，改善肠道微生态环境，促进养分消化吸收，增强肉鸡免疫功能（表 3-5）。

表 3-5　甘露寡糖在肉鸡生产中的应用效果

甘露寡糖剂量	应用效果	文献
300～900mg/kg	显著提高肉鸡 ADFI 和 ADG，法氏囊指数和胸腺指数，回肠、盲肠肝和脾中 TLR2、TLR4、β-防御素 9 和 cathelicidin-B1 mRNA 表达，提高肉仔鸡天然免疫防御功能	熊阿玲等，2019

甘露寡糖剂量	应用效果	文献
0.1%～0.2%	显著降低 ADFI 和 F/G，增加十二指肠、空肠和回肠的绒毛高度，显著降低十二指肠、空肠和回肠的隐窝深度，增加肠道中乳酸杆菌等有益菌的数量，并抑制梭菌属等有害菌的生长	温若竹，2010
0.5%	显著促进肉鸡 T 淋巴细胞增殖，提高 T 淋巴细胞百分率，增强机体细胞免疫	王权等，2002

（二）果寡糖

果寡糖（fructooligosaccharide，FOS）又称低聚果糖，是由 1 个葡萄糖残基和 1～5 个 D-果糖残基通过 β-1,2-糖苷键链接形成的聚合糖。因果寡糖的 β-1,2-糖苷键不能被肉鸡消化道存在的 α-淀粉酶、蔗糖酶、麦芽糖酶分解，其可进入后肠供肠道微生物利用。理论上仅有乳酸杆菌、双歧杆菌等可降解利用果寡糖，大肠杆菌等有害菌则缺乏果糖苷酶，无法利用果寡糖。因此利用果寡糖可选择性促进益生菌生长、抑制有害菌生长，对肠道微生态产生一系列调控效应，并体现出对肉鸡的益生作用。

由表 3-6 可知，不同果寡糖产品在肉鸡饲料中的添加效果差别较大，其有效添加量相差上千倍。其功效最为确定的是调节肠道微生物群落结构，对肠道形态结构、免疫和抗氧化功能也有明显改善，但其促生长作用多集中在生长前期，且表现并不一致。果寡糖的替抗应用有待商榷，特别是在产品标准化和与益生菌及其他添加剂的配伍组合应用方面亟待强化。

表 3-6　果寡糖在肉鸡生产中的应用效果

果寡糖剂量	应用效果	文献
3～9mg/kg	显著提高肉仔鸡 ADG 和饲料利用效率，提高胸肌率、腿肌率，减少肌肉滴水损失，以 5mg/kg 果寡糖效果最佳	马彦博等，2006
0.4%	显著提高广西麻鸡体重 3.56%，显著提高 ADG 6.28%	周祥，2014
1.5%	显著提高 14 日龄和 21 日龄肉鸡盲肠双歧杆菌的数量	王岭，2001

（三）壳寡糖

壳寡糖（chitosan oligosaccharide，COS）又称壳聚寡糖、低聚壳聚糖等，是由 2～10 个氨基葡萄糖残基经 β-1,4-糖苷键链接而成的聚合糖，是自然界中唯一带正电荷的碱性氨基低聚糖。用作饲料添加剂的壳寡糖通常是单糖、壳二糖至壳十糖的混合物，其具有抑菌、调节肠道微生态、调节免疫功能以及促生长等功效，是一种新型的益生元产品（表 3-7）。与其他寡糖不同，壳寡糖分子所携带的氨基可以结合细菌表面带负电荷的生物大分子侧链，破坏细菌细胞膜完整性，因而具有体外抑菌作用，对沙门氏菌、大肠杆菌、金黄色葡萄球菌、枯草芽孢杆菌均有抑制作用。

表 3-7　壳寡糖在肉鸡生产中的应用效果

壳寡糖剂量	应用效果	文献
150mg/kg	显著提高肉鸡 ADG、十二指肠绒毛高度/隐窝深度（绒隐比），降低肉仔鸡十二指肠隐窝深度及空肠相对重，影响盲肠微生物区系，降低盲肠微生物的多样性和粪肠杆菌属的相对丰度，提高乳酸杆菌属的相对丰度	徐晨希，2019
300mg/kg	显著提高肉鸡 ADG 和耗料量，促进骨骼发育，并且显著增加血清磷水平和胫骨钙含量	闫冰雪等，2019
1000mg/kg	提高肉鸡回肠微绒毛密度，提高胸腺指数、法氏囊指数及血清新城疫抗体效价，并且有降低盲肠内容物中大肠杆菌、双歧杆菌和乳酸杆菌数量的趋势	王秀武等，2005

（四）低聚木糖

低聚木糖（xylooligosaccharide，XOS）又称木寡糖，是由 2～7 个木糖分子通过 β-1,4-糖苷键链接而成的聚合糖。与其他寡糖一样，低聚木糖不能被动物消化道的消化酶水解，因而可以到达后肠从而被肠道微生物利用。低聚木糖对双歧杆菌有高选择性，通过促进双歧杆菌生长来发挥其促进肉鸡生长、增强免疫力和抗氧化等功效（表 3-8）。

表 3-8　低聚木糖在肉鸡生产中的应用效果

低聚木糖剂量	应用效果	文献
150mg/kg	显著提高肉仔鸡前期 ADG	党国华，2004
200mg/kg	显著提高十二指肠内容物中蛋白酶和淀粉酶活性	党国华，2004
300mg/kg	显著提高肉鸡 ADFI 和 ADG，降低 F/G，促进肉仔鸡的免疫器官发育，显著提高血清免疫球蛋白含量、SOD 和 GSH-Px 活性，降低丙二醛含量	王鹏，2018

（五）其他寡糖

1. 大豆低聚糖

大豆低聚糖（soybean oligosaccharide，SBOS）又称大豆寡糖，是一种混合寡糖，主要包括棉籽糖和水苏糖。其中，棉籽糖又称蜜三糖，是由半乳糖、葡萄糖、果糖组成的低聚三糖；水苏糖是由两个半乳糖、一个葡萄糖、一个果糖组成的低聚四糖。这两个低聚糖对乳酸杆菌和双歧杆菌有高选择性，对双歧杆菌、乳酸杆菌等有益菌群有着极明显的增殖作用，能迅速改善动物消化道微生态环境，改善菌群平衡，并产生有益活性成分，衍生出多重免疫功能调控因子，从而发挥益生作用。大豆低聚糖在肉鸡饲料中的添加效果包括降低肉鸡耗料量和 F/G，促进盲肠内双歧杆菌和乳酸杆菌增殖，促进免疫器官发育，促进盲肠发酵产酸等（表 3-9）。

表 3-9　大豆低聚糖在肉鸡生产中的应用效果

大豆低聚糖剂量	应用效果	文献
0.3%大豆低聚糖	显著降低肉鸡 ADFI 和 F/G，明显提高免疫器官指数、盲肠内双歧杆菌和乳酸杆菌的数量	陈琼和王书全，2014
1%大豆寡糖	降低肉鸡盲肠食糜 pH，大幅度提高盲肠食糜中乙酸和短链脂肪酸的含量	易中华等，2010a
0.5%水苏糖	改善肉鸡肠黏膜形态，显著增加十二指肠、空肠和回肠的肠绒毛高度，降低空肠和回肠的隐窝深度	易中华等，2010b

2. 菊粉

菊粉（inulin）又称菊糖，是天然的储备性多糖，主要存在于菊科植物的块根、块茎中，是由 2~60 个 D-果糖残基和 1 个葡萄糖残基通过 β-1,2-糖苷键链接而成的聚合糖。菊粉是不同聚合度果糖的混合物，其中也含有果寡糖（低聚果糖）。与果寡糖一样，菊粉也不能被动物分泌的消化酶分解，大部分进入后肠作为微生物的发酵底物而发挥益生功能。因其对双歧杆菌有高选择性，与果寡糖共同被称为"双歧因子"。肉鸡饲料中添加适量的菊粉能改善肉鸡肠道健康和免疫功能，提高肉鸡消化能力和生长性能，在某种程度上起到替抗的效果（表 3-10）。

表 3-10 菊粉在肉鸡生产中的应用效果

菊粉剂量	应用效果	文献
0.4%~0.8%	可降低盲肠内容物和粪便 pH，显著增加盲肠内容物中双歧杆菌的数量	林晨，2004
0.8%	显著降低肉鸡 F/G	林晨，2004
0.6%和 0.9%	显著提高肉鸡 ADFI 和 ADG	王中华和周德忠，2012
0.6%~1.2%	明显提高胸腺指数、脾指数，以及血清 IgA 和 IgG 含量	王中华和周德忠，2012

3. 纤维寡糖

纤维寡糖是由 2~10 个葡萄糖残基通过 β-1,4-糖苷键链接而成的聚合糖，是纤维素降解过程中的产物。其呈线性分子结构，可被双歧杆菌发酵利用，通过促进双歧杆菌增殖发挥益生作用。纤维寡糖在肉鸡饲料中的应用报道还较为少见。研究发现，500~1500mg/kg 纤维寡糖能显著提高肉鸡 ADG，但作用效果依然低于抗生素（任冰等，2016）。

三、酶制剂

我国家禽日粮多以植物性原料为主，日粮消化利用率受到原料内源抗营养因子的影响较大。降低原料中抗营养因子含量，可以提高饲料原料的利用率，降低粪便氮、磷的排放，减少环境污染。因此，提高家禽对饲料的利用率成为动物营养研究的重要内容。酶制剂的应用具有高效性、环保性以及可持续发展的优势，对酶制剂的科学合理使用，可以有效提高饲料资源的饲用价值。酶制剂根据其来源可分为两大类：一类是消化酶（或内源酶），由动物自身消化道分泌，如蛋白酶、淀粉酶和脂肪酶等，直接作用于饲料中的营养成分；另一类是非消化酶（或外源酶），动物自身不能分泌或分泌量不足，如纤维素酶、木聚糖酶、β-葡聚糖酶、植酸酶等，这类酶不能直接消化饲料中的大分子营养物质，而是通过降解谷物饲料中普遍存在的非淀粉多糖、植酸磷等抗营养因子，间接促进营养物质的消化吸收。

向饲料中添加外源酶制剂能提高生产性能、节约资源、减少环境污染，目前已在肉鸡生产中广泛应用。随着生产成本不断降低，在饲粮中的添加量也随之变化，其潜在作用越来越受到关注。酶制剂作用效率除了与其本身加工工艺、动物生理条件相关，还与饲粮结构、原料的变异度等条件有关。酶制剂的作用机理及如何合理搭配各种酶制剂种类和剂量，从而获得最佳经济效益，都是有待进一步研究的内容。

（一）蛋白酶

外源蛋白酶的作用是促进动物水解更多的聚肽和蛋白质为小分子的蛋白胨、肽和氨基酸。在饲料中添加蛋白酶具有改善动物生长性能、提高蛋白质利用率、降低日粮中的抗营养因子抑制作用、提高动物机体免疫力、减少氮排放量的作用（表 3-11）。

表 3-11　蛋白酶在肉鸡生产中的应用效果

蛋白酶种类和剂量	应用效果	文献
200mg/kg 组合蛋白酶	1～21 日龄肉鸡 ADFI 和 ADG 显著增加	Mahmood et al.，2018
200mg/kg 蛋白酶	肉仔鸡空肠食糜的胰蛋白酶活性、糜蛋白酶活性均显著提高	周梁，2014
800mg/kg 蛋白酶	显著降低胰腺中胰蛋白酶和糜蛋白酶活性	周梁，2014

（二）淀粉酶

淀粉是单胃动物最重要的能量来源，占动物总能量需求的 60%～80%。幼龄动物对淀粉的利用率较低且肠道内淀粉酶活性很低，导致部分淀粉进入后肠发酵，造成浪费。外源添加淀粉酶可弥补幼龄动物内源淀粉酶的不足，提高营养物质的消化利用率，促进动物生长。外源淀粉酶的作用效果受到淀粉酶来源、作用底物、添加剂量和饲粮营养水平等因素的影响（表 3-12）。

表 3-12　淀粉酶在肉鸡生产中的应用效果

淀粉酶种类和剂量	应用效果	文献
α-淀粉酶	玉米-豆粕型日粮中可改善肉鸡生产性能	Onderci et al.，2006
250mg/kg、750mg/kg、2250mg/kg α-淀粉酶	中低剂量增强内源酶活性，高剂量抑制内源酶活性	蒋正宇，2006
100g/t 低温 α-淀粉酶	体外试验，显著提高饲粮在胃肠道的消化率；体内试验，显著提高肉鸡 ADG，降低肉鸡 F/G	刘迎春等，2016

（三）脂肪酶

对于集约化饲养的肉鸡，添加油脂能够提高生长速度、缩短生长周期、提高饲料利用率、增加经济效益等。目前普遍认为仔鸡消化道发育尚未完善，肠道消化酶分泌不足，抑制了对营养物质的消化吸收，高油脂日粮的使用必然带来家禽对油脂消化能力相对不足的问题。添加脂肪酶是解决高油脂带来的动物消化能力相对不足而导致的消化应激问题的有效途径之一。日粮中添加脂肪酶能够改善黄羽肉鸡各阶段的 F/G 和 ADG（表 3-13）。

表 3-13 脂肪酶在肉鸡生产中的应用效果

应用效果	文献
乳化剂与脂肪酶复合,动物性脂肪日粮显著提高 35~49 日龄和 21~49 日龄肉鸡 ADG,改善饲喂动物性脂肪肉鸡的生产性能和经济效益	秦鹏,2003
改善黄羽肉鸡和岭南黄公鸡的生产性能,提高其脂肪表观消化率,影响其他营养成分的表观消化率	何前等,2010

(四)植酸酶

植酸(phytic acid)学名为肌醇六磷酸,多以植酸盐的形式广泛地分布于植物性饲料中。常见的植物性饲料玉米、豆粕中 60%~70%的磷为植酸磷,难以被肉鸡吸收利用,而且植物性饲料中含有的植酸具有很强的螯合能力,与锌、锰结合形成难以解离的络合物,影响肉鸡对锌、锰等微量元素的吸收。肉鸡消化道内缺乏水解植酸的植酸酶,需要额外添加外源性植酸酶。外源性植酸酶的添加可将植酸盐复合物水解为肌醇和磷酸单酯酶,使络合的锌、锰等微量元素以无机离子态的形式游离出来,提高微量元素的生物利用率,促进动物生长发育,提高生长性能。植酸酶由于其既能提高肉鸡生产性能,又能节约磷矿资源,减少环境污染,已广泛应用于肉鸡饲粮中(表 3-14)。随着生物技术的发展和发酵技术的进步,生产成本不断降低,植酸酶在饲粮中的添加剂量也正发生着变化,其潜在作用越来越受到关注。

表 3-14 植酸酶在肉鸡生产中的应用效果

植酸酶种类和剂量	应用效果	文献
微生物植酸酶	不同锌源及锌水平的肉鸡饲粮中添加微生物植酸酶,均极显著提高肉鸡各阶段体重	王明发,2011
500U/kg 微生物源植酸酶	极显著提高雏鸡生长性能	Attia et al.,2016

(五)非淀粉多糖酶

非淀粉多糖(non-starch polysaccharide,NSP)是指在植物组织中除淀粉外全部碳水化合物的总称,是构成植物细胞壁的主要成分,主要包含纤维素、半纤维素以及果胶等结构性多糖。单胃动物肠道中缺少分解细胞壁相应的内源性消化酶,因此植物饲料细胞壁很难被消化,对畜禽有普遍的抗营养作用。非淀粉多糖酶是能降解日粮中木聚糖、β-葡聚糖、果胶、甘露聚糖和纤维素等非淀粉多糖的一系列酶类,主要包括木聚糖酶、β-葡聚糖酶、果胶酶、甘露聚糖酶和纤维素酶等。将微生物来源的非淀粉多糖酶添加到含有非淀粉多糖的谷物饲料中,能有效破坏非淀粉多糖的特殊结构,从而降低其抗营养作用,改善非淀粉多糖引起的家禽消化器官、免疫器官发育不良,调节血液激素水平,提高饲料利用效率,最终提高家禽的免疫功能及生产性能。

1. 木聚糖酶

木聚糖酶(xylanase)是专一降解木聚糖的水解酶类,包括 β-1,4-内切木聚糖酶、β-木糖苷酶、α-L-阿拉伯糖苷酶、α-D-葡萄糖苷酸酶、乙酰木聚糖酶、酚酸酯酶。它们作用于不同的糖苷键，能把分子结构复杂的木聚糖水解为寡糖和单糖，从而使肠道中的食糜黏性降低，将细胞壁包裹着的营养物质释放出来（表3-15）。小麦作为家禽的能量饲料，具有较高的营养价值，用小麦完全或部分代替玉米，可缓解地域性和季节性玉米短缺的压力。与玉米相比，小麦粗蛋白质、钙、磷等养分的含量较高，但含有6%～9%的阿拉伯木聚糖和1%左右的β-葡聚糖。因此，使用谷物（尤其是小麦）作为家禽的能量饲料时需添加非淀粉多糖酶。

表3-15　木聚糖酶在肉鸡生产中的应用效果

木聚糖酶及剂量	应用效果	文献
以木聚糖酶为主的非淀粉多糖酶制剂	可以消除小麦饲粮中非淀粉多糖的抗营养作用，提高小麦营养价值和动物生产性能	王海英等，2003
1800U/g 木聚糖酶	肉仔鸡干物质利用率提高了5.23%，代谢能利用率提高了4.51%	周晓容，2003

2. β-葡聚糖酶

β-葡聚糖酶（β-glucanase）是能降解谷物中 β-葡聚糖的水解酶的总称，属于半纤维素水解酶类。β-葡聚糖酶可降解 β-葡聚糖中的β-1,3-糖苷键和β-1,4-糖苷键。动物日粮中添加 β-葡聚糖酶，可通过打断 β-葡聚糖分子之间的糖苷键，将大分子的 β-葡聚糖降解为低黏度的寡糖或葡萄糖，使其亲水活性消失，降低含 β-葡聚糖食糜的黏度，增强养分扩散速率，提高日粮养分利用率。小麦饲粮中添加木聚糖酶和 β-葡聚糖酶，可以通过改善肠道健康和功能提高肉仔鸡的生长性能（Wang et al.，2005）。

3. 果胶酶

果胶酶是一种能够分解果胶物质的多酶复合体，通常包含原果胶酶、果胶酸酶、果胶甲酯水解酶等。许多霉菌、细菌以及酵母菌都可产生果胶酶，但微生物类型还是以曲霉和杆菌为主。果胶酶复合体共同作用能够将果胶类物质完全分解，能够从植物组织中将细胞游离出来。在畜禽日粮中添加果胶酶能降低肠道内容物黏度，提高养分的消化吸收率。研究表明，在肉仔鸡日粮中添加果胶酶后全期增重显著提高，F/G显著降低，干物质、粗蛋白质和粗纤维的消化率平均提高了11%～22.5%。

4. β-甘露聚糖酶

β-甘露聚糖酶（β-mannanase）主要是通过黑曲霉等微生物发酵产生的一类水解半纤维素的酶。它能够使甘露多糖和甘露寡糖中的 β-1,4-甘露糖苷键断裂分解成小分子，这些小分子甘露糖能够被动物肠道中的有益菌吸收，改善菌群组成。不同的微生物产生的 β-甘露聚糖酶的特异性、活性和结合底物的方式天差地别。

β-甘露聚糖酶的作用底物是甘露聚糖和异甘露聚糖，经酶降解后的主要产物是寡聚糖，底物和酶的来源是影响产物聚合度的主要因素。β-甘露聚糖酶还能降解饲料中的甘露低聚糖和甘露糖，小分子甘露糖是病原菌在动物肠道定殖并识别糖蛋白的主要成分，因此 β-甘露聚糖酶能够起到如同益生素的作用，增强动物的免疫力（表 3-16）。

表 3-16　β-甘露聚糖酶在肉鸡生产中的应用效果

应用效果	文献
玉米-豆粕型日粮，改善肉仔鸡肠道微生态结构和生产性能	徐丽萍，2009
玉米-豆粕低能量饲粮，提高 0～21 日龄肉仔鸡的 ADG	李路胜等，2009

5. 纤维素酶

纤维素酶（cellulase）是多种水解酶组合起来形成的一个复杂酶系，主要由内切 β-葡聚糖酶（C1 酶）、外切 β-葡聚糖酶（CX 酶）和 β-葡萄糖苷酶（BG 酶）等组成。C1 酶主要作用于初期，破坏纤维素链的结晶结构，生成水合非结晶纤维素。CX 酶在纤维素经 C1 酶活化之后起作用，将 β-1,4-糖苷键裂解。β-葡萄糖苷酶则将经过前两种酶分解产生的纤维二糖、纤维三糖及其他低分子纤维糊精进一步分解生成葡萄糖。由于纤维素是植物细胞天然的细胞壁成分，纤维素酶必须要多种酶协同作用才能将其完全分解，破坏细胞壁，使营养物质释放，从而提高饲料利用率。纤维素酶不能在体内合成，需要由外部提供。它能将纤维素分子分解成单糖，如葡萄糖或较短的多糖和低聚糖。研究发现，肉仔鸡日粮中添加 1000IU/g 纤维素酶能够增加粗纤维表观代谢率，降低 21 日龄肉鸡回肠和盲肠中大肠杆菌的数量。

（六）葡萄糖氧化酶

葡萄糖氧化酶（glucose oxidase，GOD）是一种需氧脱氢酶，能专一地氧化 β-D-葡萄糖生成葡萄糖酸和过氧化氢。葡萄糖氧化酶具有耗氧、杀菌等作用，能够维持肉鸡肠道菌群平衡，提高饲料养分的消化利用率，降低腹泻率，从而提高饲料转化率（表 3-17）。

表 3-17　葡萄糖氧化酶在肉鸡生产中的应用效果

葡萄糖氧化酶剂量	应用效果	文献
100U/kg 和 200U/kg	肉鸡的 ADG 显著提高，F/G 显著下降	汤海鸥等，2016
300mg/kg	有效缓解因采食霉变饲料导致的肠道大肠杆菌数量增加的状况	赵艳姣等，2014

（七）复合酶制剂

配合饲料由不同原料组成，其化学、物理结构均不同，而酶具有专一性，因此要获得最佳效果，必须使用多酶系统，复合酶制剂应运而生。复合酶制剂是由

2 种或 2 种以上的酶复合而成，包括蛋白酶、脂肪酶、淀粉酶和纤维素酶等。复合酶能够通过降解饲料中的抗营养因子，如非淀粉多糖酶、胰蛋白酶抑制因子等，从而促进消化道内源酶的分泌并提高其活性，改善胃肠道发育及后肠微生物区系，进而促进养分的消化吸收（表 3-18）。国内外关于复合酶在单胃动物饲粮中的添加效果主要表现为提高动物的生长性能和饲料利用率、提高养分的消化率和代谢能、促进肠道发育等。

表 3-18　复合酶制剂在肉鸡生产中的应用效果

复合酶制剂及剂量	应用效果	文献
果胶酶和蛋白酶等复配高粱酶	高粱饲粮，改善肉仔鸡的生长性能	武玉珺等，2015
木聚糖酶 450U/kg、β-葡聚糖酶 47U/kg、纤维素酶 333U/kg、植酸酶 135U/kg、甘露聚糖酶 153U/kg	提高 1～21 日龄肉仔鸡的生长性能和非淀粉多糖的消化率	施传信等，2012
纤维素酶和木聚糖酶	替代 43～65 日龄广西麻鸡饲料 1.04MJ/kg 的代谢能	陈程等，2018

四、酸化剂

酸化剂是一类通过降低动物消化道 pH 而发挥替抗作用的绿色饲料添加剂。由于其在动物体内可代谢，因此不会影响动物产品的安全性。酸化剂最早应用于仔猪饲料以控制腹泻，取得了较好的效果，并得到广泛应用。近年来，随着肉鸡饲料替抗技术的发展，酸化剂也作为饲用抗生素的替代品逐渐用于肉鸡无抗饲料的配制。

酸化剂的主要作用是降低饲料和动物消化道 pH，抑制霉菌和其他病原菌的繁殖。体外抑菌试验表明，甲酸、二甲酸钾、乳酸、苹果酸、酒石酸、富马酸、柠檬酸和磷酸对大肠杆菌、金黄色葡萄球菌和沙门氏菌有不同程度的抑菌作用，甲酸、富马酸和酒石酸的抑菌作用最强。配合饲料的系酸力较强，添加酸化剂可降低饲料的系酸力，防止采食后胃液 pH 升高对消化过程的不利影响。添加有机酸的饲料具有独特的酸香气味，可促进动物采食。适当使用酸化剂可提高消化酶活性，抑制病原微生物在消化道的定殖和增殖，强化乳酸菌等益生菌的优势地位，改善动物肠道微生态，促进动物生长发育，并可改善空气质量。此外，某些有机酸可被动物代谢，为肠道细胞提供能量，或作为碳源被肠道微生物利用。短链有机酸也可能作为信号分子参与宿主和微生物群落代谢调控过程。

尽管酸化剂作为肉鸡替抗饲料添加剂有一定的应用效果，但在实际应用中仍然存在一些问题，特别是其适宜添加量受饲料成分的影响，必须在实际应用中逐步摸索确定。过量使用酸化剂会抑制肉鸡胃酸分泌，也可能导致酸中毒，某些酸化剂如甲酸对消化道有腐蚀性。此外，酸化剂易挥发，在加工过程中易损失，对饲料和养殖设备也具有腐蚀性。为了更好地发挥酸化剂在肉鸡饲料中的应用优势，未来还有必要对酸化剂剂型和产品进行改进，采取衍生或包被等手段提高产品稳定性，并开展酸化剂与其他替抗饲料添加剂的协同配伍研究与实践，降低替抗成本（图 3-5）。

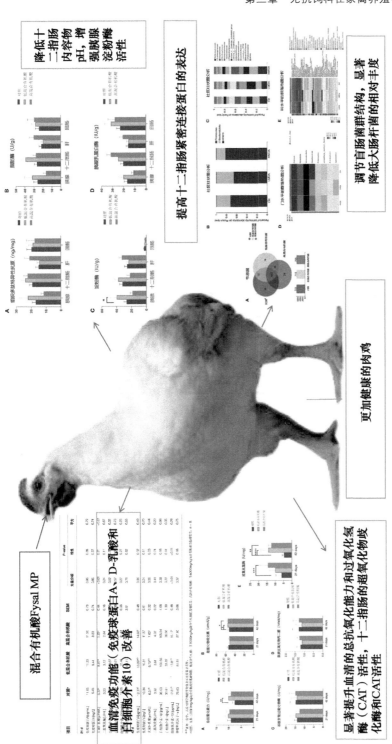

图 3-5　饲粮添加复合有机酸改善肉鸡肉仔鸡健康状况（Ma et al., 2021）

　　肉鸡使用的单一酸化剂主要是有机酸（表 3-19）；复合酸化剂较单一酸化剂在应用效果和成本方面都更具优势，因此是当前酸化剂市场的主力产品（表 3-20）；肉鸡养殖中通常将其他替抗饲料添加剂与酸化剂配伍使用，获得更稳定的替抗效果，并降低添加成本（表 3-21）。

表 3-19　单一酸化剂在肉鸡生产中的应用效果

酸化剂种类和剂量	应用效果	文献
0.2%延胡索酸	改善肉鸡各阶段的体增重、F/G、成活率和粗蛋白质消化率	许芸等，2017
0.15%苯甲酸	降低肉仔鸡嗉囊、腺胃、肌胃 pH，提高肉仔鸡肠道中胰蛋白酶、淀粉酶、脂肪酶的活性	黄凯，2016
饮水（含 0.8%苹果酸）5 天	肉鸡空肠弯曲菌检出率显著降低 80%	杨文彬，2016
饮水（含 0.15%苹果酸）5 天	麻鸡泄殖腔弯曲菌数量显著下降 1.55 个数量级，抑菌率达 97.18%	杨文彬，2016

表 3-20　复合酸化剂在肉鸡生产中的应用效果

复合酸化剂种类和剂量	应用效果	文献
0.2%复合酸化剂	改善热应激文昌鸡的生长性能	刘圈炜等，2018
饮水中添加 0.15%乳酸型复合酸化剂	提高肉鸡生长性能和饲粮养分利用率，降低盲肠中大肠杆菌数量，提高小肠消化酶活性，增加小肠吸收面积，降低鸡舍氨气和硫化氢浓度	徐青青等，2020
复合酸化剂	降低肠炎沙门氏菌引起的炎症反应	赵丽杰等，2019

表 3-21　酸化剂和其他添加剂配伍在肉鸡生产中的应用效果

酸化剂和其他添加剂配伍	应用效果	文献
香芹酚、百里香酚与苯甲酸、丁酸复合	抑制肉仔鸡肠炎沙门氏菌感染	赵景鹏等，2018
益生菌+有机酸	提高青脚麻鸡的生长速度和消化酶活性，改善胴体性状	奚雨萌等，2014

五、植物精油

　　植物精油原指从特殊的芳香草本植物花、茎、叶、果实、种子中萃取的挥发性物质，具有安神、醒脑、美容等功效，主要用作香料和医用保健等方面。植物精油的化学成分主要包括醇、醛、有机酸、酚、酮、酯、萜烯等，通常采用蒸馏法、压榨法、溶剂提取、二氧化碳超临界萃取等方法制取。天然植物精油成分极其复杂，仅玫瑰花精油中就含有上千种复杂化学物质，鉴定的主要有效成分达上百种。21 世纪初，欧盟国家因应对饲料禁抗政策，最早将其作为抗生素替代品应用于饲料，取得较好的效果，成为首选的替抗添加剂产品之一。天然植物精油产品产量有限且成本高昂，无法在养殖动物中大范围使用。目前所用的饲用植物精油多采用化学合成和提取相结合的方法，提高了生产效率，生产成本也大幅降低。最常用的饲用植物精油主要包括香芹酚、百里香酚、肉桂醛、辣椒油、姜黄素、柠檬烯、丁香酚、大蒜素、柑橘油等，市场销售的产品多为几种有效成分的组合制剂。近 20 年的研究和应用证明，饲用植物精油具有促生长、杀菌、抑菌、抗氧化、增强免疫力等作用，具有较好的替抗应用价值。

尽管植物精油从多个方面起到替抗的作用，但也存在易挥发、化学性质不稳定、易氧化等问题，在肉鸡颗粒料加工过程中易变性损失，导致其在肉鸡上的应用效果不稳定。为此，植物精油生产厂家开发了包被、微胶囊和改性精油产品，在一定程度上提高了植物精油产品的稳定性和生物学有效性。此外，植物精油价格昂贵，在一定程度上也增加了替抗的成本。基于以往的研究，将精油与其他饲料添加剂组合利用更为现实，也是未来植物精油替抗的发展方向。

（一）生长性能

植物精油在肉鸡饲料中的应用效果主要体现在促生长方面（表 3-22）。在肉鸡养殖实践中，常将植物精油与其他饲料添加剂配伍使用。

表 3-22　植物精油对肉鸡的促生长作用

植物精油种类和剂量	应用效果	文献
100mg/kg 牛至油	提高肉仔鸡 ADG 和出栏体重，降低 F/G	陈立华等，2007
100mg/kg 植物精油（肉桂醛10%、百里香酚 10%）	显著提高肉鸡 ADG，效果与 5mg/kg 恩拉霉素相当	周洪彬等，2020
薄荷脑	提高肉鸡 ADG 和 ADFI，降低 F/G，并呈现显著的剂量效应	Abdel-Wareth et al.，2019
160mg/kg 植物精油	提高肉鸡生长性能	毛红霞等，2011

（二）抗氧化能力

植物精油富含羟基、醛基，具有较强的体外、体内抗氧化活性。在饲料中添加植物精油可改善机体氧化还原平衡，提高动物免疫功能，精油的生物抗氧化功能也有利于改善肉品质（表 3-23）。

表 3-23　植物精油对肉鸡的抗氧化作用

植物精油种类和剂量	应用效果	文献
150mg/kg 迷迭香精油	血清 SOD、GSH-Px 活性增加，丙二醛含量降低；降低胸肌失水率、剪切力，增加腿肌水分含量	刘大林等，2014
薄荷脑	减少肉鸡胸肌和腿肌的蒸煮损失	Abdel-Wareth et al.，2019
植物精油（百里香酚和香芹酚）	提高肉鸡肝的抗氧化能力	杜恩存，2016

（三）杀菌消炎作用

目前，植物精油的杀菌作用（表 3-24）已经明确。研究表明，罗勒油、大蒜油、山苍子油、蓝桉油、安息香油、柠檬草油、丁香油、百里香油、牛至油、肉桂醛、香芹酚和百里香酚的主要成分对各种致病菌均表现出抑制作用，且百里香酚和香芹酚复配后的协同作用明显。丁香酚、百里香酚和香芹酚对大肠杆菌、沙门氏菌、金黄色葡萄球菌都有一定的抑杀作用。植物精油具有良好的脂溶性和表面活性,能破坏细菌细胞膜磷脂双分子层结构,造成内容物流失,从而阻止线粒体呼吸代谢,使病原菌不能获得能量供给。某些植物精油还具有诱食作用。植物精油含有的一些挥发性香辛成分对动物嗅觉和味觉具有正向的刺激作用,这种刺激作用通过神经-胃肠激素途径诱导消化道分泌消化液和蠕动,促进饲料消化吸收。另外,大部分植物精油都含有天然抗氧化成分,如酚、醇类,可中和过氧化物自由基,中断饲用油脂的氧化反应链,延缓油脂氧化,被吸收的抗氧化成分在体内可捕获自由基,抑制体内超氧化物的产生。此外,植物精油也可通过某些途径影响消化道微生物群落结构和免疫功能。

表 3-24 植物精油对肉鸡的杀菌消炎作用

植物精油种类和剂量	应用效果	文献
肉桂醛	抑制肠炎沙门氏菌引起的炎症反应	赵丽杰等,2019
100mg/kg 牛至油	提高肉仔鸡的细胞免疫能力	王秋梅,2008
100mg/kg 植物精油	提高肉鸡血清 IgM 水平	周洪彬等,2020

(四)肠道发育及菌群调节

消化道是饲用抗生素作用的主要靶点。植物精油的替抗作用在很大程度上与肉鸡消化道结构和功能的改善有关(表 3-25)。植物精油对肉鸡肠道菌群结构也有明显的影响,可抑制肠道某些菌的繁殖。

表 3-25 植物精油在肉鸡肠道发育及菌群调节方面的应用效果

植物精油及剂量	应用效果	文献
植物精油	缓解产气荚膜梭菌对肉仔鸡造成的肠道损伤	杜恩存,2016
植物精油	刺激肠道有益菌生长、降低有害菌增殖、改善肠道功能	毛红霞等,2011
100mg/kg 植物精油	增加空肠绒毛高度	周洪彬等,2020

六、中草药和植物提取物

中草药是在传统中医理论指导下挖掘的植物来源的天然药物。中草药含有多种有效的化学成分,大部分中草药通过这些有效成分的配伍组合发挥着保健和治疗疾病的作用。中草药因其具有天然、绿色、无残留、无耐药性的特点,是理想的动物替抗药物和饲料添加剂,可用于养殖动物的抗菌消炎、提高免疫功能、改善消化吸收功能和提高生产性能等各个方面。

我国的蒙药、藏药,以及欧洲、美洲、非洲的民间医药都用到了草药。这些草药都是基于当地药用植物资源发展而来的,具有与中草药类似的功能和有效成分,作为饲料添加剂替代饲用抗生素具有天然优势。然而,由于药用植物资源珍贵,天然中草药产量较低,无法满足现代集约化养殖业的需要,为了提高药用植物资源利用效率、降低使用成本,通常将中草药的有效成分提取和浓缩,制成植物提取物从而作为饲料添加剂使用。近年来，植物提取物在各种养殖动物中都有应用，取得了较好的替抗、减抗效果。

中草药和植物提取物具有绿色、天然的优点，作为肉鸡饲料添加剂各具优势，但在实际应用方面还存在一些问题。首先，中草药和植物粗提物成分复杂，不同来源、不同提取工艺的有效成分含量差别很大，不同产品没有可比性，亟待提高标准化水平。其次，一些中草药和植物提取物的活性成分不稳定，易氧化或易挥发，在饲料加工或储存过程中可能损失，导致使用效果不稳定，可通过改性或剂型创新提高产品的稳定性。最后，目前对大部分中草药和植物提取物的有效成分及其作用机理尚不清楚，只能参考和借鉴医学临床研究资料，影响了药材资源的高效合理利用，亟待开展相关研究，夯实理论基础。此外，多数中药材来源有限，价格昂贵，用于饲料替抗导致"与人争药"，成本过高，尚不能大规模应用，有待开发低成本加工、配伍应用技术或挖掘替代性资源，降低使用成本。

（一）中草药

中草药成分复杂，中医临床多用复方，而且某些药材还要进行炮制加工。作为饲料添加剂的中草药考虑到成本因素和药材的来源，一般以简单复方或原药单方为主。中草药在肉鸡饲料中的替抗作用主要包括提高生长性能和饲料利用率、提高免疫功能、改善肠道健康以及改善产品品质等方面。

在改善肉鸡生长性能方面，许多研究关注了单一原药和复方的促生长效果（表3-26）。例如，中医用于清热解毒的穿心莲，以及中医用于补气固表、托毒排脓、利尿和生肌的黄芪加入肉鸡饲料，更多的研究参考中医君臣佐使、辨证施治的理论，设计了中草药复方饲料添加剂用于促进肉鸡的生长。

表3-26 中草药在肉鸡促生长方面的应用效果

中草药种类和剂量	应用效果	文献
1%穿心莲超微粉	降低黄羽肉鸡生长后期F/G，提高胸肌率和腿肌率	邓文琼，2015
0.5%~1%黄芪超微粉	提高黄羽肉鸡饲料报酬，达到抗生素对照水平，同时还可提高胸肌率	邓必贤，2014
1%黄芪、党参、当归、板蓝根复方制剂	显著提高肉鸡饲料利用率	刘海峰，2017

一些中草药在中医临床上具有"扶正"的功能，包括益卫气、补元气、养血气等，与现代医学的免疫功能关系密切。这些中草药作为饲料添加剂可用于提高肉鸡免疫力（表3-27）。大部分的复方中草药饲料添加剂也都具有提高肉鸡免疫功能的作用。

表 3-27　中草药在肉鸡免疫力方面的应用效果

中草药种类和剂量	应用效果	文献
鱼腥草	提高肉鸡脾 INF-γ 和小肠黏膜 MIP-1β 的基因转录水平	赵枝新，2008
1%穿心莲超微粉	提高黄羽肉鸡脾指数、胸腺指数、法氏囊指数、血清溶菌酶活性和 IL-2 含量，并有提高外周血淋巴细胞转化率的趋势	邓文琼，2015
0.5%~1%黄芪超微粉	显著提高淋巴细胞转化率、脾指数	邓必贤，2014
1%黄芪、党参、当归、板蓝根复方制剂	显著提高胸腺指数，血清 IgA、IgG、IgM 含量和外周血 T 淋巴细胞和 B 淋巴细胞转化率，提高脾中 IL-2、IL-4 和 IFN-Y 表达量和新城疫、禽流感抗体滴度，延缓抗体水平下降	刘海峰，2017

中草药的抗氧化功能与其提高免疫力的作用密切相关，多种中草药或复方中草药都有明确的抗氧化功能（表 3-28）。

表 3-28　中草药在肉鸡抗氧化方面的应用效果

中草药种类和剂量	应用效果	文献
0.5%~1%黄芪超微粉	显著降低血清丙二醛含量，提高 T-AOC 和 GSH-Px 活性	邓必贤，2014
穿心莲超微粉	显著提高肉鸡血清 SOD 活性	邓文琼，2015

消化道是抗生素作用的主要位点，也是中草药替抗的关键部位。研究表明，许多中草药单方或复方都具有改善消化道结构和功能的作用（表 3-29）。

表 3-29　中草药在肉仔鸡消化能力方面的应用效果

中草药种类和剂量	应用效果	文献
0.4%鱼腥草	提高肉鸡粗纤维消化率	赵枝新，2008
1%穿心莲超微粉	提高黄羽肉鸡十二指肠中淀粉酶活性和肠绒毛高度，降低隐窝深度	邓文琼，2015
0.5%~1%黄芪超微粉	显著提高十二指肠内容物的淀粉酶、脂肪酶和胰蛋白酶活性，提高十二指肠、空肠和回肠的绒隐比，此外还可显著改善肠道菌群结构，减少大肠杆菌数量，增加乳酸杆菌数量	邓必贤，2014

抗球虫是中草药替抗关注的另一个重点。球虫病是一种或多种球虫寄生于肉鸡肠道引起的流行性疾病，对肉鸡养殖危害极大，特别是地面平养和散养肉鸡的感染率极高。感染球虫的肉鸡肠道损伤出血，常常导致生长发育受阻甚至死亡。常规一般采用饲料全程添加抗球虫的抗生素或化学合成药物预防和治疗，但由于球虫耐药性很强，常规的药物治疗效果极为有限。研究发现，某些用于驱虫解毒的中草药具有抗球虫活性，其他健胃、止血的中草药则可通过提高肉鸡免疫力、修复肠道损伤和减少肠道出血等对症治疗（表 3-30）。

表 3-30　中草药在肉仔鸡抗球虫方面的应用效果

中草药种类和剂量	应用效果	文献
青蒿、苦参、黄连、当归等组方	抗毒害艾美耳球虫感染效果良好，抗球虫指数 164，优于马杜霉素和克球粉	顾有方等，2005

中草药种类和剂量	应用效果	文献
1%常山、槟榔、穿心莲、地榆、黄芪、大青叶等组方	显著提高血清 IgA、IgM 和 IgG 水平，外周血 T 淋巴细胞百分率也显著提高，显著提高柔嫩艾美耳球虫攻毒病鸡的存活率和治愈率，促进盲肠卵囊排出，达到化学药物的治疗效果	黄占欣等，2016

（二）植物提取物

尽管中草药单方或复方在肉鸡替抗方面有明显效果，但因其有效成分含量较低，在肉鸡饲料中较高的添加量（0.5%～1.5%）才能产生效果，提高了添加成本。此外，大比例添加中草药添加剂也会干扰饲料配方平衡。提取中草药等植物有效成分用于肉鸡饲料可能是更优的解决方案。

药用植物含有多糖、生物碱、苷、黄酮、挥发油等有效成分。在饲料中常添加其粗提物，如醇提物、水提物、粗多糖等。与中草药或植物精油类似，植物提取物在肉鸡饲料中的替抗功能也主要与促生长、抗氧化、免疫调节和肠道健康等有关（表 3-31）。

表 3-31　药用植物提取物在肉仔鸡生产中的应用效果

药用植物提取物种类和剂量	应用效果	文献
0.1%艾蒿多糖	提高后期肉鸡增重速度和饲料利用效率，提高干物质和粗蛋白质表观利用率，显著增加消化酶活性，改善小肠黏膜形态，抑制盲肠中大肠杆菌增殖，增加乳酸菌和双歧杆菌数量	牛壮，2019
0.5%～0.7%枸杞粗多糖	提高肉鸡 ADG、ADFI，降低 F/G，提高脾指数和法氏囊指数，增加血清 IgG 和 IgM 含量	孙甜甜，2019
200mg/kg 白术多糖	促进雏鸡免疫器官发育，使脾、胸腺及法氏囊组织结构更加致密，淋巴细胞增多，核质饱满，细胞排列整齐	李婉雁，2014

除药用植物外，其他植物提取物（表 3-32）也具有替抗效果，在资源来源和添加成本上更具优势。其他具有替抗潜力的植物提取物包括黄芪多糖、米糠多糖、刺五加多糖、浒苔多糖、大豆黄酮以及松针、酸枣、老蒜、红芪、海藻、黑沙蒿等粗提物，这些植物提取物均在促生长、增强免疫、抗氧化或肠道健康方面发挥不同程度的替抗作用，在此不一一赘述。

表 3-32　其他植物提取物在肉仔鸡生产中的应用效果

植物提取物种类和剂量	应用效果	文献
0.2%、0.5%和 0.8%桑叶提取物	显著提高矮脚黄鸡 ADG 和 ADFI	宋琼莉等，2018
100mg/kg、200mg/kg 和 300mg/kg 丝兰提取物	提高肉鸡血清和肝的抗氧化水平，100mg/kg 丝兰提取物可提高血清 NO 含量及一氧化氮合酶活性	孙登生，2017

七、酵母培养物

酵母及其培养物的研究和应用始于 19 世纪 20 年代，在动物生产中受到业界广泛青睐。它作为功能性饲料添加剂，可提高动物免疫力、抗氧化能力，同时促进肠道发育，有效补充消化道有益微生物，调节微生态菌群平衡等，提高对营养物质的利用率。酵母培养物作为新型饲料添加剂在动物生产领域的研究应用越来越广泛。

酵母培养物利用酵母菌（主要是酿酒酵母）经过发酵加工制得，其主要成分包括β-葡聚糖、甘露寡糖和糖蛋白等物质。酵母培养物由发酵后变异的培养基、少量酵母细胞和细胞外代谢产物组成，成分比较复杂，有效功能性成分包括寡糖、核苷酸、有机酸、小肽、醇类、酶类和其他"未知生长因子"等。

酵母培养物是一类复杂的微生物发酵制剂，其作用效果受到多方面因素的影响，包括酵母菌菌种、发酵工艺以及日粮营养成分等。酵母培养物的代谢产物丰富，在改善单胃动物肠道健康、提高生产性能方面发挥了极其重要的作用，酵母培养物在动物生产领域的研究应用较为广泛，显示出良好的应用效果和广阔的应用前景，但由于其代谢产物成分复杂，有关酵母培养物的作用机理目前尚不明确。

在动物日粮中添加一定水平的酵母培养物，可以改善动物的生长性能；酵母培养物能够调节微生物群落，改善肠道生态环境，促进肠道健康（表3-33）。血清生化指标的变化可以评估个体动物的病理和营养状况，研究表明，添加酵母培养物加强了肉仔鸡蛋白质的代谢，提高其对蛋白质的吸收和利用，进而促进了组织器官生长。免疫器官的发育状态及机能强弱直接决定禽类全身免疫水平。而脾、胸腺和法氏囊是禽类三大重要的免疫器官，参与机体细胞免疫和体液免疫，并发挥着重要作用。

表 3-33　酵母培养物在肉仔鸡生产中的应用效果

酵母培养物及剂量	应用效果	文献
0.25%酵母培养物	显著提高肉鸡 ADG、降低 F/G，提高肉鸡血清溶菌酶含量，并提高21日龄和42日龄肉鸡十二指肠分泌型免疫球蛋白A（sIgA）的浓度；提高十二指肠和空肠的绒隐比，对肠道黏膜具有积极作用，提高肉鸡的生长性能	Gao et al., 2008
酵母培养物	显著提高白来航鸡盲肠中乳酸杆菌属的相对含量，提高肉鸡瘤胃球菌属、丙酸菌属、鞘氨醇单胞菌属、双歧杆菌属和拟杆菌属数量，降低肠杆菌科数量	Markazi et al., 2017
酵母培养物	提高血清 IgA 和 IgG 含量	Haghighi et al., 2005

八、卵黄抗体

卵黄抗体（immunoglobulin of yolk，IgY）又称卵黄免疫球蛋白（egg yolk immunoglobulin），是特异性抗原刺激禽类后，由机体内 B 淋巴细胞产生并移行至卵黄中的特异性抗体，多数为 IgG，其他具免疫调节功能的生物活性物质包括：特异性卵黄抗体、甘氨酸、丙氨酸、蛋氨酸等，以及卵黄高磷蛋白、低聚糖、唾液酸。

目前研究较多、应用较广泛的是鸡 IgY。鸡 IgY 生物学优势明显，具有强大的免疫学功能，且鸡蛋具有价格便宜、收集便捷及均一稳定等优点，已被广泛应用于生物制品、兽医临床以及饲料生产等多个领域，在动物疫病的防治方面亦具有非常广阔的应用前景。

鸡 IgY 具有良好的耐酸碱、耐热能力，能抵抗一些消化酶的作用，并可在饮水或饲料中添加。但鸡 IgY 作为添加剂大规模应用还存在一定问题，如特异性菌株的选择、IgY 的稳定保存以及防治污染等问题。此外，临床上的疾病较多且复杂，多重感染或继发、并发感染的病例不断增加，针对多种疾病的多联或组合形式的鸡 IgY 的开发与研制迫在眉睫，相关科研工作者需要在这方面做更多的工作。研究发现，饲粮中添加 IgY 可以提高肉鸡免疫性能，有效抑制细菌、病毒和支原体感染等，有效改善生长性能（表 3-34）。

表 3-34　卵黄抗体在肉仔鸡生产中的应用效果

卵黄抗体	应用效果	文献
单用	使黄羽肉鸡产生被动免疫保护，虽然卵黄抗体抗球虫效果不如药物，但安全性更高	任春芝，2011
与益生素或复合酶复配	提高肉仔鸡 ADG，改善鸡肉品质，提高脾指数、法氏囊指数和胸腺指数	宋之波等，2017

九、抗菌肽

抗菌肽（antimicrobial peptide，AMP）广泛分布于自然界的动物、植物和微生物中，是带有正电荷的小分子多肽。迄今为止，分离鉴定出的抗菌肽多达 2800 余种，它们通常由 10～50 个氨基酸组成，是宿主先天性免疫系统的重要组成部分，具有抗菌谱广、低耐药性、低毒性、高活性等特点，在宿主体内可以起到抵御感染、抑菌杀菌、免疫调节等作用。抗菌肽的种类根据其生物学来源，可分为动物源抗菌肽、植物源抗菌肽、微生物源抗菌肽三大类。

微生物源抗菌肽是由微生物分泌用来保护自身的小分子多肽，有细菌素、嗜杀酵母毒素、病毒源抗菌肽三大类，因革兰氏阳性细菌和革兰氏阴性细菌均可产生细菌素，故多数微生物源抗菌肽属于细菌素类。植物源抗菌肽又称植物防御素，是植物在生长过程中产生的小分子肽。多数植物源抗菌肽对植物病原具有良好活性，部分植物源抗菌肽对革兰氏阳性细菌、革兰氏阴性细菌、真菌、酵母及哺乳动物细胞均有毒性。硫堇（thionins）是最早从植物中分离的抗菌肽。动物源抗菌肽来源广泛，根据其来源又可分为哺乳动物源抗菌肽、节肢动物源抗菌肽、禽源抗菌肽、两栖动物抗菌肽、软体动物源抗菌肽、鱼类抗菌肽和甲壳动物源抗菌肽。哺乳动物源抗菌肽广泛存在于中性粒细胞、黏膜和皮肤上皮细胞中，可分为防御素（defensin）、组织蛋白酶抑制素（cathelicidin）、铁调素（hepcidin）三大类。其中因禽的数量较多，目前分离得到的禽源抗菌肽较多。天蚕素是最早分离出来的昆虫抗菌肽。

抗菌肽应用到肉鸡养殖上，可以提高鸡的生长性能，增强机体防病治病的能力（表3-35）。与传统抗生素相比，抗菌肽在开发应用过程中，最独特的优势在于其广谱抑菌性和低耐药性。在新兽药研发和新型饲料添加剂方面，抗菌肽作为新型环保型药物研发的热点，具有非常好的应用前景。但是，一些研究也证实抗菌肽也会产生一定的耐药性，所以关于其抑菌机制的深入研究则十分必要，这些研究成果将为研发高效安全抗菌肽产品奠定重要基础。另外，在得出完理论基础研究之前，关于抗菌肽的实际生产应用需持谨慎态度，避免其成为下一个无法应对的"抗生素"。

表3-35 抗菌肽在肉仔鸡生产中的应用效果

抗菌肽种类和剂量	应用效果	文献
猪抗菌肽 PABP 20mg/L 和 30mg/L 饮水，或者 150mg/kg 和 200mg/kg 饲料	爱拔益加（AA）肉鸡的体重和 ADG 均得到提高	Bao et al., 2009
200mg/kg 和 300mg/kg 天蚕素抗菌肽	显著提高 817 肉杂鸡在 21 日龄和 42 日龄时法氏囊指数、脾指数和胸腺指数，并显著提高 42 日龄肉杂鸡新城疫抗体水平和 T 淋巴细胞转化率	王莉等，2017
200mg/kg、400mg/kg、600mg/kg 枯草芽孢杆菌天然抗菌肽	脾指数，血清 IgA、IgG 和 IgM，补体 C3 含量均有不同程度的提高，400mg/kg 效果最为显著，提示枯草芽孢杆菌天然抗菌肽具有提高蛋鸡免疫功能的作用	吕尊周等，2011
90mg/kg 抗菌肽 AMP-A3	Ross 308 肉鸡粪便中大肠杆菌、总厌氧微生物和梭状芽孢杆菌数量显著减少，回肠和盲肠中大肠杆菌数量显著减少	Choi et al., 2013

1. 改善生长性能

抗菌肽可通过破坏细胞壁、抑制微生物体内蛋白质合成、破坏核酸结构、抑制酶活性等达到抑菌、促生长的目的。

2. 预防和治疗疾病

抗菌肽能够针对某些病原微生物，起到较好的预防和治疗作用。在细菌类疾病方面，抗菌肽能起到与抗生素同样的抑菌杀菌效果。

3. 提高免疫性能

抗菌肽能够调节动物机体的免疫功能，增强机体抵御病原感染的能力。在动物机体内，抗菌肽不仅可以促进免疫器官的发育，还可以通过激活免疫细胞、招募免疫因子和调节免疫反应等多种方式增强机体先天性免疫和获得性免疫。改善慢性热应激条件下肉鸡的肠道功能。

4. 平衡肠道菌群

动物肠道内充满正常菌群和致病菌群，它们之间的动态平衡影响着宿主免疫系统活动及生长发育等正常生理功能。当致病菌群或致病性菌株的含量超过正常值、打破肠道内菌群平衡时就会导致宿主发病。抗菌肽能够调节机体肠道菌群的动态平衡，保持肠道内环境的相对稳定。

十、溶菌酶

溶菌酶广泛分布于动物、植物和微生物中，在鸡蛋清中含量较高，具有抗菌消炎、抗病毒、增强免疫力、促进双歧杆菌增殖等作用。溶菌酶能有效水解细菌细胞壁的肽聚糖，使细胞壁变得松弛，细胞溶解死亡。溶菌酶在酸性条件下较稳定，可与一些物质形成络合物，导致其活性丧失。邵春荣等（1996）在肉仔鸡饲料中分别添加 4mg/kg 溶菌酶、8mg/kg 溶菌酶、16mg/kg 溶菌酶、100mg/kg 溶菌酶，结果表明在肉仔鸡饲料中添加 4～100mg/kg 溶菌酶（相当于 600～15 000 单位）均可减少饲料消耗、提高 ADG 和肉仔鸡存活率。

第二节　无抗饲料在蛋鸡生产中的应用

蛋鸡无抗养殖，就是在蛋鸡养殖过程中不使用任何抗生素的一种新型养殖模式。集成已有品种、生物安全、饲料配制、加工储运和饲养管理等技术于一体的创新无抗养殖模式，可以有效确保蛋鸡健康、环境友好，生产安全、营养、无抗生素残留的鸡蛋，促进禽蛋产量持续增长（图3-6）、保护人类健康。蛋鸡无抗饲料是指不含抗生素类添加剂的蛋鸡饲料添加剂、预混合饲料、浓缩饲料和配合饲料，其前提是不影响蛋鸡健康状况和生产性能，即安全、优质和环保等特性不弱于以往"有抗饲料"。

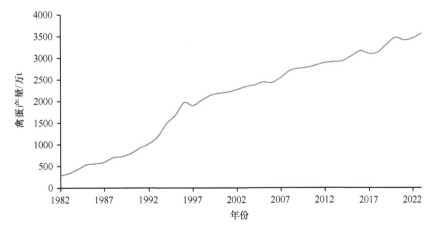

图 3-6　我国禽蛋产量

数据来源：国家统计局

近年来，我国蛋鸡养殖正朝着规模化和集约化方向发展，大型和超大型蛋鸡养殖场的存栏量以每年数千万的速度在增长。选育优良品种显著改善了蛋鸡生产性能和抗逆能力，设备设施的改进加快了蛋鸡养殖的集约化、促进了南方蛋鸡养殖行业发展。但是，蛋鸡遇到的应激没有减少，疾病种类和发病率越来越高，表现为鸡越来越难养。在疾病防治过程中，会不可避免地使用甚至依赖抗生素。以往，促生长类和抗球虫类抗生素作为药物饲料添加剂广泛应用于蛋鸡生产，对蛋鸡肠道致病菌（大肠杆菌和沙门氏菌等）有明显抑制作用，表现出良好的防病效果。然而，随着抗生素投入量加大，其弊端也逐渐显露。

1）产生耐药性。随着蛋鸡养殖规模扩大、养殖时间延长和人工成本增加，人们更加期望通过饲料解决蛋鸡养殖中的一切问题，这就导致对抗生素的依赖性更大。特别是在长期低剂量和不对症使用抗生素时，虽然能达到预防和治疗蛋鸡某种疾病的目的，但却加速了细菌耐药性的产生，最终培养出"超级细菌"。动物体和肠道致病菌的耐药性越强，疾病的治疗难度就越大，这不仅不利于蛋鸡产业的可持续健康发展，也对人类健康造成极大隐患。

2）免疫力下降。动物摄入的抗生素经血液循环分布到肝、脾、肾、胸腺、淋巴结和骨骼等组织，直接降低蛋鸡免疫力，增加慢性疾病发生的风险。另外，抗生素还会降低疫苗的免疫效果，导致发病率增加。

3）机体菌群失调。抗生素在抑制病原微生物的同时，还会打破肠道内的菌群平衡，造成某些原籍菌或过路菌过度繁殖，进而引发内源性感染。此外，抗生素在消灭体内敏感菌后会造成肠道微生物附着位空缺，此时外界致病性耐药菌可能乘虚而入，进而引发外源性感染且难以治愈。

4）污染动物产品（鸡蛋）及环境。滥用抗生素常常会引发多种副作用，其中药物残留是难以解决的问题之一。例如，蛋鸡饲料中添加氯霉素可损害神经系统，导致机体代谢缓慢，其在所产鸡蛋中仍有较长时间残留。抗生素被吸收到体内后，多以肝代谢为主（60%～85%），经胆汁由粪便排出体外，或通过产蛋排泄（残留在鸡蛋中）。一些性质稳定的抗生素被排泄到环境中后，仍能稳定存在较长时间，从而造成环境中的药物残留，污染生态环境。这些抗生素"培养"的耐药微生物，其耐药基因可在生物间漂移。此外，药物的残留还会随着动物产品（鸡蛋和鸡肉等）蓄积到人体中，危害人类健康。

随着人们健康和环保意识的增强，食品安全问题愈发受到重视。限用甚至禁用抗生素得到越来越多人的支持，依赖抗生素来维持蛋鸡健康的传统养殖模式已然不可持续。与肉鸡相比，蛋鸡饲养周期长、生产强度大，且开产后蛋鸡饲料中禁用抗生素，导致疾病频发。然而，若长期使用抗生素"防病"，则无法摆脱损伤蛋鸡免疫功能、破坏肠道菌群平衡、污染蛋品等一系列问题。鉴于此，蛋鸡无抗饲料的研发越来越受到行业的重视。

研究表明，饲粮中添加的恩诺沙星（200g/t）可快速沉积到鸡蛋中，即在饲喂后第 2 天显著高于对照组，在第 3 天达到较高的水平且稳定下来。在停饲恩诺沙星饲粮后的第 8 天，鸡蛋中的恩诺沙星残留量降至与对照组相当的水平。饲粮中添加氟苯尼考（200g/t）可直接影响鸡蛋中氟苯尼考的含量，即在沉积期的第 2 天和第 3 天，鸡蛋中的氟苯尼考含量显著上升，在第 5 天达到较高水平，维持稳定。在改饲不添加氟苯尼考饲粮的消除期，鸡蛋中氟苯尼考的含量迅速下降，在第 8 天达到和对照组相当的水平（图 3-7）。

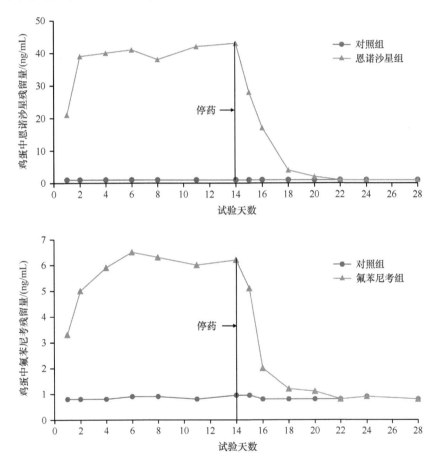

图 3-7　鸡蛋中恩诺沙星和氟苯尼考的沉积与消除动力学
0～14 天用药，14～28 天停药

2019 年 7 月，农业农村部发布第 194 号公告，明确规定"自 2020 年 1 月 1 日起，退出除中药外的所有促生长类药物饲料添加剂品种，兽药生产企业停止生产、进口兽药代理商停止进口相应兽药产品，同时注销相应的兽药产品批准文号和进口兽药注册证书。此前已生产、进口的相应兽药产品可流通至 2020 年 6 月

30 日"。原促生长类药物饲料添加剂中仅有山花黄芩提取物散和博落回散可作为饲料添加剂继续用于蛋鸡生产，这标志着 2020 年成为我国饲料业的"无抗元年"。研制和推广替抗的功能性饲料产品，将成为蛋鸡产业乃至整个畜牧业发展的必然趋势。

当今，蛋鸡养殖业逐步朝着健康、绿色和环境友好的方向发展，逐步从传统养殖模式转换到无抗养殖新模式。在"饲料禁抗"和"无抗养殖"的大背景下，如何防控蛋鸡临床疾病，成为蛋鸡产业健康有序发展的新议题。研制和开发具备无残留、绿色环保和无耐药性等优点的无抗饲料，并在蛋鸡生产中推广应用，以便真正实现养殖生产的绿色化和环保化。

一、技术储备

营养素是最好的保健品，配方师在设计蛋鸡饲料配方时参考的饲料标准，大多只关注动物生产性能，有的标准甚至仅满足蛋鸡最低营养需要，而无法满足各种应激造成的蛋鸡对某些特定营养物质的需求，或者说未能关注抗氧化营养储备和免疫储备，这就导致蛋鸡应激后很容易发病。下文从抗氧化营养调控、氨基酸平衡、功能化微生物发酵、养未病、去隐患、饲养管理体系的角度，概述蛋鸡无抗饲料技术研究进展。

（一）抗氧化营养调控

中国农业科学院饲料研究所 2019 年的鉴定成果"蛋鸡健康的抗氧化营养调控技术集成与示范"，该项成果针对生产中蛋鸡遇到应激时会首先动用体储抗氧化体系应对，随应激持续，机体氧化还原失衡，引发亚健康、疾病等问题，创新性地提出"养未病"的营养调控理念，结合机体代谢过程中氧化还原反应的普适性及氧化还原平衡在机体健康中扮演的核心关键角色，项目团队提出了新颖的抗氧化营养调控蛋鸡健康的理论。建立了家禽活体和体外细胞氧化应激模型，系统评价了 11 种抗氧化剂和具有抗氧化功能的添加剂维护鸡体健康的功效，并深入研究了其作用机理，建立了蛋鸡、肉鸡在不同应激挑战下的抗氧化调控技术体系。例如，茶多酚中儿茶素之一，即表没食子儿茶素没食子酸酯（epigallocatechin gallate，EGCG）具有抗菌、抗病毒、抗氧化、抗动脉硬化、抗血栓形成、抗血管增生、抗炎以及抗肿瘤的作用（图 3-8）。

（二）氨基酸平衡

中国农业大学完成的"蛋鸡全阶段可利用必需氨基酸需要及理想蛋白模式"研究成果，与传统模式相比，该成果建立了以"可利用氨基酸为基础，完整蛋白和小肽营养为补充，包括蛋鸡饲养各阶段的氨基酸需要量和理想蛋白模式"的新体系，提出了建立产蛋动态理想蛋白模式的新方法。应用该成果，可以根据生产性能数据为蛋鸡配制适宜日粮，较好地弥补了传统蛋鸡氨基酸需要量和理想蛋白模式表示体系的缺陷，更能适应蛋鸡的实际生产需要。

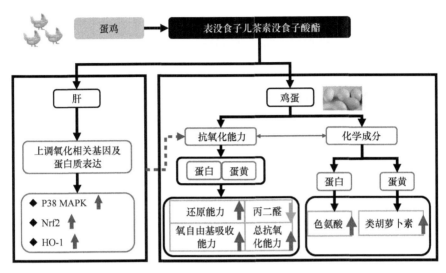

图 3-8 饲粮中添加 EGCG 提高鸡蛋的抗氧化能力（Wang et al.，2020）

（三）功能化微生物发酵

山东某公司完成的"蛋鸡新型功能化微生物发酵饲料的研制与示范"项目，优化了高产 γ-氨基丁酸的乳酸菌发酵条件，试发酵生产中 γ-氨基丁酸产量可达28.4g/L；获得了一株酿酒酵母，其酵母培养物可促进肠道乳酸菌增殖 5 倍以上；确定了功能化乳酸菌（温度 37℃、时间 48h）、酿酒酵母菌（温度 30℃、时间 24h）液态中试发酵条件参数；设计出功能化微生物饲料配方 1 套、湿基态发酵工艺 1条、低活性损失的微生物发酵饲料烘干工艺 1 条；研制出蛋鸡新型功能化微生物发酵饲料产品（含乳酸菌 1.9×10^8CFU/g）。

（四）养未病

中国农业科学院饲料研究所完成了"优质鸡蛋生产的营养调控关键技术研究与应用"，该成果提出了"养未病"假设，建立抗氧化应激模型，评价抗氧化剂12 种，集成抗氧化无抗饲料配制技术，显著改善了蛋鸡健康状况和产蛋率（5 个百分点）。阐明了蛋壳超微结构形成的时空机制及营养素调控壳基质蛋白和力学特性的作用机制，形成的蛋壳品质高效饲料调控技术应用于生产，可显著降低产蛋后期蛋壳破损率 35% 以上。研究了新鲜和贮存鸡蛋蛋清稀化的分子机理及其与饲粮营养素的量效规律，建立了改善蛋清品质的营养调控技术体系，在降低饲料成本的同时，显著提高蛋清浓稠度、改善鸡蛋货架期。研究了蛋黄有益脂质（n-3

多不饱和脂肪酸、卵磷脂等）的富集机理和规律，筛评相关原料，形成蛋品有益脂质高效营集营养调控技术，生产优质鸡蛋，显著改善人类健康和养殖场效益。研究了蛋黄不良脂类（氧化胆固醇、三甲胺等）的形成机制、危害及其消除技术，完美避免了鸡蛋不良风味和不健康物质沉积。研究了鸡蛋多不饱和脂肪酸模式与风味的关系，明确了香味产生的特征性前体物质。

（五）去隐患

四川农业大学研究了营养源与安全隐患因子对蛋鸡健康、鸡蛋品质、鸡蛋安全的影响及其机制，建立了优质鸡蛋安全生产配套技术。

（六）饲养管理体系

圣迪乐村生态食品有限公司针对我国蛋鸡生产实际，从鸡苗生产、饲养管理、疫病防控、鸡舍环境控制、产品深加工技术及鸡蛋储运与包装等 6 个方面进行了关键技术研究，取得了一系列重要研究成果，形成了整套先进实用的关键技术，对蛋鸡产业化发展起到重要的推动作用。

二、替抗产品

目前，在我国畜禽产业中主要研究并应用的替抗产品，根据其功能大致可分成两类：一类是替代抗生素抑菌和抗炎作用的添加剂，包括植物提取物、益生菌、酸化剂、抗菌肽和酶制剂等；另一类是替代抗生素促生长作用的添加剂，包括部分植物提取物、部分酶制剂和益生元（寡糖类）等。在蛋鸡生产中，替抗产品的促生长作用表现为改善生产性能和鸡蛋品质，其抗菌和抗球虫作用表现为改善肠道内环境（降低 pH，提高消化酶分泌量和活性），或通过抑制肠道致病菌群生长和促进有益菌群定殖，以便维持蛋鸡肠道健康。

蛋鸡的无抗饲料设计需要遵循"免疫营养"、"抗病营养"、"抗氧化营养"和"精准营养"等理念。饲料设计的追求目标需要从改善生产性能和鸡蛋品质转变为提高蛋鸡免疫功能和肠道健康，设计综合性的抗生素替代方案。改善营养供给可有效提高蛋鸡的免疫力、抗氧化能力、抗应激能力和消化能力等。在蛋鸡饲料中，精准供给用于维持、生产具抗应激等生理功能的营养素和必要添加剂（酶制剂、微生态制剂、酸化剂、中草药添加剂等），可显著增强蛋鸡免疫力，降低发病率，维持蛋鸡健康，改善生产性能。

（一）微生态制剂

益生菌微生态制剂的主要成分是动物体内的正常益生菌及其增效物质。根据微生态平衡理论和微生态营养理论，以及微生物间的"排他性"竞争原理，益生菌的替抗作用主要是通过抑制有害菌的生长来实现的。基于此，益生菌的研究和应用引起了人们越来越多的关注，在蛋鸡生产中的使用也越来越广泛。在国外，益生菌的使用已有数十年历史，形成了成套方案，在无抗养殖生产中发挥了重要作用。

畜禽生产中常用的微生态制剂包括乳酸菌、芽孢杆菌和酵母菌等。乳酸杆菌属是微生态制剂菌种中应用历史最早的一类，其制剂种类也最多，包括乳酸杆菌发酵饲料、乳酸杆菌粉及乳酸杆菌提取物等。当前，在蛋鸡饲料添加剂中应用较多的是植物乳杆菌和粪链球菌。芽孢杆菌在动物肠道微生物群落中的存在数量极少，蛋鸡生产中应用的芽孢杆菌主要有地衣芽孢杆菌和枯草芽孢杆菌。此外，较常用的酵母类制剂是酿酒酵母培养物。

目前，在国内蛋鸡生产中，微生态制剂的应用十分广泛且作用效果尤其显著。蛋鸡进入产蛋期后，若在饲料或饮水中长期添加微生态制剂，肠道内的有益菌就会持续处于优势状态，致病菌无法定殖，最终达到保护肠道的目的。益生菌还能分泌消化酶和促生长因子等，促进营养物质在蛋鸡体内的消化和吸收，增强机体免疫力，提高生产性能，降低料蛋比，从而达到防病治病和维持高水平健康状态的目的。由此可见，益生菌可用于替代抗生素的部分功能，促进整个蛋鸡养殖业的健康发展。

微生态制剂作为蛋鸡生产中应用最为广泛、效果较为突出的替抗产品之一，其特有优势：①非病原菌，不会成为免疫缺陷宿主的病原菌来源；②在饲料加工和贮存过程中仍能保持稳定和活性；③参与宿主肠道附着位点和养分的竞争，维持菌群平衡；④在宿主肠道中产生的代谢产物可抑制病原菌生长；⑤刺激宿主免疫系统，增强其免疫机能。微生态制剂中所包含的益生菌可竞争性抑制动物肠道中的特定病原菌（沙门氏菌和大肠杆菌等），维持消化道微生态平衡，从而改善动物健康状况，提高生产性能。

目前，欧盟各国普遍将微生态制剂作为畜禽饲料中的替抗饲料添加剂，普及率高达 95%。在我国，由于微生态制剂产品多样且投入市场后的应用效果显著，越来越多的生产厂家开辟微生态制剂生产线。然而，由于许多小企业的生产技术不成熟，且该类产品目前尚没有统一的国家标准，市面上微生态制剂的质量参差不齐，许多产品无法达到应有效果（如微生物进入机体后老化或无法存活）。此外，由于缺乏系统完整无抗养殖措施的辅助，盲目使用微生态制剂可能会破坏蛋鸡肠道微生态平衡，对生产性能造成不利影响。因此，只有正确理解和使用益生菌，才能确保其有效发挥益生功能。对于蛋鸡产业，益生菌的选择至关重要。对于不同阶段的蛋鸡，应根据实际需要（肠道状态、饲粮组分、微生物区系组成等）选择不同产品。同时，要掌握不同益生菌的正确使用方法（如乳酸菌采用包被技术，或选择耐酸的芽孢杆菌等），确保其在到达机体消化道时依然是存活状态。

1. 乳酸杆菌

乳酸杆菌制剂是目前畜牧业公认的绿色添加剂，也是研究最为广泛的替抗产品之一。它作为抗生素替代品应用于蛋鸡生产中，能够维持机体胃肠道微生态平衡，抑制病原菌，调节肠道健康，增强蛋鸡免疫力。

植物乳杆菌是一种被广泛研究和应用的益生菌。在蛋鸡饲料中添加植物乳杆菌可改善盲肠微生态环境，抑制食源性微生物的致病能力，提高饲料转化率；与此同时，还能降低盲肠沙门氏菌数量，缓解肠炎沙门氏菌引起的肠道炎症反应，保障机体健康。余祖华等（2016）发现植物乳杆菌（*Lactobacillus plantarum*）DPP8对蛋鸡的肝有保护作用，极显著地提高了鸡蛋的蛋黄着色、哈氏单位和蛋白高度，并且改善了鸡蛋的蛋壳品质，其适宜添加剂量为 $2.0×10^8$ CFU/g。

2. 乳酸球菌

在蛋鸡饲粮中，添加乳酸粪肠球菌或乳酸片球菌可提高蛋鸡生产性能，改善营养物质代谢，提高免疫功能。粪肠球菌 CGMCC1.2135T 可抑制蛋鸡肠道内沙门氏菌和大肠杆菌的生长繁殖。粪肠球菌可产生有机酸和细菌素，从而抑制肠道内病原菌和腐败微生物的生长，降低盲肠和回肠 pH，优化肠道环境。因此，饲粮中添加粪肠球菌可有效降低蛋鸡感染大肠杆菌的风险。研究发现，在蛋鸡饲粮中添加乳酸粪肠球菌可降低料蛋比，提高蛋白高度和哈氏单位等鸡蛋品质指标。在蛋鸡产蛋高峰期向饲粮中添加乳酸片球菌，可显著改善鸡蛋蛋黄颜色，增加蛋壳强度和厚度。上述两种益生菌在蛋鸡饲粮中的研究已取得初步进展，后续仍有较大开发价值。

3. 芽孢杆菌

在蛋鸡生产中，枯草芽孢杆菌的应用已初具规模。国内外多项应用研究表明，枯草芽孢杆菌可改善蛋鸡肠道微生物区系，促进有益菌增殖，抑制致病菌生长；维持肠道完整性，加强机体对营养物质的吸收和利用；减少排泄物中氨、氮含量，降低鸡舍有害气体排放。研究指出，饲粮中添加 400mg/kg 枯草芽孢杆菌制剂，可提升蛋鸡产蛋率和鸡蛋品质，降低料蛋比和软/破蛋率，从而极大地改善生产性能（崔闯飞等，2018）。枯草芽孢杆菌的添加水平与蛋鸡的品种、年龄以及生产性能密切相关，饲粮中添加低剂量枯草芽孢杆菌对蛋鸡生产性能未见明显改善作用。在蛋鸡产蛋后期，蛋壳品质的降低与肠道的钙吸收率较低有关，饲粮中添加枯草芽孢杆菌可促进肠道对钙、磷的吸收，从而改善鸡蛋蛋壳品质，但其具体机制有待进一步研究。

地衣芽孢杆菌和凝结芽孢杆菌制剂在国内蛋鸡饲料中的研究及应用还相对较少。Lei 等（2013）发现，饲料中添加地衣芽孢杆菌可增加鸡蛋蛋壳厚度，添加凝结芽孢杆菌可改善蛋鸡生产性能和鸡蛋品质，并且在蛋白质代谢、脂质代谢、肝功能和钙、磷吸收上都具有一定的改善作用。凝结芽孢杆菌可能是通过其代谢产生的有机酸，促进了钙、磷的消化吸收，提高了蛋鸡血浆钙、磷含量。

芽孢杆菌发酵液中含有一定量的乙酸、丙酸和丁酸等有机酸，可降低肠道 pH，促进矿物质吸收，抑制肠道内大肠杆菌和沙门氏菌等致病菌生长，从而达到防病抑病的效果。在蛋鸡饲粮中添加枯草芽孢杆菌、地衣芽孢杆菌或凝结芽孢杆菌，对预防肠道疾病具有明显效果。

4. 酵母菌

酵母培养物已广泛应用于蛋鸡饲粮中，其不仅含有蛋白质、氨基酸、寡糖和维生素等营养素，还含有对畜禽生长有益的多肽、消化酶和多种生长因子等，可有效改善动物生产性能。在蛋鸡饲粮中添加酵母培养物可显著提高鸡蛋品质和饲料利用效率，减少机体脂质沉积。马友彪等（2017）研究证实，饲粮中添加 1%酵母培养物可提高蛋鸡空肠绒毛高度，以及绒毛高度/隐窝深度（绒隐比）。武书庚等（2010）的研究表明，蛋鸡饲粮中添加酵母培养物可提高产蛋率和平均蛋重、降低料蛋比和死淘率。研究发现，蛋鸡饲粮中添加 0.4%～0.6%酵母培养物可显著提高平均蛋重和饲料消化利用率。此外，蛋鸡饲粮中添加新型酿酒酵母培养物能够降低鸡蛋熟蛋黄和熟蛋清的苦味及回味，提高鲜味丰富度，从而改善鸡蛋口感。

诸多应用实例证明，单一微生态制剂一方面可有效提高蛋鸡产蛋后期的产蛋率，降低料蛋比，改善鸡蛋品质，从而实现蛋鸡"延养"；另一方面可减少肠道内致病菌数量，降低蛋鸡腹泻率和病死率，减少鸡舍有害气体排放，从而改善养殖环境。在蛋鸡饲粮中添加单一益生菌制剂，可在一定程度上替代抗生素的促生长作用，并达到预防疾病的效果。

5. 复合微生态制剂

单一微生态制剂对蛋鸡的生产性能和鸡蛋品质具有一定的改善作用，但与抗生素的强效促生长作用相比，收效甚微。因此，越来越多的研究者将复合微生态制剂应用到蛋鸡生产中，以期达到更接近抗生素的应用效果。相较于单一益生菌制剂，在蛋鸡饲粮中添加微量复合微生态制剂具有更明显的替抗功效。研究表明，在蛋鸡饲粮中添加 3% EM 菌（由乳酸菌、酵母菌、放线菌、光合细菌、双歧杆菌、醋酸杆菌、发酵系列丝状菌等 5 科 10 属 80 多种好氧或厌氧微生物组成的一种多功能复合微生态制剂），可提高饲料利用效率、蛋鸡抗氧化性能和鸡蛋品质。灭活的唾液乳酸杆菌和芽孢杆菌复合制剂能够显著提高蛋鸡产蛋率，降低破蛋率，提高鸡蛋哈氏单位。研究发现，由芽孢杆菌、乳酸菌、酵母菌组成复合制剂能显著降低蛋鸡血清白蛋白、总蛋白和血糖水平。此外，复合微生态制剂还能够消除蛋鸡机体自由基，减少活性氧的产生，从而保护机体免受氧化应激损伤，保障蛋鸡的健康。

综上所述，复合微生态制剂能够调控蛋鸡消化道内环境，改善肠道菌群平衡，促进机体对营养物质的消化吸收，从而提高饲料利用效率，改善鸡蛋品质。虽然复合微生态制剂不能发挥抗生素的全部功效，但其在当前蛋鸡无抗饲料研发及应用过程中依然是最受蛋鸡养殖业认可的替抗产品。

（二）益生元

益生元是一类不可消化的物质，可选择性刺激肠道中有益菌的生长，同时作为肠道微生物发酵底物，产生可被机体利用的能量、代谢产物和微量元素，从而对宿主产生有益影响。

寡糖类是研究最广泛的益生元产品，主要有低聚木糖、甘露寡糖、壳寡糖和果寡糖。Roberfroid（2007）认为只有菊粉和反式半乳寡聚糖满足寡糖标准。寡糖的作用机制与益生菌相似，能选择性刺激或激活肠道某些有益菌的生长和繁殖，增加肠道中有益菌数量。功能性寡糖结构受体可与病原菌的外源凝集素结合，使病原菌很难吸附到肠壁上，从而携带病原菌通过肠道排出体外。此外，寡糖经细菌降解后的产物——短链脂肪酸（乙酸、丙酸和丁酸）可降低肠道 pH，抑制部分病原微生物的繁殖；还可充当免疫刺激辅助因子，提高机体免疫力。

相较于益生菌，益生元在蛋鸡饲粮中的添加量较小且不会被胃肠道消化。目前，寡糖在蛋鸡生产性能改善和免疫力提高方面有很好的作用效果，但在实际应用中仍存在诸多不稳定因素，主要包括以下两个方面：①寡糖种类，不同寡糖在肠道中发挥的作用不同；②寡糖添加量，每种寡糖在蛋鸡不同成长阶段的适宜添加剂量不同。添加量不足无显著效果，添加过量则会导致过度发酵，引发蛋鸡腹泻。另外，蛋鸡的饲粮组成、成长阶段以及饲养环境都会影响寡糖的应用效果。

1. 低聚木糖

低聚木糖（XOS）由多个木糖组成，具有非消化性和性质稳定等特点。低聚木糖作为新型饲料添加剂已被纳入《饲料添加剂品种目录（2013）》，近年来被广泛应用于蛋鸡生产。由于独特的理化性质，低聚木糖不能被蛋鸡消化道内常见的产气荚膜梭菌、大肠杆菌和沙门氏菌等致病菌利用，但可竞争性地抑制病原菌生长，激活机体免疫系统，从而增强对病原菌的抵抗力。同时，低聚木糖可选择性促进禽消化道内双歧杆菌及乳酸菌的增殖，由此增加的发酵产物——短链脂肪酸既可降低肠道 pH，又可为肠道供能，加速肠道蠕动，促进营养吸收，对于维持蛋鸡肠道健康具有重要作用。研究表明，低聚木糖可改善蛋鸡空肠形态结构，提高肠道对钙的吸收，改善蛋鸡产蛋后期的鸡蛋蛋壳质量，其在蛋鸡饲粮中的适宜添加量为 0.03%～0.04%。蛋鸡饲料中添加低聚木糖可有效替代抗生素的部分功能，然而相关研究仍处在初级阶段，其在未来蛋鸡生产中具有广阔的应用前景。

2. 寡糖

果寡糖（FOS）广泛存在于大麦、大蒜、洋葱和黑麦等植物中，具有低热值、稳定、不易消化等特性。研究证实，果寡糖作为潜在替抗添加剂具有调节蛋鸡肠道菌群结构、促进肠道发育、提高免疫力、调控脂质代谢、促进矿物吸收等功能。此外，果寡糖还可提高蛋鸡饲料利用效率，并且饲喂时长与其促生长作用（提高产蛋率，改善料蛋比和鸡蛋品质）呈正相关（周建民等，2019）。以生产性能为判断依据，果寡糖在蛋鸡产蛋后期饲粮中的适宜添加剂量为0.20%~0.25%。

目前，国内蛋鸡饲料添加剂中有关甘露寡糖（MOS）和壳寡糖（COS）的研究相对较少。高峰期蛋鸡饲粮中添加0.2%~0.35%甘露寡糖可提高产蛋率，改善鸡蛋品质，降低鸡蛋破损率。国外研究显示，蛋鸡饲粮中添加0.11%甘露寡糖可显著改善鸡蛋蛋壳品质和蛋黄颜色，但超量添加对鸡蛋品质有负面影响。造成多种结果的原因可能与试验蛋鸡品种、饲粮类型、产蛋期等有关。

壳寡糖是天然糖中唯一大量存在的碱性氨基寡糖，具有水溶性好、功能多样、生物活性高等多种优点。壳寡糖在肉鸡应用中已初具规模，但在蛋鸡生产中却鲜少使用。蛋鸡饲粮中添加600mg/kg壳寡糖可提高产蛋率和鸡蛋品质，调节肠道微生物群落，增强机体免疫力，但缺乏普遍应用加以证实。因此，壳寡糖要想正式应用于蛋鸡养殖，还需大量动物试验来证实其作用效果。

3. 菊粉

菊粉是不同成分的果糖聚合体，具有很强的益生元特性（图3-9），广泛存在于多种蔬菜中，如洋葱、大蒜、芦笋、菜蓟、韭葱、菊苣等。在蛋鸡生产中，菊粉多与其他益生元产品联合使用。蛋鸡饲粮中添加菊粉可显著降低鸡蛋胆固醇含量、蛋鸡盲肠中有害菌数量，因此蛋鸡饲粮中添加菊粉或可为生产低胆固醇鸡蛋提供一条途径。

4. 配伍应用

益生元在调节肠道菌群平衡、改善肠道结构、激发机体免疫力方面发挥重要作用，对蛋鸡生产有促进效果。寡糖在加工和储运中表现出较好的稳定性。目前在蛋鸡生产中，已将益生元和益生菌联合应用于无抗饲料开发，以期达到替抗的效果。研究发现，多种益生元联合使用可改善鸡蛋大小和鸡蛋品质，提高产蛋率和降低料蛋比，这主要得益于其对代谢过程和营养利用的促进作用。菊粉和低聚糖联合使用可有效刺激肠道乳酸菌和双歧杆菌的增殖，从而改善鸡蛋蛋壳质量，提高血清钙浓度和胫骨灰分含量，维持骨强度。

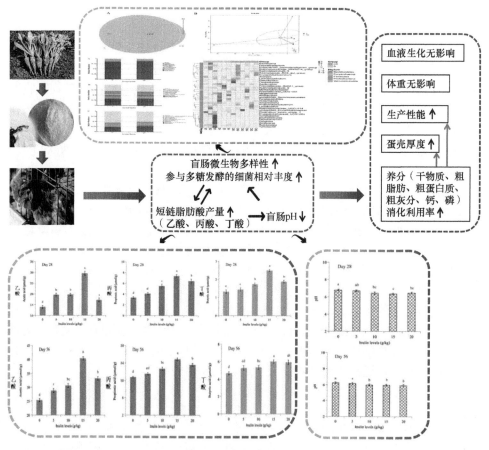

图3-9 菊粉通过调控蛋鸡盲肠中微生物改善蛋壳厚度和生产性能（Shang et al.，2020）

（三）生物饲料

生物饲料又称发酵酶解饲料、发酵饲料等。基于益生菌近年来被较为广泛地研究和应用，生物饲料成为替代传统抗生素依赖性饲料的一种新型无抗饲料。生物饲料是以微生物发酵技术为核心，实质是有益活菌制剂和发酵底物的复合物。具体是以植物农副产品为原料，借助微生物代谢作用，将原料中部分多糖、蛋白质和脂肪等生物大分子降解为有机酸、多肽等生物小分子，从而形成营养丰富、易消化吸收、活菌含量高且无毒副作用的发酵饲料。

生物饲料可补充蛋鸡肠道中的有益菌（乳酸菌、酵母菌、芽孢杆菌等），抑制有害菌增殖，调节肠道微生态平衡；产生的生物活性物质（乙酸、丙酸、细菌素等）能够增强机体免疫功能；同时可改善饲料营养成分（发酵过程产生的蛋白酶、脂肪酶、植酸酶、淀粉酶等可预消化饲料中的生物大分子物质），提高动物生产性能。蛋鸡饲粮中添加生物饲料有助于改善鸡蛋品质（提高蛋清黏稠度和蛋黄指数等），提高鸡蛋商业价值。

国内外针对蛋鸡发酵饲料的研究很多，国外主要集中在液体发酵饲料，即通过控制水的比例生产蛋鸡发酵饲料。目前，我国有 1000 多家企业在进行生物饲料生产或相关业务，每年产量大约 11 万 t，生物饲料产品在未来替代抗生素方向上将有长足发展。

生物饲料的主要特征是富含乳酸菌或酵母菌等有益菌，其大量繁殖产生的生物活性物质可抑制有害菌生长，对调节肠道微生态平衡和预防蛋鸡腹泻具有重要作用。蛋鸡饲粮中添加生物饲料能提高机体免疫力及抗病力。同时，多种菌协同发酵可减少饲料中的抗营养因子，最大限度地提高饲料利用率，减少环境污染。由以上可知，生物饲料多方面的共同作用可以达到替抗效果。近几年，国外也开始研究蛋鸡液体发酵饲料——发酵湿料，这将是今后蛋鸡饲料研究的热点和重点，具有广泛的应用前景。

在蛋鸡生产的实际应用中，生物饲料的品质主要受菌种和加工工艺的影响。微生物菌种直接影响产品质量，发酵菌种和加工工艺是衡量生物饲料质量的关键因素。生物饲料的质量若能得到保证，它将成为无抗饲料中不可或缺的组成部分。

1. 发酵豆粕

发酵豆粕能够将豆粕中的大分子物质降解生成微量元素、酶、有机酸、维生素、大豆异黄酮等活性因子，去除豆粕中抗营养因子（如胰蛋白酶抑制因子、大豆凝集素、植酸、寡糖、脲酶、抗原蛋白等），从而增加豆粕营养价值，提高饲料利用率。在蛋鸡饲料中，以发酵豆粕替代普通豆粕能提高蛋鸡消化、免疫及抗氧化功能，改善生产性能和鸡蛋品质，降低粪便中氮、磷含量。与普通豆粕相比，发酵豆粕中胰蛋白酶抑制因子明显降低，大分子蛋白质被降解为小分子蛋白质和小肽，游离氨基酸比例下降，吸收耗能减少，最大限度地提高了产蛋率和饲料利用效率。降解后的小肽与金属离子结合，能够促进矿物元素的转运及贮存，从而改善鸡蛋蛋壳品质。

2. 发酵棉粕

在蛋鸡饲料中直接添加未发酵或未脱毒处理的棉籽粕，会对鸡蛋蛋黄颜色产生影响，且随添加量增加，经常会出现"桃红蛋"、"海绵蛋"或"橡胶蛋"，导致鸡蛋品质下降。由于棉籽粕经发酵后可大大降低游离棉酚含量，因此蛋鸡饲料中添加发酵棉粕有效地解决了上述问题，降低了对蛋黄质量的影响。此外，发酵过程中产生的乳酸及多种酶类可降低蛋鸡肠道 pH，促进维生素 D、钙、磷和铁等元素的吸收，既能补充营养，又能避免应激反应，从而改善鸡蛋蛋壳品质。

研究证实，蛋鸡饲粮中添加 10% 发酵棉籽粕对鸡蛋蛋黄颜色、哈氏单位、蛋壳强度和蛋黄中蛋白质含量等指标无不良影响。此外，蛋鸡采食富含产细菌素乳酸菌的发酵棉粕，可提高机体抗病能力。饲喂发酵棉粕可提高蛋鸡对蛋白质和磷的利用率，并且通过促进磷的消化吸收来提高钙的吸收效率，从而改善鸡蛋品质。

3. 其他发酵物

发酵菜粕可减少硫苷及其他抗营养因子，降低饲料 pH，改善饲料风味和适口性，改善鸡蛋蛋黄颜色。饲料中添加发酵菜粕既能保证蛋鸡的生产性能，又能大大降低饲养成本。蛋鸡饲粮中添加 4%～8%发酵植物蛋白饲料可提高产蛋性能和鸡蛋品质，降低粪便中有害菌数量。

一些副产物如醋糟、酒糟、茶渣和茶末等经发酵后能够降低纤维素含量，提高蛋白质利用率，改善适口性。糖类资源（如木薯、马铃薯、甘薯等淀粉类物质或其加工的副产物渣类物质）亦可经发酵后饲喂蛋鸡。研究显示，马铃薯渣经发酵后，其粗蛋白质含量可提高约 3 倍，粗纤维含量降低至约 1/5。蛋鸡饲粮中添加马铃薯渣既能保证蛋鸡生产性能，又能节约资源，减少废物排放，保护环境。

（四）植物提取物

与微生物添加剂相比，植物提取物及中草药制剂在蛋鸡无抗饲料中的应用效果更加理想，其在增强机体抵抗力和抗菌、消炎等方面具有突出作用，是目前我国研究最为广泛的抗生素替代品。近年来，植物提取物和中草药添加剂在蛋鸡产业中得到广泛关注。两者均含生物碱、挥发油、多糖及有机酸等生物活性物质，不仅能够阻碍蛋鸡肠道内病原微生物的代谢过程，达到抑菌、杀菌的效果，还能调节机体新陈代谢和免疫功能，发挥较好的抗应激、防控疫病的作用。

植物提取物主要包括草本植物、香料及其衍生物（精油、多糖、皂苷、白藜芦醇、黄酮化合物、单宁等），是一种可替代抗生素的新型饲料添加剂。研究表明，植物提取物在动物体内具有抗氧化、抗菌和免疫刺激等作用，能够影响肠道免疫细胞亚群，改善肠道形态和微生物群落，减少肠道发酵产物（氨气和胺），提高营养物质消化率。植物提取物的抗氧化作用较为明显，其中迷迭香、百里香、牛至油、姜科植物、大蒜素、茴香及富含黄酮类的植物（绿茶）都被证实具有抗氧化作用。杜仲提取物、淫羊藿提取物和大蒜提取物等天然植物提取物应用于蛋鸡生产中可减轻输卵管炎症，预防肠道疾病，提高生产性能。

近年来，植物精油作为畜禽饲料添加剂受到业界广泛关注。植物精油是从植物中提取的一类具有挥发性和亲脂性的化合物，亲脂性使其易被肠道吸收。饲料中添加植物精油可促进消化酶的分泌和胃肠道蠕动。此外，植物精油还具有抗菌活性，预防及治疗疾病的效果显著，是一种理想的抗生素替代品。然而，与抗生素相比，天然植物提取物来源范围窄且价格昂贵，会增加养殖成本，影响经济效益。

1. 牛至油

牛至油是牛至提取物，主要成分是香芹酚和百里香酚，是目前蛋鸡产业中研究较多的植物精油之一。牛至油具有明显的抗菌、抗氧化、抗炎、抗球虫、增强机体免疫力、抗应激等作用，其主要成分具有广谱抗革兰氏阴性细菌和阳性细菌的作用，对蛋鸡常见肠道致病菌群（如大肠杆菌、沙门氏菌和金黄色葡萄球菌）有高效抗菌活性，且对鸡球虫病的治疗效果突出。

牛至油具有安全、无毒、无残留和不产生耐药性等特点，是农业部（现称农业农村部）批准使用的新型药物添加剂，也是抗生素的绝佳天然替代品。牛至油对预防和治疗蛋鸡消化道细菌性和寄生虫性疾病有显著疗效。由于牛至油含有抗氧化和抑菌活性成分香芹酚等酚类物质，其作为饲料添加剂还能够提高蛋鸡生产性能和免疫功能，改善肠道菌群分布及肠道黏膜结构，提高胰蛋白酶、淀粉酶及脂肪酶的活性，促进营养物质的消化与吸收，从而提高产蛋率和鸡蛋品质。

综上，牛至油作为天然高效的绿色饲料添加剂，在蛋鸡养殖中替代抗生素使用，基本可以发挥类似抗生素促生长及杀灭病原微生物的作用（图3-10）。另外，也可尝试将牛至油和其他生物制剂联合使用，更好地发挥其替抗作用。

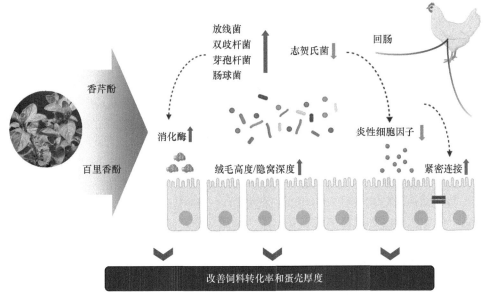

图3-10　牛至油通过调节肠道健康改善蛋鸡饲料转化率和蛋品质（Feng et al.，2022）

2. 糖萜素

糖萜素是一种从山茶科植物中提取出的油茶总皂苷和糖类等纯天然活性物质。作为优质绿色促生长类饲料添加剂，糖萜素已被纳入《饲料添加剂品种目录

（2013）》，这也是我国第一个自主研发并获得农业农村部批准的饲料添加剂创新产品。糖萜素具有提高机体免疫力、改善肠道菌群、提高生长性能、改善畜产品品质等突出优点。近年来，糖萜素正逐步应用于家禽养殖中，研究表明糖萜素对蛋鸡的生产性能和抗病力都有积极影响。蛋鸡饲粮中添加糖萜素不仅能提高产蛋率、蛋重和蛋品质，降低料蛋比，还能抑制肠道致病菌生长，预防肠道疾病，维持机体健康。

我国山茶籽资源丰富，且大部分未被开发利用。若将这些资源合理开发用于生产绿色饲料添加剂，将会产生良好的社会效益、经济效益和生态效益。在"饲料禁抗"时代，糖萜素作为绿色天然饲料添加剂具有广阔的市场前景。

3. 茶多酚

茶多酚是茶叶中多酚类物质及其衍生物的总称，具有较强的抗氧化能力，其抗氧化能力是维生素 C 的 25 倍，是维生素 E 的 80 倍。作为一种天然植物提取物，茶多酚在蛋鸡生产应用中表现出了抑菌、抗病、改善肠道微生态环境和降血脂等作用，从而保障蛋鸡健康。适宜剂量的茶多酚可显著提高蛋鸡产蛋后期的鸡蛋蛋白高度和哈氏单位等鸡蛋清品质，降低蛋黄胆固醇含量及血清总胆固醇、低密度脂蛋白、甘油三酯含量，还能够通过降低热应激提高蛋鸡自身免疫力来降低料蛋比。茶多酚作为一种绿色安全的饲料添加剂，因其具备强抗氧化能力、用量少且无毒副作用等优点，近几年在蛋鸡生产中的应用研究大量增加。

4. 黄芪多糖

黄芪多糖是中药黄芪中含量最多且免疫活性较强的黄芪提取物，也是发挥免疫增强作用的主要成分，其具有抗氧化、促进机体免疫器官发育、提高巨噬细胞活性、调节肠道微生态平衡和促进生长发育等作用。

贾红杰等（2019）发现，在蛋鸡饲粮中添加黄芪多糖，可在一定程度上提高机体抗氧化酶活性，防止叶黄素氧化，增加色素沉积，改善鸡蛋蛋黄颜色；提高脾指数，增加盲肠扁桃体和淋巴小结的数量以及绒毛高度；降低盲肠中大肠杆菌数量，增加乳酸菌等有益菌群数量；调节脂质代谢，降低鸡蛋胆固醇含量。此外，黄芪多糖不仅能提高蛋鸡产蛋后期的生殖激素水平、改善卵巢功能、促进卵泡发育及排卵、提高生产性能，还能调节蛋鸡内分泌激素，影响钙、磷代谢，提高血液中雌二醇和钙水平，改善鸡蛋蛋壳质量。黄芪多糖在蛋鸡饲料中的适宜添加剂量为 50～150mg/kg。

5. 苜蓿多糖

苜蓿多糖是从苜蓿茎和叶中提取的一类易溶于水的非淀粉酸性多糖，具有多种生物活性。蛋鸡饲粮中添加一定剂量的苜蓿多糖，可提高蛋鸡生产性能和养分利用率，促进蛋白质合成，增强免疫力和抗氧化性能，提高鸡蛋品质等。首蓿多糖中还含有少量黄酮类化合物，其具有雌激素样生物活性，不仅能通过调节生殖激素水平增加卵泡数量、提高产蛋率，还能促进蛋鸡盲肠中有益菌的增殖，调节肠道微生物区系，维持肠道健康。此外，由于首蓿多糖同其他植物多糖一样，具有纯天然且无毒副作用的特点，其在蛋鸡饲粮的抗生素替代品开发方面表现出巨大潜力。

6. 益母草提取物

益母草又名益母艾、红花艾等，主要化学成分是生物碱类、二萜类和黄酮等，具有活血化瘀的作用。研究发现，益母草提取物能使蛋鸡开产时间提前，开产蛋重增加并较快到达产蛋高峰，从而显著改善初产阶段产蛋性能。生物碱类可促进子宫和卵巢发育，兴奋下丘脑-垂体-性腺轴，促进性腺激素分泌，增加成熟卵泡数量，疏通输卵管内瘀血，从而提高蛋鸡的生产性能。黄酮可调节钙、磷代谢，改变鸡蛋的蛋壳强度和蛋壳厚度，影响鸡蛋中蛋白质的沉积，提高鸡蛋哈氏单位。在蛋鸡饲粮中添加益母草可显著提高产蛋率和养殖经济效益。

7. 白藜芦醇

白藜芦醇是植物因受某些细菌感染或处于恶劣环境时产生的一种天然多酚类物质，具有抗癌、抗氧化、抗炎、抗菌等多种功效。作为一种天然抗氧化剂，白藜芦醇可能通过调节抗氧化酶基因的表达和活性发挥抗氧化作用。在蛋鸡生产中，白藜芦醇能有效改善蛋鸡卵巢组织氧化应激反应和炎症损伤，缓解脂质代谢紊乱，从而提高产蛋率。

8. 姜黄素

姜黄素是姜黄根茎中的主要活性成分，具有抗热应激、抗氧化、抗炎和降脂等生理功能，是一种极具应用潜力的植物源饲料添加剂。蛋鸡饲粮中添加姜黄素可提高生产性能、机体抗氧化能力、免疫功能，降低次品蛋率和软破蛋率，降低鸡蛋蛋黄中胆固醇和丙二醛的含量。

9. 大蒜素

大蒜素是一种天然抗菌物质，对大肠杆菌、沙门氏菌、魏氏梭菌、金黄色葡萄球菌等肠道致病菌及部分病毒具有明显抑制或杀灭作用。大蒜素可通过激活单核细胞分泌大量溶菌酶，水解细菌细胞壁中的黏多肽使其裂解和死亡，实现抗感染作用，这也是蛋鸡无抗养殖新趋势。大蒜素不仅能提升蛋雏鸡的抗氧化能力、促进免疫器官生长发育、提高免疫力，还能提前蛋鸡开产和产蛋高峰期时间，延长产蛋高峰期，降低饲料成本，提高饲料利用效率和经济效益。大蒜素在蛋鸡饲粮中的适宜添加量为0.2%，添加量过高会因刺激性造成肠管损伤，影响营养物质吸收，降低产蛋量。

10. 葡萄原花青素

葡萄原花青素是一种存在于葡萄皮和籽中的植物多酚，能显著降低鸡蛋蛋黄中胆固醇含量，提高鸡蛋哈氏单位，调节蛋鸡产蛋后期机体氧化还原系统，减缓产蛋率的降低趋势（张玉等，2016）。研究证实，随着饲喂时间延长，葡萄原花青素饲粮可显著提高白来航鸡外周血中单核细胞、B 淋巴细胞、脾淋巴细胞和胸腺淋巴细胞数目，从而调节机体免疫功能（杨金玉等，2014）。

（五）中草药

中草药是我国特有的中药理论和实践经验产物，是一种无残留且无耐药性的天然替抗药物。中草药具有营养和药用双重作用，可抑制或杀灭细菌，提高免疫力，促进营养物质吸收。在饲粮中添加中草药可改善蛋鸡生产性能和鸡蛋品质，增强机体免疫功能。例如，由山银花、黄芩和黄芪多糖组方的山花黄芩提取物散是传统中草药，已广泛应用于家禽养殖。其中绿原酸（山银花主要成分）、黄芩苷（黄芩主要成分）和黄芪多糖（黄芪主要成分）具有抗氧化、抗菌消炎、抗病毒和调节免疫等功能，并且有天然、安全和无残留等特点。

我国在植物提取物和中草药开发及应用方面有着得天独厚的地理优势。中草药除药用价值外，还含有丰富的可直接被吸收利用的营养成分，如氨基酸、有机酸、维生素、微量元素和蛋白质等。有些中草药还能发挥激素样作用，如香附、当归和甘草等有雌激素样作用，淫羊藿、人参和冬虫夏草等有雄激素样作用，细辛、附子、良姜和五味子等有肾上腺素样作用，枸杞和大蒜等具有胆碱样作用。此外，植物提取物和中草药制剂在抗氧化和抗应激方面表现出强大优势，可抑制大脑发热中枢，调节机体生理功能，增强机体脂质稳定性，调节内分泌，增强抗应激能力，减少对机体造成的危害。

然而，植物提取物和中草药制剂也存在一些不足：①添加剂量大于抗生素，且见效慢；②有效成分可能未到动物肠道便被消化吸收，无法发挥全部功效；③研究水平不高，加工工艺落后，不能保证产品效果的稳定性。这可能与植物种类、提取部位、收获时间、产地、加工工艺、活性成分有效浓度、添加量、蛋鸡成长时期，以及饲养环境等因素密切相关，也可能与饲料中某些组成成分存在促进或拮抗作用有关。鉴于此，针对植物提取物及中草药制剂，应尽快建立产品规范标准、质量检测标准、药效评定方法和有效质量控制等法律法规，准确把握其主成分用量，以便在蛋鸡养殖行业和饲料添加剂行业广泛推广。

1. 生产性能

在饲粮中添加中草药可提高蛋鸡生产性能。将当归、熟地、川芎、益母草、赤芍、黄芪和淫羊藿制成中草药添加剂饲喂蛋鸡,可显著提高蛋鸡生产性能。在蛋鸡饲粮中添加中草药可提高产蛋率,降低料蛋比。将常山、青蒿、大黄、柴胡、地榆炭、苦参、黄芪和黄连制成复方中草药添加剂饲喂罗曼蛋鸡,在提高蛋鸡产蛋率的同时还能降低料蛋比。由黄芪、杜仲和山楂复合而成的中草药制剂含有大量黄酮、黄芪多糖、木脂素、苯丙素和有机酸等活性物质,可调节蛋鸡生产性能、繁殖机能及免疫机制,提高机体抗氧化能力。由淫羊藿、马齿苋、女贞子、金樱子和松针制成的复方中草药制剂,可显著提高蛋鸡产蛋率及平均日产蛋重,降低料蛋比。中草药复合剂(茯苓50g、木香80g、松针粉50g、柴胡50g、黄芪50g、麦芽100g、陈皮40g、马齿苋55g、大蒜25g)可促进蛋鸡机体新陈代谢和血液循环,提高生产性能。山花黄芩提取物散还可显著抑制肠道大肠杆菌及沙门氏菌感染,提高机体免疫力,改善鸡蛋蛋壳品质,对蛋鸡生产性能有积极影响,其作为促生长类药用饲料添加剂已在蛋鸡生产中发挥积极的替抗作用。

2. 鸡蛋品质

在蛋鸡产蛋后期饲粮中添加中草药制剂可改善鸡蛋品质。研究发现,当归、熟地、川芎、益母草、赤芍和黄芪等配制的复方中草药制剂显著提高了鸡蛋品质。蒲公英、甘草等15种中草药配制的复合制剂饲喂蛋鸡,可提高鸡蛋蛋壳厚度、蛋形指数和哈氏单位等,降低蛋黄中胆固醇含量,提高卵磷脂含量。淫羊藿、枸杞、黄芪、甘草、刺五加、益母草等15种中草药组成的复方中草药制剂可提高鸡蛋哈氏单位,并且通过促进机体对钙的吸收利用来提高鸡蛋蛋壳质量。采用苜蓿草粉、橘皮粉、海藻粉、红辣椒粉和黄芪粉配制成的复合添加剂显著降低了鸡蛋胆固醇含量,提高了鸡蛋哈氏单位、蛋白高度和蛋黄着色,改善了鸡蛋口感。在蛋鸡饲料中添加0.1%中草药提取物,可显著降低鸡蛋中脂肪和胆固醇含量,提高鸡蛋灰分含量和鸡蛋蛋壳厚度。不同剂量的中草药添加剂饲喂蛋鸡,鸡蛋品质随添加剂量的增加而提高。在蛋鸡饲粮中,绿原酸和黄芪多糖的配伍使用能够在一定程度上增强输卵管蛋白分泌部的蛋白分泌,提高鸡蛋清浓蛋白高度和哈氏单位。中草药添加剂在提高鸡蛋品质和营养价值方面有较好的作用,可作为替抗产品之一在蛋鸡饲粮中大范围使用。

3. 免疫性能

作为天然绿色饲料添加剂,中草药制剂中的多糖、皂苷、生物碱、挥发性芳香物质和有机酸等活性成分可增强免疫细胞功能,激活机体免疫器官和免疫系统,促进抗体生成,从而提高家禽免疫功能。在蛋鸡饲粮中添加女贞子、五味子、四君子汤和大豆异黄酮,可显著提高血清抗体水平、淋巴细胞转化率。在饲粮中添加1%中草药制剂(党参、枸杞、刺五加等)能够提高家禽免疫器官指数。将陈皮、金银花、山楂、甘草、茯苓、白术、当归、板蓝根、连翘、黄芪和黄连制成粉剂饲喂产蛋后期蛋鸡，可提高蛋鸡血液中总蛋白和白蛋白的含量，并显著降低碱性磷酸酶含量。复方中草药提取液（黄芪、板蓝根、大蒜和山楂）显著促进蛋雏鸡脾、法氏囊、胸腺的发育，提高机体免疫力。将炙黄芪、党参、白术、柴胡、升麻、金银花、鱼腥草和炙甘草配伍制成复方中草药饲喂罗曼蛋鸡，提高了蛋鸡血清 IgG、IgA、IgM 含量，并且提高了新城疫及禽流感病毒 H5、H9 的免疫抗体滴度。蛋鸡饲粮中添加山黄粉和黄芪多糖，可提高血清 GSH-Px 和 SOD 的活性，减少丙二醛含量，增强机体抗氧化能力，改善脂质代谢和肝肾功能，调节蛋鸡健康状况（贾红杰等，2019）。以上研究成果均表明，中草药作为免疫增效剂，可促进蛋鸡机体免疫器官的发育，显著提高蛋鸡机体免疫力。

4. 抗菌抗病

许多中草药及其方剂对细菌和病毒有强抑制作用，可直接清除病原微生物，降低疾病发生率，提高蛋鸡体质。一些复方中草药制剂对蛋鸡大肠杆菌或沙门氏菌感染、禽流感和新城疫等疾病的预防及治疗效果显著。白头翁散中主药白头翁具有清热解毒的作用，辅药双黄连、黄柏和秦皮具有清湿化热的作用，其对蛋鸡腹泻的治疗效果较好，能显著降低蛋鸡腹泻率和死亡率。在蛋鸡育成期饲粮中添加 0.2%中草药制剂"四季药魂"（银翘、荆芥、灵芝、斑蝥和人参），可有效降低蛋鸡发病率和死亡率，有效提高机体免疫功能和抗菌、抗病毒能力，禽流感和新城疫抗体合格率达 100%。在蛋鸡饲粮中添加发酵杜仲叶粉，提高了蛋鸡血清中禽流感病毒 H9 的抗体滴度，这对预防禽流感具有积极作用。研究表明，中草药可促进蛋鸡机体营养平衡，调节抗病修复能力，对病原微生物有抑制作用，进而提高机体抗病力。金银花和黄芩提取液的主要活性成分是绿原酸和黄芩苷，具有抗菌和抗炎作用，可改善肠道微生物环境，预防由大肠杆菌或沙门氏菌感染引发的肠道疾病。另外，清热解毒类、固涩类、补虚类和理血类的中草药制剂，如乌梅散、双黄连解毒汤、清瘟败毒散、小柴胡汤、黄芩汤、银翘散等，对某些病毒和细菌有较强的抑制或杀灭作用。蛋鸡体内的中草药残留可以起到预防的功效。

（六）酶制剂

酶制剂是将生物体内产生的酶经过特定生产工艺加工而成的一类具有生物催化活性的蛋白质产品，包括单一酶制剂和复合酶制剂。酶制剂广泛存在于多种生物体内，其中细菌和真菌等微生物是酶制剂的主要来源。由于幼龄动物的消化系统尚不成熟，消化酶分泌不足，在饲料中添加酶制剂可弥补其自身消化酶分泌不足的缺陷，或提供自身无法合成的酶，从而降低饲料抗营养因子含量，改变机体肠道菌群平衡，降低消化道食糜黏度，达到提高饲料利用效率和改善动物生长性能的目的。目前，蛋鸡养殖业中应用的酶制剂主要有植酸酶、木聚糖酶和纤维素酶，它们对非淀粉多糖和植酸有酶解作用，可降低饲料抗营养因子含量，提高养分消化利用率和饲料利用效率，改善生产性能。此外，葡萄糖氧化酶是一种具有抗菌作用的酶制剂，已在蛋鸡养殖中小范围应用，可调节肠道微生态平衡，提高蛋鸡免疫水平。

目前，含酶制剂饲料作为成熟的无抗饲料已在我国蛋鸡养殖中推广使用。酶制剂使饲料中营养成分得到更好的释放与吸收，有效地促进蛋鸡将营养物质沉积在鸡蛋中，提高鸡蛋营养价值。已有多项应用实例表明，在小麦饲粮中添加复合酶制剂可降低肠道微生物数量。非淀粉多糖酶通过调控胃肠道微生态环境，抑制有害菌（大肠杆菌和沙门氏菌等）在肠壁的粘附，促进有益菌（乳酸菌等）的生长繁殖，维持正常的消化道环境。国外研究表明，蛋鸡饲粮中添加酶制剂显著改善了生产性能和鸡蛋品质，并且酶制剂已作为无抗饲料添加剂广泛应用于蛋鸡生产。

然而，饲用酶制剂在生产和应用中仍存在不足：①企业的酶制剂生产标准不规范，导致酶制剂产品稳定性不足；②生物学评价方法欠缺且酶制剂产品的动物试验研究方法不规范，导致研究结果缺乏说服力；③产品应用不规范，如未根据具体动物设定饲喂添加水平等。

1. 木聚糖酶

木聚糖酶是一种广泛存在的糖苷酶，在蛋鸡养殖业应用广泛。木聚糖酶不仅能降解植物细胞壁，加快饲料中营养物质的释放，提高消化道内源性消化酶活性，降低蛋鸡肠道疾病发病率，还能促进钙、磷在鸡蛋蛋壳中的沉积，改善鸡蛋蛋壳强度。在低钙、低磷和低能的蛋鸡饲粮中添加木聚糖酶，能显著提高产蛋率和鸡蛋蛋壳厚度，降低死淘率、破蛋率和耗料量。Mathlouthi 等（2003）的研究表明，蛋鸡玉米-豆粕型饲粮中添加木聚糖酶和 β-葡聚糖酶制剂能显著改善饲料利用效率。

2. 植酸酶

植酸酶即肌醇六磷酸水解酶，可专一催化植酸及其盐类水解为肌醇与磷酸盐。植酸酶在众多酶制剂中的效果最显著，其在蛋鸡饲粮中的适宜添加量为 300U/kg。此外，植物饲料原料中所含的磷通常是以植酸磷形式存在，而单胃动物自身不能利用植酸磷。蛋鸡饲粮中添加植酸酶可促使饲粮矿物质及蛋白质释放，调节蛋鸡钙、磷水平，提高产蛋性能和鸡蛋蛋壳质量。研究指出，蛋鸡饲粮中添加植酸酶可提高植酸磷的吸收利用率，以及胫骨灰分含量。蛋鸡饲粮中添加植酸酶可提高与植酸结合的营养物质的利用率，促进机体脂肪沉积。

3. 葡萄糖氧化酶

葡萄糖氧化酶是一种需氧脱氢酶，能专一催化葡萄糖生成葡萄糖酸和过氧化氢，已初步应用于蛋鸡生产中。蛋鸡饲粮中添加 0.2%葡萄糖氧化酶，可提高产蛋率，降低破蛋率、采食量、料蛋比和死淘率。葡萄糖氧化酶能利用氧气抑制机体肠道好氧菌的生长繁殖，其产物过氧化氢亦有杀菌作用。此外，葡萄糖酸和过氧化氢可降低肠道 pH，改善消化道内环境，促进乳酸杆菌等有益菌的增殖，提高蛋鸡抵抗力，降低发病率和死亡率。然而，较高的生产成本影响了它在蛋鸡生产中的大规模使用。总之，葡萄糖氧化酶可调控蛋鸡肠道微生态平衡，维护肠道健康，促进饲粮营养物质的利用，是替抗产品选择之一。

4. β-甘露聚糖酶

β-甘露聚糖酶是一种内切水解酶，属于半纤维素酶类。β-甘露聚糖酶能将甘露聚糖分解为寡糖，降低肠道内容物黏度，提高营养物质消化率，促进机体对营养物质的消化吸收。由于玉米和豆粕等饲料原料含有较高的甘露聚糖及其衍生物类抗营养因子，而蛋鸡自身又不能分泌降解这些抗营养因子的酶，因此饲粮中添加外源酶 β-甘露聚糖酶可提高蛋鸡产蛋性能。多项研究表明，蛋鸡饲粮中添加 β-甘露聚糖酶可提高产蛋率，降低料蛋比。在玉米-豆粕型蛋鸡饲粮中添加 β-甘露聚糖酶，可降低甘露聚糖的抗营养作用，提高饲粮能量利用率，促进蛋鸡肠道的钙、磷吸收，改善鸡蛋蛋壳质量，降低鸡蛋中胆固醇含量。

5. 复合酶制剂

由于复合酶制剂的效果优于单一酶制剂，蛋鸡饲粮中多添加复合酶制剂。大量研究表明，复合酶制剂可强效分解饲粮中非淀粉多糖，提高营养物质利用率，维持蛋鸡肠道菌群平衡，减少排放物对环境的污染，因此具有较高的经济效益。在蛋鸡饲粮中添加复合酶制剂，可降低料蛋比，从而提高生产性能。大量研究及应用结果表明，复合酶制剂可提高空肠和十二指肠内容物的蛋白酶及脂肪酶活性。饲粮中添加木聚糖酶和植酸酶后，木聚糖酶不仅能摧毁植物细胞壁结构，提高非淀粉多糖的可消化性，减轻食糜黏度，还能促进植酸、植酸盐的释放，有利于植酸酶发挥作用，提高营养物质利用率。此外，木聚糖酶和植酸酶联合使用能够提高鸡蛋蛋黄质量与蛋黄着色。植酸酶与非淀粉多糖及蛋白酶等配合使用时存在协同作用。植酸酶与纤维素复合酶联合使用可进一步提高饲粮养分利用率，减少粪磷排泄，改善蛋鸡生产性能和鸡蛋蛋壳质量，有效提高蛋鸡养殖效益。植酸酶复合酶制剂能显著提高鸡蛋蛋壳厚度，改善鸡蛋品质。复合酶制剂还能促进蛋鸡体内蛋白质沉积，降低血清总胆固醇含量，提高机体免疫水平，增加抵抗力。蛋鸡饲粮中添加复合酶制剂，可降低血清总胆固醇含量。

（七）活性肽

活性肽是能够调节生命活动或有特殊生理作用的肽类，可调节动物机体的消化机能、蛋白质代谢、脂质代谢和免疫机能等。活性肽既能直接刺激机体促进蛋白质的合成，又能作为合成新蛋白质的原料，加快畜禽生长。此外，某些具有特殊生理活性的小肽，能直接被机体吸收，参与机体生理活动和代谢调节，提高生产性能。

畜牧业进入"全面禁抗"时期，这标志着畜禽饲料也进入"无抗"阶段。研究表明，在蛋鸡饲粮中添加活性肽，既能抗菌、抗病毒，又能促进肠道内有益菌的生长，提高机体消化吸收功能。这使得活性肽成为饲料替抗添加剂的重要研究方向之一。

活性肽种类多，抗菌谱广，抗菌活性高，有降血压、降胆固醇、提高免疫力、调节激素、抗菌和抗病毒等多种功效，还有调节生物代谢、强化疾病防治系统的功能。目前，该类产品广泛应用于多行业中，但在蛋鸡生产中应用较少。这可能是由于与其他替抗产品相比，活性肽治疗蛋鸡疾病的成本较高。活性肽的批量生产困难，而且运输、保存和使用等环节均有严格要求，若缺乏保护措施易降解失效。由于活性肽是小分子多肽，具备抗原性，在蛋鸡产蛋期使用可能引起较大应激，因此在应用于蛋鸡生产前还需经过大量试验验证。

1. 抗菌肽

抗菌肽是生物体因病原体感染诱导所产生的一类有生物活性的小分子肽。抗菌肽在生物界广泛存在，不仅具有稳定性强、广谱抗菌、抗病毒和增强机体免疫力的特点，还能杀灭肿瘤细胞，抑制或杀灭机体内寄生虫。抗菌肽的抗菌机制与传统抗生素不同，其作用时间短且无残留，具有专一性和靶向性，对病毒、革兰氏细菌、真菌和寄生虫等都有高效杀灭作用。

目前，已知抗菌肽有 1700 余种，研究较深入的有天蚕素、蛙皮素、蜂毒素和防御素等。部分抗菌肽作为替抗物质已进入临床试验阶段。由于抗菌肽生产成本过高，其在蛋鸡上的研究和使用还处于摸索阶段，未实现大规模应用。有研究发现，抗菌肽可能与蛋鸡肠道微生物相互作用，产生大量 VD_3 从而促进机体的钙、磷吸收，使蛋壳钙化更完全，提高鸡蛋蛋壳厚度和硬度，改善蛋壳品质。此外，蛋鸡饲料中添加抗菌肽可降低鸡蛋中胆固醇含量，提高鸡蛋中蛋氨酸和酪氨酸含量。

2. 大豆肽

大豆肽即大豆生物活性肽，是大豆蛋白的水解产物，具有抗氧化、改善饲料品质和调节菌群的作用。大豆肽可提高蛋鸡免疫功能，调节脂肪代谢，促进矿物质和维生素的吸收，改善鸡蛋品质。与大豆蛋白相比，大豆肽有易消化吸收和低抗原性等优点，并且含有的某些生物活性物质可调控机体代谢。新型大豆生物活性肽饲料添加剂在蛋鸡生产中应用较为广泛。多项研究证实，蛋鸡饲粮中添加大豆生物活性肽显著提高产蛋率和饲料利用效率,改善鸡蛋品质(孙汝江等,2012);通过提高血液中血糖和胰岛素水平,降低胰高血糖素含量,调控机体糖代谢;因其独特的吸收机制有利于机体对饲粮蛋白的消化吸收,促进蛋白质合成代谢,抑制蛋白质分解代谢,加速机体蛋白质沉积。蛋鸡饲粮中单独添加大豆生物活性肽有降血脂的效果,既能促进粪中胆汁酸和中性固醇的排出,降低鸡蛋蛋黄中胆固醇含量;也可通过促进胆汁酸的合成和分泌,提高小肠对叶黄素的吸收,进而改善鸡蛋蛋黄颜色。

3. 其他肽类

细菌素是某些细菌产生的具有抗菌活性的多肽、蛋白质或蛋白质复合物。细菌素具有与抗生素相似的抗菌作用,并且具有无残留、无抗药性、无副作用和无污染等优点。目前,在蛋鸡研究中仅涉及乳酸菌细菌素。应用实例证实蛋鸡饲粮中添加乳酸菌素,可明显改善生产性能及鸡蛋品质,对蛋白质代谢调控具有积极作用。干扰素能特异性地对抗病毒感染,对病毒性疾病的治疗效果明显。转移因子能提升机体非特异性免疫水平,起到防病作用。蛋鸡饲粮中添加大豆肽和乳酸菌素复合制剂,既能促进乳酸菌等有益菌群在肠道的生长繁殖,抑制大肠杆菌等病原菌;也能促进有益菌合成氨基酸和维生素等营养物质,提高机体免疫球蛋白水平,增强机体抗病力,从而提高蛋鸡生产性能。

（八）酸化剂

酸化剂是一类调节动物肠道 pH 的有机酸、无机酸及其各自盐类,其中有机酸是植物和动物组织中的正常组分,广泛分布于自然界。欧盟禁用抗生素后,有机酸成为抗生素最主要的替代品之一。在蛋鸡饲粮中添加的酸化剂主要有柠檬酸、乳酸、苹果酸、山梨酸、甲酸、乙酸和丙酸等。柠檬酸及复合酸化剂是目前应用最广泛且效果最突出的替抗产品。研究表明,酸化剂可迅速降低动物肠道的 pH,促进营养物质的吸收,增强机体免疫机能,减少蛋鸡腹泻等疾病的发生。通常情况下,无机酸和有机酸搭配使用的效果更好。

1. 有机酸

有机酸主要通过降低肠道环境 pH,抑制肠道致病菌的繁殖,间接达到降低细菌数量的目的。研究发现,在海兰蛋鸡饲粮中添加肉桂酸-柠檬酸复合物,可提高产蛋率、饲料利用效率和平均蛋重,降低死淘率,大大改善生产性能。在缺磷蛋鸡饲粮中添加有机酸,可提高鸡蛋蛋壳厚度、蛋鸡胫骨的磷含量,提高单胃动物对矿物质的利用率,通过螯合钙和减少不溶性植酸钙复合物的形成来提高钙的利用率,使内源性植酸酶更好地发挥作用。

消化道酸度在控制微生物区系平衡上起重要作用。蛋鸡饲粮中添加有机酸既

能降低饲料和胃肠道内 pH，形成不利于病原菌生长的环境；又能增强胃蛋白酶功能，提高蛋白质消化率，降低大肠微生物对未消化蛋白质的发酵，减少氨气和有毒胺的生成，从根本上改善生产性能，降低发病率。此外，不同有机酸的复合会表现出更好的效果。

2. 无机酸及复合酸化剂

在蛋鸡生产中，多是无机酸与有机酸配合使用，单独使用无机酸的情况较少。周岭等（2016）用无机酸复合酸化剂饲喂蛋鸡，显著抑制输卵管沙门氏菌的生长，改善蛋鸡腹泻。在蛋鸡饲粮中添加甲酸、甲酸盐、丙酸或乳酸混合物，可改善老龄蛋鸡的鸡蛋蛋壳厚度，提升蛋壳品质。

多种天然有机酸及无机酸组成的复合酸化剂，能发挥酸化剂间的协同作用，极大地提高饲料适口性，降低机体胃肠道 pH，促进营养物质吸收，增强机体合成代谢。有研究指出，蛋鸡饲粮中添加柠檬酸和丁酸可提高产蛋率与蛋重、改善 F/G。蛋鸡饲粮中添加肉桂酸-柠檬酸复合物可提高机体免疫水平，改善蛋鸡健康状况，降低死亡率及淘汰率，提高生产性能。因此，复合酸化剂已成为蛋鸡无抗饲料中不可或缺的替抗产品之一。目前酸化剂存在的问题是作用效果不稳定、成本高且抑制胃酸分泌，导致其推广使用受限制。

（九）联合应用

在实际应用中，单一添加上述替抗产品往往难以达到替抗功效，因此，蛋鸡无抗饲料的生产与研发大多是以多种替抗添加剂配合使用为主要方向，以发挥每种产品的不同功效，达到完全替抗的目的。在蛋鸡生产中，已有不少替抗产品联合应用的实例，当前以复方中草药制剂和微生态制剂的联合应用占主导。多种替抗产品联合应用可以解决单一产品无法发挥完全替抗作用的弊端，加快蛋鸡无抗饲料研发与应用的步伐。

1. 中草药+微生态制剂

在蛋鸡饲粮中，中草药和微生态制剂联合使用的效果优于单一产品。研究发现，与单独使用中草药制剂和益生菌制剂相比，中草药发酵后制成发酵剂饲喂蛋鸡，可提高产蛋率和产蛋量，降低料蛋比。蛋鸡采食添加乳酸菌-糖萜素复合制剂的饲粮，可改善生产性能、鸡蛋品质及养殖环境，其在蛋鸡饲粮中的适宜添加量为 0.1%。蛋鸡饲粮中添加乳酸菌制剂和痢止草提取物，显著提高产蛋性能，改善机体免疫功能，提高抗病力。蛋鸡饲粮中添加 0.4%白术多糖和 250mg/kg 枯草芽孢杆菌（1×10^9CFU/kg）的复合添加剂，可促进育成期蛋鸡生长，改善小肠黏膜形态结构，促进营养物质的消化吸收，调节肠道微生态平衡，提高机体免疫力。蛋鸡饲粮中添加黄芪多糖和益生菌制剂，可提高产蛋率、料蛋比、平均蛋重和合格蛋率，降低死淘率，提高蛋形指数、蛋黄比例和蛋壳厚度，这说明其对蛋鸡生产性能和鸡蛋品质有明显改善作用。此外，黄芪多糖和微生态制剂还能明显延缓血清中新城疫和禽流感病毒抗体的消除速度，提高抗体水平，对预防这两种传染病有积极作用。研究发现，蛋鸡饲粮中添加益生菌-中草药复方制剂，在一定程度上减轻输卵管炎症反应，提高产蛋率，改善鸡蛋品质。其中，益生菌与金银花、黄芪、淫羊藿和益母草等中草药联合使用的效果最好。中草药含有大量矿物质和有机酸，不同益生菌及中草药复方制剂对蛋鸡产蛋性能、鸡蛋品质、免疫功能及抗病能力都有不同程度的改善作用，实际应用效果显著，能够替代抗生素发挥促生长及抗病作用。

2. 微生态制剂+益生元

由于蛋鸡饲料中抗生素的添加受到严格限制，又伴随着"饲料禁抗"时代的到来，益生菌和益生元在改善家禽生产性能和健康方面的应用越来越多。研究指出，蛋鸡饲粮中添加枯草芽孢杆菌和菊粉，可提高肠道健康和肠壁完整性，提高产蛋性能和鸡蛋蛋壳质量，这可能是由于枯草芽孢杆菌和菊粉增加了蛋鸡肠道绒毛高度，促进钙的吸收，进而增强了骨钙化和机体钙沉积。产蛋后期蛋鸡饲粮中添加0.1%枯草芽孢杆菌和木聚糖酶复合物，能显著提高产蛋率，对料蛋比、采食量和破蛋率有降低趋势，对平均蛋重和鸡蛋品质等有提升趋势。

微生态制剂和益生元联合使用的效果优于单独使用其中一种产品。由于外源活菌需特定微生态环境，动物消化道中原生菌的优势地位使外源活菌很难在短时间内存活并定殖。以上应用证实，寡糖与微生态制剂存在协同作用，蛋鸡饲粮中适当添加微生态制剂有助于寡糖发挥调节肠道菌群和机体免疫的作用，因此两者联合使用能更好地发挥替代抗生素的功效。

3. 其他替抗产品联合应用

目前，国内已研发出多种新型生物饲料，并且在蛋鸡生产中效果显著。新型生物饲料——益酵素（主成分有中草药、芽孢杆菌、乳酸菌以及多肽、黄酮类化合物、维生素、氨基酸、复合酶、矿物质等）成分搭配合理，添加到蛋鸡饲粮中既能维持胃肠道微生态平衡、维护器官完整和功能正常发挥、协调系统功能稳定，还能提高免疫应答能力、抑制有害菌生长、提高抗病力，从而提高蛋鸡饲料利用效率和生产性能。复方中草药添加剂HMA（主成分有虎杖、丹参和川芎等优质中草药，以及维生素、微生态制剂、酶制剂）可改善蛋鸡的生产性能和鸡蛋品质。将抗菌肽与免疫球蛋白、海藻粉、姜黄素和合生素联合使用，可提高蛋鸡生产性能和免疫功能，且联合使用效果优于单独使用。研究发现，在罗曼蛋鸡饲粮中添加复合微生态制剂（主成分有枯草芽孢杆菌、乳酸杆菌、乳酸和柠檬酸），显著提高了鸡蛋蛋壳厚度，这可能是复合微生态制剂为蛋鸡肠道创造了良好的营养物质消化环境，促进了机体对钙、磷等矿物质的吸收利用。枯草芽孢杆菌和乳酸菌等有益菌发酵豆粕，可提高其粗蛋白质含量，降低粗脂肪、粗灰分和粗纤维的含量，提高乳酸和乙酸等有机酸含量，降低 pH，减少植酸等抗营养因子含量，具有酸化剂的作用。因此，蛋鸡饲粮中添加枯草芽孢杆菌发酵豆粕能提高饲料消化吸收率，并且通过改善肠道功能提高生产性能。

植物提取物与酶制剂联合应用在蛋鸡饲粮中也比较常见。在添加苜蓿草粉饲料中加入纤维素酶可提高饲粮纤维利用率，降低非淀粉多糖含量，减轻粗纤维对小肠绒毛的破坏，促进营养物质的消化吸收，提高植物性饲料利用率。两者联合应用既能在一定程度上改善蛋鸡生产性能、提高饲料利用效率、降低鸡蛋中胆固醇含量、提高蛋黄品质，还能提高蛋鸡抗氧化性能、改善肠道微生物群落。其在蛋鸡饲粮中的适宜添加剂量是 7%苜蓿草粉+0.2%纤维素酶。

三、应用前景及方向

早在 20 世纪 90 年代，国际上便提出开发无抗饲料的设想。近几年随着我国国民物质生活水平的提高，对畜产品安全问题愈发关注，无抗和绿色生态养殖成为我国畜牧业发展的必然趋势，无抗饲料也受到畜牧养殖业的大力推崇。

目前，无抗饲料在蛋鸡生产中的研究有了良好发展，研究成果被应用到很多地区的蛋鸡养殖中。然而，仍有许多正在研发的替抗产品存在无法大规模应用的问题：①成本高，作用效果不理想。由于饲料成本直接影响经济效益，饲料企业和养殖企业对饲料成本非常敏感。相对于价格低廉的抗生素，大多数替抗产品成本较高，且质量稳定性差，无法保证作用效果。②替抗添加剂配伍不合理。单一添加剂无法完全替代抗生素，生产中会尝试同时添加几种抗生素替代品，以达到抗生素使用效果。但因筛选和优化组合步骤烦琐，多数饲料生产商盲目在饲料中添加多种抗生素替代品，很难达到预期效果。③生产技术落后，质检不规范。一些小企业的生产设备落后，并且缺乏专业的技术指导，生产管理不规范，对原料及成品质量检测无标准可循。④饲养管理水平低，饲养环境差。抗生素替代品的作用效果与饲养环境关系密切，无抗饲料的投入使用若没有较好的饲养环境作为保障，很难发挥替抗作用。

目前在蛋鸡生产中出现的无抗饲料应用困难等问题，警示着饲料生产企业应积极寻找应对措施。首先，通过技术创新不断改进饲料加工工艺、提取工艺和饲料配方，针对饲粮类型、蛋鸡生长发育阶段、饲养条件，寻找具有协同作用的替抗添加剂的最佳配比与适宜用量。其次，建立饲料原料及最终产品的质量检测标准，控制生产成本，稳定产品性能，实现产品微量化添加，扩大无抗饲料应用范围。

无抗饲料在蛋鸡生产中的全面推广，不仅需要优质高效的抗生素替代品和营养全面的优质饲料，还必须建立规范化饲养管理模式。也就是说，在不添加抗生素的情况下，蛋鸡养殖业必须保证通过加强监管、提高营养水平、精准饲喂、保证生物安全等饲养管理技术措施，为蛋鸡提供充足养分，尽可能提升蛋鸡机体免疫力，避免病原菌侵袭。根据具体养殖情况，及时调整饲料配方，增强蛋鸡抗应激能力，提高生产水平和产品品质。

无抗饲料仅是无抗蛋鸡生产的一部分，虽然有大量文献资料报道了不同产品替代抗生素的研究，但结果并不一致，而且很多研究仅停留在试验阶段，距离实际生产应用还有很长一段距离。现阶段研究表明，没有任何一种抗生素替代品可完全替代抗生素。在无抗饲料生产中，某种或某些饲料添加剂只能部分替代抗生素。因此，有必要开展独立饲养试验，评估各种抗生素替代品的实际应用效果，同时评估各类抗生素替代品间的相互作用，并从营养代谢途径、免疫促进机制和神经-内分泌调节等方面，多层次深入阐明替抗产品作用效果和机理，以便研发安全、高效的蛋鸡无抗饲料。同时，也可开发新型替抗产品，为建立无抗鸡蛋生产模式提供科学依据。

随着我国经济的发展，消费者对蛋鸡产品品质要求越来越高。倡导并大力推行无抗饲料，是实现蛋鸡生产可持续发展的必经之路。无抗饲料的出现可有效避免抗生素的使用，保证饲料品质，还可有效改善动物生存环境，为我国绿色畜牧业发展提供基础保证。作为抗生素替代品，无抗饲料的应用克服了禽类产品药物残留和危害人类健康等负面问题，迎合了人民群众对无公害畜产品的需求，为我国蛋鸡养殖行业带来巨大益处。特别是随着"饲料禁抗"时代的到来，大规模使用无抗饲料必定会成为实现畜牧业可持续发展的重要策略，功在当代，利在千秋。无抗饲料在蛋鸡生产中的影响日益扩大，将来会表现出更强劲的发展势头和更广阔的发展前景。

第三节　无抗饲料在鸭生产中的应用

我国是世界最大的鸭肉生产和消费国，2020年肉鸭出栏量为44.6亿只，鸭肉产量约为944万t，占禽肉总产量的40%以上，产值达1132.8亿元；蛋鸭存栏量为1.46亿只，鸭蛋产量为284.66万t，蛋鸭总产值为251.98亿元；鸭产业特别是肉鸭产业创造了巨大的社会与经济效益，逐渐成为农村经济发展和农民增收的重要支柱（侯水生和刘灵芝，2021）。随着肉鸭产业的不断发展，肉鸭养殖模式也发生重大改变，由开放式的地面平养或水养模式逐渐过渡为全室内、纵向通风的网上平养或多层立体笼养模式。饲养方式和饲养环境的改进使得肉鸭生产性能也得到很大提升。然而在实际养殖生产中，由于我国饲料资源特别是蛋白饲料资源严重短缺以及肉鸭养殖业对低饲料成本和高生长速度的不断追求，肉鸭饲料中杂粮和地源性饲料资源被大量使用，此外，配合饲料营养浓度的不断提升，对快速生长期肉鸭肠道健康和机体免疫力形成了巨大的挑战，病原微生物入侵很容易导致炎症性肠病的发生。农业农村部第194号公告于2020年正式实施，标志着药物饲料添加剂将有序退出养殖行业，规模化肉鸭与蛋鸭的生产也将面临机遇和挑战，开发具有促进生长和提高肠道健康功能的饲料添加剂产品成为肉鸭和蛋鸭产业的迫切需求。

　　无抗饲料是指不含任何抗生素并能促进鸭生长发育的功能性饲料，饲喂无抗饲料可避免鸭机体出现耐药性及药物残留等问题，提高鸭产品品质及保证其安全性。无抗饲料还具有替代抗生素的作用，维持机体肠道菌群结构平衡，促进肠道营养物质的消化吸收，提高机体免疫力。现阶段配制无抗饲料主要是通过在无抗生素饲料中添加功能性饲料添加剂来实现，这些功能性添加剂主要有益生菌、益生元、酶制剂、酸化剂、中草药及植物提取物、酵母培养物、抗菌肽等，本节将主要介绍它们在鸭饲料中的应用效果，供读者在设计鸭无抗饲料时参考。

一、益生菌

　　益生菌是一类定殖于动物肠道内，能改善动物肠道微生态平衡、发挥对肠道有益作用的活性有益微生物的总称。益生菌因具有促进肠道健康、提高生长性能、增强机体免疫力等优势成为当下研究热点。目前在肉鸭和蛋鸭上应用较多的益生菌包括芽孢杆菌、乳酸菌、真菌类微生物及其复合产品。

　　益生菌的应用与机制研究在猪、鸡和反刍动物中已有较为丰富的报道，但在肉鸭方面的研究相对较少。随着我国肉鸭养殖规模的不断扩大以及健康无抗养殖理念的逐步推动，加强益生菌相关产品在肉鸭养殖中的应用研究，阐明其可能的益生机理，开发相应的配套应用方案及技术执行标准，对于我国肉鸭养殖行业的健康快速发展具有积极的推动作用。

（一）芽孢杆菌

　　芽孢杆菌因其成本低、耐贮存、耐高温等优势成为畜禽养殖中使用最多的一类益生菌（表3-36），主要包括枯草芽孢杆菌、地衣芽孢杆菌、凝结芽孢杆菌和丁酸梭菌等。芽孢杆菌抗逆性强，同时耐酸、耐高温、耐胆盐，代谢过程中产生大量的蛋白酶、淀粉酶、纤维素酶、脂肪酶等消化性酶，以及能够分泌多肽、氨基酸、维生素等多种营养因子，通过调控肠道微生态平衡、促进营养物质消化吸收、提升宿主免疫力等多种途径促进宿主的生长和保持健康状态。枯草芽孢杆菌能产生多种胞外酶如蛋白酶、α-淀粉酶、木聚糖酶、植酸酶、β-葡聚糖酶、纤维素酶、半纤维素酶和脂肪酶等，并能提高肠道内源性消化酶活性、促进代谢物的产生、改善营养物质的消化吸收，从而达到促进生长的目的。芽孢杆菌在宿主体内通过一系列的代谢产物，如脂肽类（表面活性素、伊枯草菌素等）、蛋白类、酶类（几丁质酶）、多肽类、细菌素（多黏菌素、制霉菌素）等对病原微生物的生物体系造成干扰，也可直接作用于大肠杆菌、沙门氏菌、产气荚膜梭菌等病原微生物的核酸、蛋白、细胞膜、细胞壁等，抑制病原微生物的生长、繁殖或者直接杀死病原微生物，从而起到抑菌和调控肠道生态平衡的作用。

表3-36 芽孢杆菌在肉鸭生产中的应用效果

芽孢杆菌	应用效果	文献
凝结芽孢杆菌	能提高樱桃谷肉鸭血清 GSH-Px 活性,提高胸腺指数和法氏囊指数,增强机体免疫	谢丽曲等,2013
1×10^6CFU/g 枯草芽孢杆菌	提高 14 日龄樱桃谷肉鸭的胸腺指数、法氏囊指数和脾指数,并上调脾中Ⅰ型和Ⅱ型干扰素基因的表达,增强樱桃谷肉鸭的先天性免疫应答	郝光恩,2018

（二）乳酸菌

乳酸菌是一类利用碳水化合物发酵产生乳酸及短链脂肪酸的细菌总称。研究表明,外源添加的乳酸菌,可作为一种调节剂维持肠道微生态平衡,能够有效抑制宿主胃肠道内致病菌的增殖及代谢,减少腹泻及其他肠道疾病的发生。乳酸菌在动物肠道内发挥益生作用的主要机制包括:①通过竞争粘附位点抑制病原菌在肠道的粘附,改善肠道菌群结构;②调节肠道上皮屏障功能;③调节肠道免疫功能;④通过免疫系统和神经递质调控机体其他器官功能。

肉鸭肠道中的有益菌和病原菌相互协调、制约,共同维持肠道内环境稳定,在正常情况下维持相对平衡的状态。肠道内有益菌数量占据优势,有利于肉鸭肠道健康,反之则容易引发肠道疾病。乳酸菌是肉鸭肠道中的正常菌群之一,给刚孵化的肉鸭以乳酸菌干预可为肠道提供优先定殖的菌群,这些优先定殖的菌群可以通过改变宿主糖蛋白和黏蛋白的组成来调节肉鸭发育中肠道微生物群落组成,并介导肠道发育,促进机体消化系统成熟和增强机体抵御外来病原侵染的能力,达到促生长和保健康的双重目的(表 3-37)。乳酸菌可以调控肠道微生物群落结构,肠道微生物可通过代谢产物影响肠道屏障的发育和功能,还可通过调节肉鸭脂代谢促进肉鸭肝胆循环、降低脂肪积累。

表3-37 乳酸菌在肉鸭生产中的应用效果

乳酸菌种类和剂量	应用效果	文献
干酪乳杆菌 1×10^9CFU/(只·d)	降低 28 日龄肉鸭回肠中拟杆菌门和盲肠中肠杆菌属的相对丰度	Vasaï et al.,2014
1%鸭饮水中添加 1%鸭源植物乳杆菌(含量 5.48×10^9CFU/mL)	增加 21 日龄肉鸭回肠中绒毛高度和肠壁厚度,降低回肠内大肠杆菌数量,增加乳酸菌数量,显著降低 1~35 日龄肉鸭的 F/G,促进肉鸭生长发育	刘芳丹,2015

（三）酵母菌

酵母菌是一种单细胞真菌类兼性厌氧微生物,其细胞内含有大量的蛋白质、维生素、消化酶、多种微量元素等,细胞壁含有大量的酵母菌多糖(表 3-38)。目前已经纳入我国《饲料添加剂品种目录（2013）》的酵母菌制剂有酵母铜、酵母铁、酵母锰及酵母硒等。酵母菌在动物体内增殖可产生厌氧环境,代谢产生乳酸,能有效抑制鸭肠道内大肠杆菌、沙门氏菌等病原菌生长,促进乳酸菌增殖，改善胃肠道环境（表 3-39）。肉鸭早期肠道和免疫系统发育不完善，在饲料中添加酵母菌及其产品能提高其主动免疫力和成活率。目前，酵母类微生物添加剂（富含核酸、维生素、矿物质和微量元素，其中磷、钾、钠等含量占酵母细胞的 5%～10%）的应用效果在猪和肉鸡上已经得到了广泛验证，在鸭上的研究较少。

表 3-38 酵母菌主要组成成分及其作用

酵母菌主要组成成分	作用
蛋白酶和纤维素酶	有效降解淀粉、纤维素和醇类物质，能促进营养物质的消化吸收
氨基酸	能有效补充赖氨酸不足
酵母多糖、多肽和核苷酸	显著提高动物机体的免疫水平
酵母细胞壁 β-葡聚糖、甘露寡糖	刺激机体产生巨噬细胞，及时清除侵袭动物体内的病原微生物

表 3-39 酵母菌在肉鸭生产中的应用效果

酵母菌种类和剂量	应用效果	文献
布拉氏酵母菌 2×10^9CFU/只	在肠道菌群失调的肉鸭饲粮中添加，可显著提高空肠绒毛高度和十二指肠绒隐比，并显著降低空肠隐窝深度和黏膜厚度	马治敏，2013
0.1%酵母培养物	仙湖肉鸭体重提高 4.3%，ADG 提高 4.4%，F/G 下降 4.9%，生产性能得到显著改善	林丽超等，2010

（四）复合益生菌制剂

不同种类的益生菌，甚至同种益生菌的不同菌株，在其生物学特性上存在显著差异，当其组合应用于肉鸭养殖中时，会有不同的效果反馈。复合益生菌的使用能弥补单一种类益生菌在功能上的不足，芽孢杆菌、乳酸菌和酵母菌产品的复合不仅能产生多种消化酶、有机酸等具有促进饲料营养消化的物质，也可以合成多种氨基酸、维生素、多糖等营养物质，适当应用可改善动物的生长性能和胴体品质（表 3-40）。

表 3-40 复合益生菌制剂在肉鸭生产中的应用效果

复合益生菌制剂	应用效果	文献
丁酸梭菌和地衣芽孢杆菌	显著改善21日龄肉鸭的生产性能和免疫性能，两者复合应用效果要优于单独使用	袁慧坤等，2018
复合益生菌（枯草芽孢杆菌、地衣芽孢杆菌、粪链球菌和屎链球菌）	显著降低樱桃谷肉鸭的腹脂率，枯草芽孢杆菌与链球菌混合物还可提高樱桃谷肉鸭的胴体品质和免疫机能	孔令勇等，2012

二、益生元

1995 年，益生元的概念被首次提出（Gibson and Roberfroid，1995），其被定义为不可消化的食物成分，可以通过刺激结肠中有益细菌生长或影响其活性从而有益于宿主健康。需要满足以下 4 个条件：①不能被水解，也不能在胃肠道上部被吸收；②是一种或有限数量的有益菌的选择性底物，刺激细菌的生长或代谢激活；③改变细菌群落结构，使其组成更有益于宿主健康；④诱导有利于宿主健康的全身效应。因首次提出的概念过于严格，近年来研究人员重新对益生元进行了定义：益生元是一种选择性发酵成分，可影响胃肠道菌群组成或其生物活性，从而对宿主健康有利（Roberfroid，2007）。目前，在畜禽饲料中常用的益生元主要是寡糖类物质，如低聚木糖、果寡糖、甘露寡糖、壳寡糖、大豆低聚糖等。

益生元因其不被宿主胃肠道上部消化，故可到达盲肠并作为盲肠微生物种群的基质，发酵产生短链脂肪酸，短链脂肪酸对有害菌群如沙门氏菌有拮抗作用；益生元还可选择性地促进肠道微生物（如双歧杆菌、乳酸杆菌）繁殖，这些微生物也可以作为阻碍有害微生物在肠道定殖的物理屏障（Micciche et al.，2018），从而有益于宿主健康。

益生元在水禽养殖业中应用较少，但现有报道表明益生元产品在改善饲料报酬、增重等方面与金霉素相似，研究同时表明寡糖类物质在增强动物免疫力方面效果显著。在养殖业中合理使用益生元，能够有效改善动物肠道健康，促进其生产性能、免疫机能的提高。但是有关益生元在动物饲养过程中的添加种类、添加量和添加时间还需要试验进一步确定和完善。同时，益生元与肠道菌群的相互作用机制尚不明晰，有待进一步研究。

（一）低聚木糖

低聚木糖（xylooligosaccharide，XOS）是由 2～7 个木糖分子以 β-1,4-糖苷键结合而成的低聚物。因动物内源分泌的淀粉酶只能作用于 α-1,4-糖苷键，故低聚木糖不能在胃肠道被分解利用，可到达大肠，为双歧杆菌等有益菌提供发酵底物，产生短链脂肪酸，刺激胃肠蠕动；为胃肠道有益菌的增殖与生长提供必需的营养物质，改善肠道微生态，增强动物机体免疫功能。低聚木糖对肠道内的双歧杆菌有显著增殖作用；可以和病原微生物表面相结合，使其失去致病力。饲粮中添加含有低聚木糖的复合生物制剂可降低樱桃谷肉鸭腹脂率和胸肌滴水损失，在一定程度上提高回肠黏膜黏液囊的相对质量，增强 T-SOD 活性，减少回肠中丙二醛的积累。低聚木糖在改善肉鸭胴体组成、肉品质、免疫功能、抗氧化能力方面有显著效果，可作为肉鸭生产中抗生素的候选替代品，在日粮中添加 0.01%低聚木糖可以提高肉鸭 ADG、降低 F/G。

（二）果寡糖

果寡糖（fructooligosaccharide，FOS）具有低热值、稳定、不被胃肠道消化吸收等特性。果寡糖可提高家禽 ADG、饲料转化率，增强免疫力，在水禽市场上也将拥有良好的应用前景。

（三）甘露寡糖

甘露寡糖（mannan oligosaccharide，MOS）是从富含甘露寡糖的酵母细胞中通过酶解法提取出来的、磷酸化的葡甘露聚糖蛋白复合体。日粮中添加甘露寡糖，可降低 21 日龄肉鸭采食量约 90g，显著提高饲料转化率，这与空肠杯状细胞面积增加 26%、数量增加 12%有关，也与胱氨酸、组胺和色氨酸的回肠消化率高有关。0.1%甘露寡糖改善樱桃谷肉鸭生产性能，改善肉鸭对营养物质的利用率，提高血清 IgG 含量，并通过降低盲肠 pH 增加盲肠中乳酸杆菌数量、改善肠道健康。

（四）壳寡糖

壳寡糖（chitosan oligosaccharide，COS）是壳聚糖的降解产物，由 2～10 个氨基葡萄糖残基通过 β-1,4-糖苷键链接而成的功能性低聚糖。壳寡糖是迄今发现的唯一天然阳离子碱性多糖，具有水溶性好、黏度低、生物活性高等特点。壳寡糖可促进益生菌有效生长，改善肠道内环境和动物生产性能，50mg/kg 即可提高樱桃谷肉鸭的 ADFI、ADG，显著提高空肠和回肠黏膜的 IgM 含量，显著降低血清二胺氧化酶和脂多糖含量。

（五）大豆低聚糖

大豆低聚糖（soybean oligosaccharide，SBOS）是大豆中可溶性糖类的总称，主要包括蔗糖、棉籽糖、水苏糖及少量毛蕊花糖等。500mg/kg 大豆低聚糖可有效调节樱桃谷肉鸭肠道微生物群落结构，呈现剂量和时间依赖效应，具体表现为大豆低聚糖降低盲肠内大肠杆菌数量，促进盲肠内双歧杆菌和乳酸菌的增殖，提高肉鸭体重和 ADG，显著降低 F/G。

（六）低聚焦糖

低聚焦糖（sucrose thermal oligosaccharide caramel，STOC）是指将蔗糖经过热处理，添加柠檬酸等有机酸得到的新产品，其主要成分有蔗糖、蔗果三糖、蔗果四糖等低聚糖以及少量的葡萄糖、果糖等组分。低聚焦糖对大肠杆菌、金黄色葡萄球菌、枯草芽孢杆菌等细菌有明显的抑菌效果。在北京鸭日粮中添加低聚焦糖，可以提高其异嗜性粒细胞数量，减少淋巴细胞数量，使异嗜性粒细胞与淋巴细胞比率增加；对于血清生化指标，可显著增加血清总蛋白、白蛋白和球蛋白。此外，低聚焦糖可显著提高肉鸭血清和血浆中与细胞粘附、稳态、增强单核吞噬细胞系统功能有关的纤连蛋白的浓度。

（七）低聚异麦芽糖

低聚异麦芽糖（isomalto-oligosaccharide，IMO）是由 2～5 个葡萄糖残基以 α-1,6-

糖苷键结合而成的低聚糖，结构中同时包含 α-1,3-糖苷键、α-1,4-糖苷键，包括异麦芽糖、异麦芽三糖、异麦芽四糖等。低聚异麦芽糖可显著提高肉鸭 ADG、血清白蛋白水平和 SOD 活性，1000mg/kg 低聚异麦芽糖对肉鸭增重效果与金霉素相似。

三、酶制剂

酶制剂是按一定的质量标准要求、加工成能稳定发挥功能并含有酶成分的制品（表 3-41）。单一酶制剂在家禽中作用有限，因此，复合酶制剂产品的研制和配伍成为目前的研究热点。

表 3-41　酶制剂分类

功能		性状	
消化类酶制剂	功能性酶制剂	单一酶制剂	复合酶制剂
助消化	降解单一及多组分的抗营养因子	一般采用微生物液态发酵法生产	单一酶制剂复配，或通过固态发酵法将单菌株或混合菌接种在固态物料培养基上发酵获得

与鸡相比，鸭耐粗饲、抗病力强，因此鸭饲料往往抗营养因子含量较高。饲料中大量的营养物质不能被鸭充分消化吸收，尤其是雏鸭肠道分泌消化酶能力不足，消化吸收能力较差，需要补充蛋白酶和脂肪酶等。功能性酶制剂可提升鸭生产性能和饲料转化效率，并且改善肠道健康，提高机体免疫力，如溶菌酶和葡萄糖氧化酶可直接破坏细菌的细胞壁，溶解细菌，抑制有害病原菌或微生物的生长；霉菌毒素降解酶能消除饲料中的霉菌毒素，改善肠道微生物区系，参与动物内分泌调节，提高家禽体内激素代谢水平；纤维素酶和葡聚糖酶等非淀粉多糖酶可破坏植物细胞壁、释放其内部营养物质，从而提高饲料原料的利用率。

家禽对饲料的消化可分为物理、化学和微生物作用，其中化学性（酶）消化起决定性作用。给幼龄肉鸭补充外源性消化酶可以弥补内源酶分泌不足，改善肉鸭消化能力，在生长和成年阶段添加外源非淀粉多糖酶可以消化饲料中的非淀粉多糖等抗营养因子。一般来说，幼龄肉鸭消化系统发育不完善，消化酶分泌不足，外源酶制剂的作用效果优于成年肉鸭。肉鸭摄入的饲料主要靠肠道的酶来消化，不同生理阶段肉鸭肠道消化酶分泌量和活性不同，了解鸭肠道酶谱变化规律可指导外源酶在鸭饲料中的应用。

鸭的腺胃呈梭形特征，衬有黏膜，黏膜内含有腺体，既能分泌盐酸又能分泌胃蛋白酶，肌胃有发达的肌肉和一层厚的角质膜，在肌胃中食物被磨碎、浸软。成年鸭的腺胃和肌胃比鸡发达，内容物中胃蛋白酶活性高于鸡，分别为 3100U/g 和 38 450U/g；小肠是家禽消化和吸收的主要场所，鸭小肠的长度显著长于鸡，其肠管面积相应增大，弥补了鸭小肠绒毛欠发达的不足。鸭小肠内消化酶可以消化饲料中蛋白质、脂肪和淀粉，主要有胃蛋白酶（2260U/g）、胰蛋白酶（986.46U/g）、糜蛋白酶（1130U/g）、脂肪酶（1498.96U/g）、淀粉酶（11 700U/g）、麦芽糖酶

（6831.61U/g）、麦乳糖酶（702.14U/g）、纤维素酶（494.17U/g）等。鸭肠道的肌肉层较厚，有利于小肠环状肌的节律性分节运动、纵行肌的节律性钟摆运动，这也是鸭肠道中食糜排空速度快于鸡的一个原因。

酶制剂在鸭养殖产业中得到了广泛应用，其作用主要表现在提高生产性能、促进肠道健康、增加机体免疫力、提高饲料利用率、增加养殖经济效益、减少环境污染等。然而，酶制剂具有不稳定性和专一性，因此在饲料中添加酶制剂时，要根据酶制剂自身特性以及饲料种类、鸭生长阶段、养殖环境等条件选择适合的种类。

（一）脂肪酶

脂肪酶具有多种催化能力，可催化甘油三酯等酯类的水解、酯化等逆向合成反应，能够将脂肪水解为甘油和脂肪酸，促进脂肪吸收。生长前期肉鸭消化道酶系统发育不完善，对饲料中脂肪和蛋白质消化能力较弱，有必要添加外源脂肪酶从而弥补内源酶的不足；肉鸭生长后期饲料中需要添加脂肪酶解决饲粮中添加高油脂对肉鸭消化系统造成的应激问题。日粮中添加脂肪酶能够显著改善肉鸭各阶段的生产性能，其中在鸭饲料中添加脂肪酶（10 000U/g）350g/t 显著提高肉鸭生长前期和后期 ADG，降低肉鸭 F/G。胆汁酸和脂肪酶混合能进一步提高樱桃谷肉鸭粗脂肪和能量表观消化率，降低腹部脂肪沉积，提高胸肌率，提示胆汁酸和脂肪酶混合添加可改善胴体品质，提高饲料转化效率，效果更佳。

（二）蛋白酶

蛋白酶是可催化分解蛋白质中肽键的酶的总称。鸭日粮中通常添加蛋白酶，一是弥补机体内源蛋白酶分泌不足；二是显著提高饲料的品质，提高代谢能和养分利用率。菜籽粕中添加 200mg/kg 蛋白酶（1×10^5U/g）可改善樱桃谷公鸭菜籽粕代谢能值和养分真实利用率，其中表观代谢能（AME）、真代谢能（TME）、氮校正表观代谢能（AMEn）、氮校正真代谢能（TMEn）分别提高了 2.01MJ/kg、2.01MJ/kg、1.80MJ/kg、1.80MJ/kg，干物质（DM）、粗脂肪（EE）、粗蛋白质（CP）、中性洗涤纤维（DNF）、酸性洗涤纤维（ADF）、粗纤维（CF）、粗灰分（Ash）、钙（Ca）、磷（P）的真消化率分别提高了 3.73%、9.92%、8.51%、15.78%、17.09%、2.12%、8.55%、2.81%、12.96%，Met、Lys、Thr 的标准回肠消化率平均值分别达91.04%、66.19%、73.54%。为了节约蛋白饲料资源和减少排泄物对环境的污染，蛋白酶在肉鸭低蛋白日粮中得到了广泛应用。在低蛋白日粮中，添加 0.125%蛋白酶对樱桃谷肉鸭的生产性能有一定的改善作用，并不影响樱桃谷肉鸭的屠宰性能。北京鸭日粮中添加蛋白酶（20 000U/kg）增加了血清谷氨酸含量，降低了血浆内毒素、IL-6 含量和盲肠中异戊酸含量；日粮蛋白水平和蛋白酶添加水平对北京鸭血清游离精氨酸、回肠绒隐比、回肠黏膜 IL-6 含量存在交互作用，蛋白酶在一定程度上可以缓解低蛋白日粮对肉鸭肠道造成的损伤。

（三）植酸酶

肉鸭日粮主要由植物性饲料原料组成，植物饲料中 60%～80%磷以植酸磷的形式存在，不易被机体吸收，降低肉鸭对饲料中磷的利用率。植酸酶又称肌醇六磷酸水解酶，能够将饲料中的植酸磷分解成无机磷，促进磷的消化吸收。肉鸭采食含有植酸酶的饲料后，饲料钙、磷利用率进一步提高，肉鸭生长发育得到改善。往往植酸酶在高植酸磷饲粮中的效果优于低植酸磷饲粮，且随植酸酶水平的增加，血清碱性磷酸酶活性逐渐降低。Adeola（2018）在低磷玉米-豆粕型日粮（非植酸磷，前期 3.0g/kg，后期 2.0g/kg）中添加不同剂量植酸酶（500U/kg、1000U/kg、1500U/kg、15 000U/kg），北京鸭 ADG 和 ADFI 呈显著线性或二次曲线升高，F/G 表现出显著线性或二次曲线下降，低磷饲粮中添加高剂量植酸酶，胫骨灰分含量能达到正常水平。一般，通过研究获得植酸酶活性与非植酸磷添加水平的数学模型，反映饲料中添加植酸酶替代非植酸磷的水平。酶活性为 1000U/kg 的植酸酶在肉鸭体内酶解植酸磷从而释放磷的总量相当于 0.83g/kg 非植酸磷，值得注意的是两者换算关系成立的前提是保证日粮中总磷水平充足，为添加的植酸酶提供充足的植酸磷底物。

植酸酶在蛋鸭生产中也得到广泛应用，蛋鸭日粮中添加植酸酶可改善机体钙、磷代谢，进而改善蛋鸭生产性能和蛋品质；可减少蛋鸭日粮中无机磷的添加量，减少磷排放。在山麻鸭低磷日粮（0.20%或 0.30%非植酸磷）中添加 100mg/kg 植酸酶（5000U/kg）可显著改善蛋壳质量，故在推荐日粮非植酸磷水平为 0.20%时，可添加 100mg/kg 植酸酶替代部分磷酸氢钙。

（四）葡萄糖氧化酶

葡萄糖氧化酶是一种氧化还原酶，具有高度专一催化 β-D-葡萄糖的功能，在有氧条件下可生成葡萄糖酸和过氧化氢，其产物可以抑制病原菌生长，改善肠道酸性环境，保护肠道完整性，降解霉菌毒素，提高机体免疫力，是一种新型替代抗生素的酶制剂。在 1～6 周龄临武鸭日粮中添加适量葡萄糖氧化酶（10 000U/g），鸭肠道微生物多样性发生改变，机体抗氧化能力提高，推荐剂量为 20～30g/t。在 30 日龄肉鸭饮水中添加葡萄糖氧化酶（200g/t），连用 5 天，每天 4～6h，肉鸭体重和采食量都得到明显改善。葡萄糖氧化酶与其他酶制剂联合使用后肉鸭养殖效果更佳，在玉米-小麦-豆粕型日粮中添加葡萄糖氧化酶，在此基础上补充复合酶制剂可进一步提高肉鸭生产性能。研究表明，葡萄糖氧化酶（200U/kg）可缓解大肠杆菌对肉鸭生产性能造成的负面影响，降低肉鸭肠道炎症因子含量，增加紧密连接蛋白基因 mRNA 表达量。

（五）木聚糖酶

阿拉伯木聚糖是半纤维素的一种，植物性饲料原料中阿拉伯木聚糖含量较高，严重影响家禽对饲料营养物质的消化吸收。木聚糖酶通过分解植物细胞壁，消除饲料中的抗营养因子，降低消化道内容物黏度，在提高畜禽生产性能、改善肠道内环境和促进饲料营养物质消化吸收方面具有重要作用。同时，木聚糖酶可以提高肉鸭饲料能量利用效率，减少碳排放。在低能量饲料中，木聚糖酶可以提高肉鸭饲料粗蛋白质和能量的表观利用率，降低肉鸭粪便碳的排放。研究发现，在低能量日粮中添加木聚糖酶（1860μg/kg）降低 1～14 日龄肉鸭 F/G 和盲肠酸度，肉鸭体重达到高能量日粮标准水平。

（六）葡聚糖酶

葡聚糖酶是一种内切酶，特异性地作用于 β-葡聚糖的 1,3-糖苷键和 1,4-糖苷键，产生 3～5 个葡萄糖单位的低聚糖和葡萄糖，因此，可以有效分解麦类和谷类植物胚乳细胞壁中的 β-葡聚糖，在饲料中可用于降低非淀粉多糖含量，提高畜禽对营养物质的吸收、利用率，提高畜禽的生长速度和饲料转化效率。葡聚糖酶在肉鸭养殖生产中主要添加在小麦、大麦等基础日粮中，减少日粮中的抗营养因子，提高饲料利用率。大麦日粮中添加 1.5g/kg 葡聚糖酶（15 000U/kg）可提高绍兴蛋鸭产蛋率、采食量和饲料转化效率，增加十二指肠中蛋白酶和淀粉酶活性。葡聚糖酶还可以降低肉鸭食糜中的葡聚糖含量，降低总挥发性脂肪酸含量，提高盲肠内容物中乙酸比例。

（七）复合酶制剂

根据不同畜禽的消化特点和日粮组成，可配制出有针对性的酶制剂组合（表 3-42）。因不同类型酶制剂之间有协同作用，可最大限度地发挥酶制剂的作用，故复合酶制剂可更好地提高肉鸭生长性能、养分利用率和肠道消化酶活性等（表 3-43）。

表 3-42　复合酶制剂主要组成及作用

复合酶制剂主要组成	作用
蛋白酶、淀粉酶、脂肪酶为主	补充畜禽内源酶分泌不足
纤维素酶、果胶酶等	破坏植物细胞壁，消除饲料中的抗营养因子，释放营养素，促进营养物质的消化和吸收
木聚糖酶、β-葡聚糖酶、甘露聚糖酶等非淀粉多糖酶	用于消除麦类（大麦、小麦、高粱和黑麦等）日粮中的抗营养因子
蛋白酶、脂肪酶等消化酶和植酸酶、非淀粉多糖酶等非消化酶混合	综合了多种酶制剂的共同消化特点，考虑到了酶制剂之间的协同性，具有更好的饲用效果

表 3-43　复合酶制剂在肉鸭生产中的应用效果

复合酶制剂及剂量	应用效果	文献
0.5g/kg 非淀粉多糖酶（木聚糖酶、β-葡聚糖酶、纤维素酶）	玉米-稻谷-豆粕型日粮中添加，可显著提高肉鸭 ADG 和营养物质消化率，降低 F/G	Kang et al.，2013
蛋白酶和植酸酶	提高饲喂低蛋白低能量日粮的肉鸭体重、ADG 及空肠食糜胰蛋白酶和糜蛋白酶活性	Jiang et al.，2020
植酸磷和非淀粉多糖酶为主的液态复合酶	缓解低磷日粮对肉鸭生长性能和钙、磷代谢造成的不利影响	黄学琴等，2013

四、酸化剂

酸化剂能降低日粮和胃内 pH，提高酶的活性，参与体内代谢，提高养分消化率，改善胃肠道微生态环境，改善饮水卫生，抑制霉菌和其他病原菌的繁殖。在家禽、仔猪、肉牛、奶牛、羊等动物的饲料中，酸化剂已在国内外得到广泛应用，是继抗生素之后，与益生素、酶制剂、微生态制剂等并列的重要添加剂。作为一种无残留、无抗药性、无毒害作用的环保型添加剂，酸化剂在鸭产业替抗应用中也具有很大的潜力。

在鸭产业生产实践中偏好使用有机酸化剂，除具有一般酸化剂的特点外，有机酸化剂具有良好的风味，部分种类可直接进入体内三羧酸循环。目前生产上常将有机酸和无机酸配合使用，因两者结合使用可达到互补协同效应，克服了单一酸化剂的不足与缺陷，可增强使用效果，降低使用与饲养成本，提高养殖经济效应。不同酸化剂的使用效果及适宜用量也不同，一般，适量的酸化剂才能发挥正效应。酸剂量不足，则达不到应有的降低消化道 pH 的效果；酸添加量过高，则可能影响饲料的适口性。目前有关酸化剂在鸭产业中的研究较少，主要为有机酸化剂（柠檬酸、延胡索酸、双乙酸钠）在鸭生长和生产性能以及饲料脱毒方面的研究（表 3-44）。酸化剂实际使用剂量与饲料成分、生长阶段、加工工艺和设备条件有关，需要进一步研究。

表 3-44　酸化剂在肉鸭生产中的应用效果

酸化剂种类和剂量	应用效果	文献
1mol/L 柠檬酸溶液处理黄曲霉毒素 B_1（AFB_1）污染的饲料	AFB_1 从 110ng/g 降低到 15.4ng/g	王惠康和赵旭民，2010
	仔鸭体重损失较小，血清谷草转氨酶（AST）和谷丙转氨酶（ALT）活性与对照组差异不显著，肝和脾的病变程度轻	
延胡索酸	肉鸭活重增加 143.4g，耗料减少 626g/只，每千克增重耗料少 380g，并且提高鸭对氮和碳的利用率，提高蛋白质及脂肪的消化率	王惠康和赵旭民，2010
0.2% 和 0.4% 双乙酸钠	显著提高肉鸭 ADG、瘦肉率，改善饲料转化率；0.2% 添加量每只肉鸭多盈利 1.04 元	王惠康和赵旭民，2010

五、中草药和植物提取物

中药是以中国传统医药理论指导采集、炮制、制剂、临床应用的药物，是中医预防和治疗疾病所使用的独特药物，主要有植物药、动物药和矿物药。植物药主要由植物的根、茎、叶、花、果实等部位组成，以草本植物为主，所以植物药又称为中草药。中国的中草药有 5000 余种，将各种药材配制而成的中草药方剂更是数不胜数。在畜牧业替抗大背景下，以中医理论为指导的中草药饲料添加剂已成为业内研究的重要趋势。中草药添加剂具有调节肠道菌群结构、提高机体免疫功能、抗病促生长的作用，目前在鸭生产中得到了一定的研究与应用。

中草药和植物提取物添加剂因其天然、安全、无残留等优点，在替代抗生素方面有着广阔的应用前景。但也因中草药种类繁多，各种方剂更是数不胜数，活性成分多样，还需投入大量的研究，进一步确定合适的方剂、剂量与标准。

（一）中草药

复方中草药比单一成分中草药作用效果明显，其不仅能提高麻鸭生长性能，而且能提高血清中 IL-2、IgA、IgG、IgM 和补体 C3 的水平，增强麻鸭机体免疫应答，加快补体系统在机体内发挥介导炎症、免疫调节、调理吞噬等作用（表 3-45，表 3-46）。

表 3-45 肉鸭上的常用部分中药及作用

中草药	药性作用	中草药	药性作用
何首乌	促进造血、增强免疫功能	白术	燥湿实脾、缓脾生津，促进肠胃蠕动，排出多余废物，治疗便秘
黄柏	泻火解毒、增进食欲		
苍术	保肝、降糖、增强免疫力、健脾胃	黄芪	增强机体免疫功能，抗衰老、抗应激、降压抗菌
藿香	化湿和胃，增加消化功能	党参	补中益气，能够抗应激并调节免疫功能
山楂	健脾开胃、消食化滞、活血化痰	木香和板蓝根	清热解毒，抗炎，抗病毒，提高免疫力

表 3-46 复方中草药制剂在肉鸭生产中的应用效果

复方中草药制剂	应用效果	文献
何首乌、黄芪、苍术、白术、山楂比例为 8：4：3：3：2	将 0.1%或 0.2%复方中草药制剂添加到苏邮 2 号肉用麻鸭饲料中，35 日龄体重分别提高 32.03%和 38.44%，显著提高肉鸭的 ADFI、ADG，降低 F/G	杨春花，2021
苍术、黄柏、生石膏、藿香、木香、党参、山楂、板蓝根比例为 4：4：4：4：3：3：3：2	添加 0.2%复方中草药制剂，可显著提高北京鸭 ADFI、ADG 和 42 日龄末重，降低 F/G，北京鸭屠宰率、胸肌率、腿肌率、腹脂率及肌肉嫩度都能得到明显提升	刘砚涵等，2020

（二）白藜芦醇

白藜芦醇是一种非黄酮类天然多酚类化合物，通常在植物受到外部损害时产生，从中草药虎杖，以及葡萄、蓝莓、覆盆子和花生等多种植物中可以分离得到，

1940 年首次在毛叶藜芦的根部被发现和获得（表 3-47）。白藜芦醇是一种具有抗氧化能力的天然植物多酚，具有提高动物机体生长性能、抗氧化能力、免疫功能、肉品质的作用（Yu et al.，2021）。

表 3-47 白藜芦醇在肉鸭生产中的应用效果

白藜芦醇剂量	应用效果	文献
450mg/kg	提高胸肌和腿肌中风味氨基酸和非必需氨基酸含量，增加胸肌肌内脂肪，提升北京鸭肉品质与风味	Yu et al.，2021
400mg/kg	激活 Nrf2 信号通路，提高血红素加氧酶-1(HO-1)、SOD、CAT 和 GSH-Px 等抗氧化酶基因 mRNA 表达水平，增加机体清除活性氧的能力	周婉婷等，2023
50～200mg/kg	抑制鸭肠炎病毒的增殖，调节 IFN-α、IL-2 和 IL-12，减轻肠道炎症损伤，降低雏鸭死亡率	徐娇，2014

（三）姜黄素

姜黄素是一种从姜黄根茎部提取得到的多酚类胡萝卜素，是导致姜黄呈现黄色的天然多酚（表 3-48），具有抗氧化、抗炎、抗细菌、抗病毒、抗真菌等功能。

表 3-48 姜黄素在肉鸭生产中的应用效果

姜黄素剂量	应用效果	文献
200～800mg/kg	显著降低樱桃谷肉鸭空肠黏膜中丙二醛含量，提高 GSH-Px、SOD、T-AOC 的活性和谷胱甘肽（GSH）水平，增强上述抗氧化酶基因在空肠黏膜中的表达	阮栋，2018
400mg/kg	提高赭曲霉毒素 A（OTA）攻毒肉鸭肠道上皮内淋巴细胞的数量，抑制炎性细胞因子的分泌，提高紧密连接蛋白的表达水平，改善肠道绒毛受损情况，减少脂质过氧化，改善肠道屏障和线粒体功能，缓解 OTA 引起的肠道损伤	Zhai et al.，2020

（四）甜菜碱

甜菜碱（三甲基甘氨酸）是一种季铵类化合物，常被作为甲基供体添加到饲料中，于 1870 年由 Scheibler 首次发现，并将其从甜菜中分离出来的一种天然产物，广泛存在于多种生物中，包括细菌、嗜血古细菌类、海洋无脊椎动物、植物及哺乳动物等，可从天然植物的根、茎、叶及果实中提取获得。甜菜碱在维持肉鸭血液电解质平衡、提高盲肠短链脂肪酸（如乙酸、丙酸）含量、调节肠道微生物菌落以及提高免疫力等方面发挥重要作用。饲料中添加 700mg/kg 和 1200mg/kg 甜菜碱均显著提高了热应激肉鸭采食量、饲料转化率和平均体重。甜菜碱通过甲基供体发挥作用，在维持肠细胞结构功能以及肠道微生物生态环境方面有重要意义，还可以对表观遗传、糖代谢和脂代谢等进行调控。

（五）厚朴酚

厚朴酚是从中草药厚朴中提取得到的多酚类化合物，有较强的抗菌作用，近年来研究发现厚朴酚还具有抗炎、抗肿瘤、抗应激和止泻的作用。在饲料中添加

200mg/kg 和 300mg/kg 厚朴酚，可显著提高临武鸭平均 ADG 及十二指肠、空肠、回肠的绒隐比，维持肠黏膜结构和功能的完整性，提高肝内 Nrf2 及其信号通路 HO-1、SOD、GSH-Px 和 CAT 等抗氧化酶基因表达水平，提高机体抗氧化能力，得到了与硫酸黏杆菌素抗生素处理临武鸭相似的结果（Lin et al.，2017）。

（六）植物多糖

关于植物多糖的研究包含党参多糖、野菊花多糖、黄芪多糖（表 3-49）。

表 3-49　植物多糖在肉鸭生产中的应用效果

植物多糖	应用效果	文献
党参多糖	党参多糖（pCPPS）对鸭甲型肝炎病毒 1 型（DHAV-1）有抑制作用，党参多糖有效抑制 DHAV 增殖，减少病毒诱导的细胞自噬体的形成以及降低自噬水平，提高机体免疫力，减轻被 DHAV 感染雏鸭的肝损伤，提高其存活率	Ming et al.，2020
野菊花多糖	磷酸化的野菊花多糖（pCIPS）抑制 DHAV 在鸭肝中的增殖，减轻肝受损情况，增强机体免疫力	明珂，2020
黄芪多糖	减轻鸭呼肠孤病毒（MDRV）感染对番鸭生长的抑制作用，减少病毒引起的肠黏膜损伤，提高分泌型免疫球蛋白 A（sIgA）水平和黏膜免疫细胞数量，增强肠黏膜免疫作用	李军，2012

六、酵母培养物

酵母菌作为益生菌已被许多国家和地区用于动物养殖。酵母培养物（yeast culture，YC）是酵母菌在特定的培养基中发酵后形成的微生态制品，包括酵母细胞、代谢产物和变形培养基三部分。酵母细胞由细胞壁和细胞内容物两部分组成，酵母细胞壁是生产中常用的多糖，主要由糖蛋白与 β-葡聚糖和几丁质组成；细胞内容物富含维生素、矿物质、氨基酸和微量元素等成分。代谢产物主要包括增味剂、营养代谢物、芳香物质以及酶类和其他未知营养因子。酵母细胞壁成分主要为甘露寡糖和 β-葡聚糖，与酵母相比，酵母细胞壁没有苦味，适口性好，可以作为免疫促进剂激活机体免疫系统，引发免疫应答。

酵母培养物中丰富的物质对改善饲料营养、参与并增强机体的营养代谢、促进动物生产性能的发挥具有积极作用，能提高肉鸭的生产性能、屠宰性能、免疫性能等，还有望减少畜禽养殖中的污染。因此，酵母培养物在肉鸭生产中具有广阔的应用前景。

日粮中添加酵母培养物（0.5%）可降低樱桃谷鸭 F/G，提高饲料转化率，降低饲料成本。新型酿酒酵母培养物促进樱桃谷鸭胸肌肌内脂肪沉积，降低了腿肌纤维直径和纤维面积，日粮中添加酵母还可显著提高血浆和肌肉中的胆固醇含量。酵母细胞壁提取物（0.1%）能促进肉鸭肠道营养物质的消化吸收，当添加到樱桃谷鸭饲料中后，樱桃谷鸭体重、ADG、全净膛率、腿肌率和瘦肉率明显提高。

动物肠道中有着丰富的菌群结构，酵母培养物对动物的作用在很大程度上归功于其对肠道微生态的调节，改善胃肠道内环境和菌群结构，提高 pH 的稳定性。酵母培养物可改善肉鸭肠道黏膜形态，影响肠道菌群结构，使其空肠和盲肠中的乳酸杆菌数量提高 63.6%，双歧杆菌数量提高 2.1 倍，大肠杆菌数量减少至 1/21，同时促进肠道核苷酸和氨基酸代谢基因功能富集。

七、抗菌肽

抗菌肽又称抗微生物肽（antimicrobial peptide）或肽抗生素（peptide antibiotics），在动植物和微生物体内分布广泛，是天然免疫防御系统的重要组分，抗菌肽有广谱抗细菌能力，对真菌、病毒、寄生虫有作用，具有抗肿瘤、免疫调节、促进动物生长和提高生产性能、维持动物肠道菌群结构稳定等多种功能，与传统抗生素的抗菌机制不同，不易产生耐药菌株。

抗菌肽具有热稳定性好、水溶性好、无毒性、添加剂量小、无残留、无污染等优点，属于新型环保安全饲料添加剂，能与现代饲料生产流程相结合，完全符合畜产品安全生产的需要。

抗菌肽代替传统抗生素，能提高鸭生长性能，增强免疫力和抗病力，调节动物肠道功能。目前关于抗菌肽代替抗生素在鸭产业中的应用研究仍然较少，导致其一些重要生理作用未充分发挥出来。未来要充分研究抗菌肽在鸭产业中的作用机制，完善理论基础，并优化抗菌肽加工和添加工艺，指导抗菌肽作为新型饲料添加剂在鸭产业中的实际应用，使其在鸭生产中的应用研究不断推进、深入，以期在未来鸭业中发挥重要作用。

（一）生产性能

抗菌肽可以使动物在受到外源病原菌入侵或应激时，特异性地维持动物的健康，保持动物正常生长状态。已有研究证实抗菌肽具有促进鸭生长发育、提高鸭采食量等作用（表 3-50）。

表 3-50　抗菌肽在肉鸭促生长方面的应用效果

抗菌肽剂量	应用效果	文献
2L/t 抗菌肽制剂（液体蚕抗菌肽 AD-酵母制剂，杀菌效价≥4000U/mL）	与 50mg/kg 金霉素相比，有效提高肉鸭生产性能，尤其在小鸭阶段明显，提高肉鸭净肉率、降低腹脂率	陈晓生，2005
7mL/kg 天蚕素 AD，0.1%甘露寡糖	与 50mg/kg 金霉素相比，抗菌肽与甘露聚糖联合使用，肉鸭成活率高（提高 4.51%）、ADG 高、F/G 低	余绍海，2006

（二）抗病力

抗菌肽具有广谱抗菌活性，有较强的杀伤细菌作用，甚至对某些耐药性病原菌也具有杀灭作用；抗菌肽还能调节宿主免疫防御体系，提高动物自身免疫力，同时起到预防和治疗的双重作用，因此具有良好的应用前景（表 3-51）。抗菌肽具有独特的抗菌机理且安全性高，有望成为新一代抗菌药物，用于鸭疫里氏杆菌病的防治。

表 3-51　抗菌肽在肉鸭抗病力方面的应用效果

抗菌肽	应用效果	文献
注射神经肽 S	番鸭血清细胞因子分泌量增加，法氏囊、脾等免疫器官的细胞因子 mRNA 表达量相对升高，减轻感染 H9N2 型禽流感的番鸭脾、法氏囊组织病理变化	林珊珊，2015
伴大豆球蛋白抗菌肽	抑制大肠杆菌、金黄色葡萄球菌的生长，最小抑菌浓度（MIC）分别为 2.6mg/mL、3.2mg/mL；显著提高大肠杆菌 O78（剂量 4×10^8CFU/L）攻毒鸭脾中 IL-2、TNF-α 和 sIgA 水平，且伴大豆球蛋白抗菌肽剂量的增加而增加，预防效果也随之增加	陈文芳等，2012
ZHM1，酰胺化天蚕素 AD	对鸭大肠杆菌具有明显杀灭作用	郑青等，1999

（三）免疫性能和抗氧化能力

抗菌肽远非字面上的"抗病原菌"的单一功效，它在促进免疫器官发育和调节免疫反应等方面也发挥了重要作用。肉鸭在饲养过程中因管理不当等，机体自身免疫力下降，往往无法正常发挥天然的免疫调节水平，在饲料中额外添加抗菌肽成分，既可以正向作用于免疫系统，又可以反向刺激和调节机体使其恢复应有的免疫能力，从而调节机体免疫，恢复正常功能，确保机体内环境稳定（表 3-52）。

表 3-52　抗菌肽在肉鸭免疫和抗氧化方面的应用效果

抗菌肽	应用效果	文献
2L/t 和 3L/t 抗菌肽制剂（液体蚕抗菌肽 AD-酵母制剂，杀菌效价 ≥4000U/mL）	显著提高樱桃谷肉鸭机体 IGF-1、T3，3L/t 提高幅度最大，表明营养物质的合成加强；肉鸭血清尿素氮浓度随抗菌肽浓度增加而降低	陈晓生，2005
50mg/kg 抗菌肽	肉鸭生产性能与 40mg/kg 牛至草粉无显著差异，但肉鸭肌肉蒸煮损失显著降低 35.86%，肌肉和血清丙二醛含量显著降低	苏默和李秋，2021
天蚕素 AD	与金霉素和甘露寡糖相比，添加抗菌肽的白羽番鸭血清中禽流感抗体水平最低	余绍海，2006

（四）肠道健康

家禽肠道不仅是营养物质消化和吸收的主要场所，也是体内最大的免疫器官，是机体防御体系的第一道屏障，在维持机体正常营养代谢和免疫防御等方面发挥着重要作用。肠道黏膜作为家禽机体最重要的黏膜系统，其形态结构和功能的完整性是维护肠道健康的有效屏障。抗菌肽能够调节机体肠道菌群的动态平衡，保持肠道内环境的相对稳定，从而保证鸭肠道健康。蚕抗菌肽 AD-酵母制剂能显著抑杀肉鸭体内的大肠杆菌，对促进肠道微生物群落平衡、保障动物生长性能的提高有重要作用。天蚕素 AD 降低白羽番鸭盲肠内大肠杆菌的数量，与对照组相比，降低 1.49%，其作用效果优于金霉素。

第四章　无抗饲料在反刍动物养殖中的应用

我国是养殖业大国，牛、羊存栏量均居世界前列。抗生素如莫能菌素因具有改善瘤胃发酵、增加营养物质消化利用率、提高平均日增重（average daily gain，ADG）等特点，以前被广泛使用在反刍动物饲料中，促进了畜牧业的快速发展。但因其易起发病原菌产生耐药性，畜禽免疫力下降，畜禽体内菌群失调、发病或二次感染，在畜产品和环境中也会造成残留，所以我国于2020年已禁止在饲料中使用抗生素。另外，随着我国居民生活水平和健康意识的提高，人们对牛、羊肉及其奶制品的需求量逐渐增加，牛、羊业的健康稳步发展显得尤为重要。因此，可通过在牛、羊饲料中添加微生态制剂、酶制剂和植物提取物等纯天然添加剂，替代抗生素的使用。

第一节　无抗饲料在犊牛和羔羊生产中的应用

幼畜阶段是动物的一个重要生理时期，犊牛和羔羊是成年牛、羊的后备力量，其培育的优劣直接影响到成年后的机体健康和生产性能，并与畜产品品质及安全息息相关。在幼畜阶段补充纯天然添加剂，可促进幼畜动物消化系统发育和机体健康。幼龄反刍动物胃肠道发育快速，此时的营养和调节剂供给更需要关注胃肠道健康、瘤胃微生物区系和免疫机能的建立，最大程度地降低生理应激。植物次生代谢物主要包括植物挥发油类、皂苷、单宁、酚类等一种或多种天然生物活性物质，已用于反刍动物中，可改善瘤胃代谢、促进瘤胃发酵、提高动物抗氧化能力和免疫力，是营养学家和微生物学家开发的抗生素的潜在替代物。

一、益生菌

（一）生长性能

生长是动物机体统一协调的发展过程，随着日龄的增长，犊牛组织器官不断发育，生长指标规律增长。在瘤胃微生物菌落建立初期，给犊牛补饲益生菌，有利于优势菌在瘤胃中的定殖，从而促进营养物质的消化与利用，为犊牛早期的骨骼生长发育和后期的快速增长提供基础，当瘤胃微生物趋于稳定时，外源补充益生菌的作用将逐渐减弱。羔羊是羊生产中的重要环节，尤其是断奶阶段的生长发育状况直接决定其后期生产潜力。生产中降低羔羊断奶应激，减少疾病发生，寻找具有促生长作用且绿色环保、安全无抗的生物饲料添加剂已成为饲料研发的重要方向。

犊牛断奶前后在代乳品、颗粒料中添加 5×10^9CFU/(头·d)热带假丝酵母制剂，对犊牛的开食料采食量、总干物质采食量均无显著影响，各个饲养阶段的生长性能也无显著差异；但犊牛体重提高 5.64%，56~80 日龄犊牛的干物质采食量提高 8.96%，显著提高了饲料转化率，可能是热带假丝酵母制剂产生的有机酸和维生素等代谢产物促进了胃肠道各种消化酶的分泌与合成，促进了机体对营养物质的消化吸收和利用。热带假丝酵母制剂与桑叶黄酮联合使用能够显著提高 42~80 日龄犊牛体长指数和体重（分别提高 3.13%和 8.38%），提高犊牛的干物质采食量并改善其状况（杨春涛，2016）。

植物乳杆菌与枯草芽孢杆菌是动物体内的正常菌群，通过添加植物乳杆菌 $[1.7 \times 10^{10}$CFU/(头·d)]与枯草芽孢杆菌$[2.0 \times 10^8$CFU/(头·d)]的复合菌，分别提高犊牛 ADG 9.31%、7.33%，改善饲料转化率 11.47%、10.39%。随着犊牛日龄的不断增加，添加植物乳杆菌的犊牛 ADG 优势逐渐减弱，由 0~2 周龄的 31.25%下降到 10~12 周龄的 1.36%。可见益生菌的作用效果在犊牛的生长阶段早期更加明显（董晓丽，2013）。

地衣芽孢杆菌及其与枯草芽孢杆菌的复合菌（1:1），以及地衣芽孢杆菌、枯草芽孢杆菌和植物乳杆菌的复合菌（1:1:1），不影响 0~6 周龄犊牛体尺指数；8 周龄时单独添加地衣芽孢杆菌和 1:1:1 复合菌，显著提高犊牛体尺指数，犊牛体长指数与体尺指数变化规律基本相似，1:1:1 复合菌在试验各个时间点差异均不显著。此外，单独添加地衣芽孢杆菌显著提高了 ADG，1:1 复合菌的效果不明显，可能是因为两者均为芽孢杆菌，在孢子裂殖过程中均耗氧，存在夺氧竞争，从而影响正常菌群的附植。单独添加地衣芽孢杆菌对生长性能具有较好的作用，但其复合菌的饲喂效果、复合作用不稳定（符运勤，2012）。

酵母细胞壁是酿酒酵母生产过程中的副产物，主要功能成分为β-葡聚糖和甘露聚糖，可提高动物机体免疫力，抑制动物肠道有害菌的繁殖，改善动物健康状况，还可吸附饲料中的霉菌毒素，促进动物机体生长。母羊哺乳羔羊 7 日龄后，开始在开食料中分别添加 0.25%、0.5%酵母细胞壁，与对照组相比，羔羊 ADG 分别提高 5.8%、23.6%，羔羊 F/G 分别降低 5.1%、33.0%。说明酵母细胞壁有利于羔羊生长，提高其生长性能，对断奶羔羊有积极作用（夏翠等，2020）。

（二）血清指标

犊牛胃肠道发育尚不完全，消化机能和代谢功能不完善，因此犊牛对营养物质的利用率较低。随着犊牛日龄增加，瘤胃微生物不断丰富，瘤胃发酵和代谢功能逐步完善，作为能量来源的前体物质由葡萄糖逐渐转变成挥发性脂肪酸，β-羟丁酸的浓度逐渐增加，促进犊牛瘤胃上皮细胞的发育。热带假丝酵母对犊牛血清β-羟丁酸、激素因子等无显著影响；热带假丝酵母与桑叶黄酮复合制剂显著提高 80 日龄犊牛的β-羟丁酸浓度，表明热带假丝酵母与桑叶黄酮复合制剂可以促进瘤胃发育和完善代谢功能。

动物在应激源刺激下血液中皮质醇含量会发生巨变，皮质醇能客观、直接地反映应激程度，对机体糖代谢具有重要作用。饲喂植物乳杆菌明显减少犊牛的断奶应激，犊牛断奶期间添加植物乳杆菌和枯草芽孢杆菌复合菌显著提高其血浆中皮质醇含量，对犊牛断奶前和断奶后皮质醇与肾上腺素水平无显著影响。地衣芽孢杆菌及其复合菌对尿素氮无显著差异，但数值上稍低，可能是由于添加地衣芽孢杆菌及其复合制剂提高了犊牛蛋白质的沉积。

动物受到外界或其他有害刺激时，机体内将产生大量的活性分子如活性氧自由基或活性氮自由基，造成组织细胞的氧化程度超出了抗氧化系统的清除能力，破坏免疫系统平衡，从而引起细胞核组织损伤。其中机体的抗氧化系统维持体内自由基生成和清除的动态平衡，以 SOD 的抗氧化能力最强。IgA、IgM 和 IgG 是一类免疫球蛋白，主要参与机体内的体液免疫，对机体有着至关重要的作用。IgM 参与机体初次免疫应答，而 IgG 是机体体液免疫的主要抗体，免疫球蛋白含量的高低体现了机体免疫力的强弱。饲喂热带假丝酵母制剂的犊牛，大肠杆菌攻毒 7 天后血清中 SOD、GSH-Px 的活性提高，IgA、IgM 的浓度增加，有助于增强机体的抗氧化功能和免疫功能。饲喂地衣芽孢杆菌及其复合菌则使得犊牛血清总蛋白水平增加，白蛋白与球蛋白比值降低。

T 淋巴细胞表面有多种受体，在体外培养中加入特异性抗原或非特异性促有丝分裂原的刺激下，细胞代谢和形态可发生一系列变化，如能转化成体积较大的原淋巴细胞，转化细胞数量可反映机体细胞免疫功能。动物在应激源刺激下，血液中皮质醇含量会发生明显变化，皮质醇被认为是评价动物应激程度的客观指标。在犊牛断奶期间，植物乳杆菌和复合菌显著提高了犊牛的淋巴细胞转化率，均提高了 48%，将犊牛皮质醇含量分别降低了 22.17% 和 23.75%；断奶后，植物乳杆菌将犊牛淋巴细胞转化率显著提高了 46.34%，表明益生菌能够缓解犊牛在断奶期间所受的应激作用。动物的一些急性期蛋白浓度在正常状态下较低，在炎症、损伤的刺激下迅速升高，增加的急性期蛋白浓度与组织损伤程度呈正相关，而当病愈或得到有效治疗时，其浓度又会立即恢复正常，再加上不易受各种应激情况的影响等诸多优点，在某些疾病的诊断上，检测急性期蛋白浓度就比传统方法更具优越性。断奶期间与断奶前相比，复合菌组犊牛肾上腺素和急性期蛋白上升的水平显著低于对照组，分别降低了 50.17% 和 61.45%。断奶后与断奶期间相比，复合菌组犊牛急性期蛋白下降的水平显著低于对照组，降低了 56.29%，表明益生菌有助于提高犊牛的抗应激能力（周盟，2013）。

酵母细胞壁中含有葡聚糖，能通过多种介导途径增强动物机体特异性免疫和非特异性免疫水平。酵母细胞壁能够增加断奶羔羊血清中的免疫球蛋白数量，有利于增强机体免疫力，促进生长发育。免疫细胞因子是动物血清中参与抗炎过程的重要物质，细胞因子含量体现了动物机体的健康状况。IL-2 和 IL-4 能够刺激 T

淋巴细胞生长，并且能够促进 B 淋巴细胞和自然杀伤细胞的增殖分化，从而提高细胞免疫，增强机体免疫力。

（三）营养物质的消化利用

益生菌通过在动物体内一系列的生理作用，合成或分泌代谢产物来抑制有害微生物的生长，调节微生物平衡，增强机体免疫力，从而提高各种营养物质的利用率。酵母菌是真菌类，是反刍动物瘤胃中的有益菌，在犊牛发育早期，添加酵母菌对瘤胃微生物区系的建立尤为重要，添加热带假丝酵母提高了犊牛断奶后的氮利用率。其作用机理可能是断奶后，热带假丝酵母伴随开食料直接进入瘤胃，通过刺激瘤胃多种蛋白分解菌，将日粮中粗蛋白质更多地降解为微生物蛋白。犊牛断奶前添加热带假丝酵母可提高中性洗涤纤维的表观消化率，断奶后开食料中添加热带假丝酵母可提高总能代谢率和消化能代谢率，减少粪能的排出量，说明热带假丝酵母可能通过刺激瘤胃微生物促进消化酶的分泌或提高淀粉酶的活性来提高对碳水化合物的消化利用，减少粪能的排出。添加热带假丝酵母与桑叶黄酮复合制剂还可以显著提高对中性洗涤纤维和酸性洗涤纤维的表观消化率，表明热带假丝酵母能够促进纤维降解细菌的固定与附植，促进对纤维的消化利用。热带假丝酵母可以稳定动物肠道内的正常菌群，促进有益菌的增殖，降低有害菌的数量，提高犊牛对营养物质的消化率，尤其对氮的生物学价值。

周盟（2013）研究了植物乳杆菌及其与枯草芽孢杆菌组成的复合菌对犊牛营养物质消化利用的作用，发现植物乳杆菌、复合菌的添加显著提高了磷的表观消化率，分别为 5.95%、7.35%，氮的表观消化率分别提高了 5.95%、7.35%，氮的利用率分别提高了 11.87%、13.99%，氮的表观生物学价值分别提高了 5.7%、6.34%。

胃肠道的发育情况与羊的消化能力息息相关，羊的胃肠道发育良好，对摄入饲料的消化能力增强，有利于营养物质的吸收，从而促进机体生长，提高生长性能。瘤胃的发育程度主要由瘤胃乳头长度、宽度和黏膜厚度决定。酵母细胞壁可提高羔羊瘤胃乳头长度和宽度，说明酵母细胞壁有助于增强消化能力，有利于营养物质的吸收，从而提高其生产性能。

肠道是食物消化吸收的重要场所，肠道上皮是行使肠道功能的重要结构，同时也是外界环境与内部环境之间的一道重要屏障，保护机体免受肠道病原微生物的侵害。小肠在反刍动物消化过程中起到重要作用，绒毛高度、隐窝深度及肌层厚度等指标能衡量动物的消化吸收功能，隐窝深度越深，肠道的消化吸收能力越弱。绒毛高度与隐窝深度之比是综合反映小肠功能状态的指标，当绒毛高度增加、隐窝深度降低时，小肠的消化吸收功能增强。小肠肌层厚度增加，则小肠对营养物质的消化吸收能力增强。用 0.50%酵母细胞壁饲喂羔羊，增加了回肠的绒毛高度、肌层厚度，说明酵母细胞壁能够改变羔羊的肠道组织形态，增强其消化吸收功能，从而促进机体生长。饲粮中添加酵母细胞壁能够增强断奶羔羊的免疫力，改变其胃肠道形态，从而提高其消化吸收功能，促进羊只生长发育，提高生长性能。

（四）瘤胃微生物

反刍动物与猪和家禽的消化功能的主要区别在于，其具有庞大的复胃消化系统，具备反刍功能，能够消化利用粗饲料。饲料中 70%～80%的可消化干物质和50%以上的粗纤维在瘤胃内被消化，瘤胃的形态结构、发酵性能及其微生物的生命活动对瘤胃的消化起着极其重要的主导作用。

犊牛瘤胃 pH、氨态氮、挥发性脂肪酸是犊牛瘤胃发酵的重要指标，能够反映瘤胃的功能和内环境的稳定。益生菌在瘤胃中主要通过代谢产物来提高微生物的数量和活力，使瘤胃内乳酸浓度降低，从而改善瘤胃发酵和营养物质的利用，提高动物生产性能。瘤胃 pH 对瘤胃微生物尤其是纤维分解菌具有重要的影响，添加热带假丝酵母提高了犊牛断奶后的瘤胃液 pH，增强了纤维分解菌的活性，对犊牛瘤胃微生物区系的建立有重要的作用。氨态氮是瘤胃微生物的重要氮源，对含氮物质的降解和吸收速率有重要影响，可合成微生物蛋白并为反刍动物提供50%～80%的可吸收蛋白，而酵母培养物对瘤胃发酵的类型并无影响，但能促进微生物蛋白的合成。挥发性脂肪酸是反刍动物瘤胃发酵的主要产物，为反刍动物提供了 70%～80%的代谢能。添加热带假丝酵母提高了断奶后犊牛瘤胃微生物蛋白的合成，促进瘤胃微生物对日粮中能量和蛋白质的利用，改善瘤胃发酵。此外，热带假丝酵母可降低瘤胃丙酸浓度，增加乙酸/丙酸值，改善瘤胃发酵的模式，热带假丝酵母在瘤胃内与微生物相互作用，刺激瘤胃微生物快速繁殖，利用大量丙酸有助于微生物蛋白的合成。

瘤胃微生物依靠自身分泌的多种消化酶对瘤胃中的营养物质进行发酵，为自身和宿主提供营养与能量。添加热带假丝酵母可提高犊牛瘤胃中木聚糖酶39.69%的活性，添加地衣芽孢杆菌及复合菌（地衣芽孢杆菌、枯草芽孢杆菌和植物乳杆菌）可在更幼龄时期检测到白色瘤胃球菌（2 周龄 vs. 6 周龄），且复合菌在 8 周龄时显著提高了犊牛瘤胃中的黄色瘤胃球菌和产琥珀酸丝状杆菌的数量，地衣芽孢杆菌以及地衣芽孢杆菌与枯草芽孢杆菌复合菌显著提高了产琥珀酸丝状杆菌的数量，促进纤维分解菌在瘤胃中的定殖，提高瘤胃中纤维分解菌的数量，随着年龄增长，瘤胃细菌开始增多，瘤胃细菌区系逐渐形成稳态。

犊牛胃肠道的发育影响对营养物质的消化利用和生长发育，瘤胃作为反刍动物发酵和吸收的场所，瘤胃乳头吸收发酵产生的挥发性脂肪酸，同时挥发性脂肪酸的浓度刺激瘤胃乳头的发育。热带假丝酵母可提高皱胃鲜重占体重比例和皱胃鲜重占复胃重比例，提高瘤胃乳头长度，可能是由于热带假丝酵母改变了瘤胃的发酵模式，提高了丁酸浓度，刺激瘤胃乳头的发育，促进细胞增殖。此外，添加热带假丝酵母还可促进犊牛瘤胃、网胃和瓣胃的发育，调节瘤胃微生物区系，刺激瘤胃微生物的大量生长和繁殖。同时，热带假丝酵母可提高十二指肠的绒毛高度和绒毛高度/隐窝深度（绒隐比），降低隐窝深度，提高小肠的分泌和吸收功能。

（五）腹泻指数

随着犊牛日龄的增加，犊牛的消化器官和免疫机能逐渐发育成熟，腹泻率和粪便指数显著降低。日粮中添加热带假丝酵母与桑叶黄酮复合制剂对 42～56 天断奶犊牛的粪便指数无显著影响，但能有效降低犊牛腹泻率，减缓断奶应激对犊牛的影响。这可能是因为酵母及其培养物通过自身代谢产物提高了犊牛胃肠道中微生物的数量和活力，改善胃肠道环境，而黄酮类化合物对大肠杆菌、金黄色葡萄球菌具有抑制作用，从而减少了犊牛的腹泻情况。同时，日粮中添加热带假丝酵母有助于提高断奶犊牛后肠道乳酸菌数量，降低 pH，抑制致病性大肠杆菌的生长与繁殖，维持犊牛稳定的肠道菌群。因此，益生菌的使用加快了犊牛胃肠道菌群的建立，促进了消化器官的发育，提高了饲料消化率，减少营养性腹泻情况的发生。

二、β-葡聚糖

酵母细胞壁已被证明在羔羊中具有积极的作用，而 β-葡聚糖作为酵母细胞壁中的主要成分，常被视为一种广谱的免疫调节剂，在促进幼龄动物免疫器官发育、强化免疫系统功能、调节肠道环境、提高应激能力、促进动物生长方面有显著作用。

魏占虎等(2013)发现，添加酵母 β-葡聚糖可提高羔羊 ADG，其中 37.50mg/kg、75.00mg/kg、112.50mg/kg、150.00mg/kg 添加组全期 ADG 比对照组分别提高了25.75%、28.03%、28.99%、4.22%，全期 F/G 分别降低了 13.92%、16.67%、16.19%、3.12%。此外，早期羔羊断奶不同阶段酵母 β-葡聚糖添加剂量高低的作用效果不尽相同。综合生产性能和经济效益结果来看，75.00mg/kg 的饲喂量对羔羊的作用效果最明显，经济效益最好。肠道微生物群落是所有动物消化系统的一个重要组成部分，酵母 β-葡聚糖可能主要通过调节瘤胃微生物区系平衡，促进瘤胃表皮发育，从而使瘤胃发育日趋成熟，消化道发育逐渐完善以便发挥其促生长的作用，因此 75.00mg/kg 的饲喂量作用效果显著。而高于 75.00mg/kg 的饲喂量可能导致消化道后部寄生的微生物发酵过度，食物通过消化道的速度加快，引起动物消化不良性腹泻，机体营养吸收能力下降，使畜禽生长发育受阻。

三、中草药

中草药具有与食物同源、同体、同用的特点，含有多种营养成分和生理活性物质，能刺激畜禽生长，维持动物体内生理平衡，调节体内有益微生物群落，增强机体的免疫力，从根本上保护、协调畜禽的整体健康，促进动物生长。

刘建国等（2018）在羔羊饲粮中添加复方中草药制剂（黄芪、当归、甘草、山楂、陈皮等），发现该复方中草药保健型饲料添加剂能有效提高杜湖杂交一代育肥羔羊的 ADG 和饲料利用率，尤其当添加量达 5%时增重效果最好，且能显著降低育肥羔羊消化道疾病发病率。

肌肉营养成分是评价肉质的重要营养指标之一，蛋白质和脂肪含量是决定其营养价值的主要参考因素。陈亮等（2018）在肉羊基础日粮中添加复方中草药制剂（黄芪、当归、甘草、山楂、陈皮等），发现其对提高羊肉中粗蛋白质含量、降低粗脂肪含量有一定的作用，这也说明中草药添加剂对改善羊肉营养价值有积极影响。

氨基酸是蛋白质合成的基本单元，尤其是必需氨基酸。人体中缺乏一种或几种必需氨基酸，将对维持机体的正常生长发育产生不利影响。肌肉中氨基酸含量及组成不仅决定蛋白质的营养价值，同时也与肉的风味有关，必需氨基酸的组成与含量通常是衡量蛋白质食物优劣的重要指标。与羊肉风味有直接关系的氨基酸分别是天冬氨酸和谷氨酸，而中草药制剂的使用可提高羊肉中天冬氨酸和谷氨酸含量，改善羊肉风味和鲜味，营养也更加均衡。

第二节　无抗饲料在奶牛生产中的应用

近年来，作为国民经济重要产业的奶业发展迅速，并得到了国家和社会各界的一致关注。2018 年，我国奶牛存栏数为 1038 万头，牛奶总产量为 3800 万 t，规模化奶牛场单产 8.5t；近年来我国牛奶产量快速增长（图 4-1），2023 年已达 4197 万 t。随着世界人口的持续增长以及人均牛奶需求量的逐渐增加，奶牛的养殖已与人们的生活和健康息息相关。如何进一步提高奶牛生产效率和环境可持续性是当前的紧迫任务。我国已全面禁止抗生素在饲料中的使用，益生菌、植物提取物等天然添加剂的合理应用可以促进奶牛养殖业的发展。

一、益生菌

益生菌中的酵母菌在奶牛中研究最多，具有较高的应用价值。奶牛的生产性能和乳品质是奶牛养殖效益的主要影响因素，也是衡量益生菌效果的重要指标。

围产期奶牛干物质采食量减少，但是能量需求增加，所以动物机体处于能量负平衡状态。为了缓解能量负平衡，奶牛养殖业中常常在奶牛日粮中添加一种糖异生前体——甘油。然而，这些工业甘油含有大量的有害物质，如重金属、盐及甲醇等，会影响奶牛的健康和生产性能。富甘油酵母菌制剂是融合了甘油和益生菌双重功能的一种新型绿色的饲料添加剂（王玲等，2015）。该制剂中的甘油源于生物发酵，具有绿色安全的特点，克服了含有有害物质的缺点。

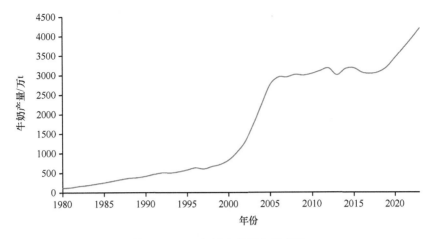

图 4-1 1980 年以来我国牛奶产量

（一）生产性能

提高饲粮主要养分采食量对维持中后期奶牛的生产性能具有重要意义，补饲复合酵母培养物（假丝酵母菌、酿酒酵母菌、枯草芽孢杆菌、乳杆菌及其代谢产物）后奶牛的干物质和主要养分采食量都得到一定的提高，当复合酵母培养物添加量为精料浓度的 1%时养分采食量最高。这可能与补饲复合酵母培养物后瘤胃内纤维分解菌活性提高有关，纤维物质分解速度加快，奶牛的胃肠道排空速度更快，奶牛饱腹感减弱，导致干物质采食量增加。另外，复合酵母培养物也能促进有益菌群在瘤胃内的生长繁殖，加快饲粮中养分的消化利用，并且会合成 B 族维生素、氨基酸及促生长因子等营养物质，从而增加动物体对养分的消化吸收。

生产性能是决定奶牛养殖效益的主要因素，因此，采取一定的营养调控措施延缓中期奶牛产奶量的下降幅度、提高产奶性能仍是当前奶牛生产研究的热点。复合酵母培养物提高了奶牛产奶量，可能是因为：①复合酵母培养物自身含有的有机酸、酶类、生物活性小肽、氨基酸、未知生长因子等大量的营养物质有利于奶牛对各种养分的消化、吸收利用，养分采食量和利用率的提高会给泌乳活动提供充足的营养物质；②复合酵母培养物中含有大量的有益菌群，能够抑制有害微生物的生长繁殖，促进有益菌群的形成，通过对瘤胃微生物自身的调控，提高了进入小肠中的营养物质浓度；③复合酵母培养物中的生物活性小肽和氨基酸等成分对产奶量的提高也起到一定的作用；④瘤胃微生物蛋白合成量的提高能为泌乳活动提供更多的可消化氮源，瘤胃内短链脂肪酸浓度以及各种乳成分合成前体物质增加；⑤复合酵母培养物中的 β-葡聚糖和甘露聚糖能增强机体的免疫功能，降低乳腺炎疾病的发病率，提高乳房健康水平，有利于充分发挥奶牛的泌乳性能，也有利于泌乳量的提高。

（二）血液指标

日粮中添加富甘油酵母菌制剂能显著提高血浆总蛋白和钙浓度，对血浆磷浓度具有一定的升高作用。动物品种、年龄、生理状况以及疾病等不同的生理或者病理状态都能影响血清总蛋白浓度，其主要的生理功能是维持免疫作用、修补组织、维持胶体渗透压、运输作用和缓冲作用等。饲喂酵母菌的奶牛血浆总蛋白浓度增加，可能是因为饲喂酵母菌增加了瘤胃中饲料的消化率，增加了瘤胃内微生物蛋白的合成；或者是因为酵母菌作为益生菌的免疫功能作用，即益生菌作为动物终生的抗原库，刺激免疫系统产生免疫应答，刺激机体产生各种抗体。血浆总蛋白含量高，有利于提高动物机体的免疫力和代谢水平，从而促进动物快速生长。富甘油酵母菌制剂可提高奶牛血浆总蛋白水平，说明其生理功能和总抵抗力更强，生产性能更优，给奶牛补充酵母菌制剂有利于提高机体的代谢水平与免疫力。

（三）营养物质的消化利用

1. 氮的利用率

饲粮中加入复合酵母培养物可使粪氮和尿氮的排泄量降低，乳氮排放量增加，氮的总排泄量减少，氮的利用率提高，减少了氮素对环境的污染。添加酵母菌制剂，奶牛的血浆尿素氮和天冬氨酸氨基转移酶浓度降低。血浆尿素氮降低可能是由于酵母菌能够改善瘤胃内的微生态平衡，提高瘤胃的发酵性能，增加瘤胃微生物蛋白的合成，大量消耗瘤胃中的氨氮，致使参与尿素循环的血液中的尿素氮通过多种方式更多地进入瘤胃并被利用；或者是因为酵母菌改善了瘤胃内环境从而抑制了产氨腐败菌的生长。而天冬氨酸氨基转移酶浓度降低可能是因为饲喂酵母菌大量分解利用了瘤胃中的氨，减少了氨进入血液的量，缓解了肝的解毒压力，从而有效地保护了肝。

2. 瘤胃发酵

日粮中添加富甘油酵母菌制剂对瘤胃氨氮浓度有一定的降低趋势，这是因为微生物制剂能改善动物胃肠道菌群区系结构，能够促进有益菌群的生长繁殖，瘤胃氨态氮浓度降低说明瘤胃中微生物粗蛋白质的合成增加，有利于提高动物的生产性能。此外，富甘油酵母菌制剂能显著提高奶牛产后第 14 天瘤胃内挥发性脂肪酸浓度，降低瘤胃中乙酸/丙酸值，改善了瘤胃发酵模式，促进产丙酸的有益菌群的生长与繁殖，从而促使丙酸的生成增多。

3. 瘤胃微生物

富甘油酵母菌制剂能显著提高奶牛在产后第 14 天瘤胃内链球菌科、韦荣球菌科、毛螺菌科和普雷沃氏菌科的细菌数量，降低肠杆菌科的细菌数量。这表明，富甘油酵母菌制剂改变了奶牛瘤胃内微生物结构，其主要作用在于促进有益菌群的生长。益生菌通过日粮添加或者口服的形式进入奶牛胃肠道后，在肠道黏膜表面定殖，从而形成一层具有抵御有害微生物入侵的生物保护膜；在其生长繁殖过程中产生的代谢产物如 H_2O_2、乙酸、丙酸及表面活性剂等又组成了一道强有力的化学屏障，这些屏障共同构成了机体的外源性防御系统，通过占位、夺氧、夺养及拮抗等各种方式阻止入侵病原微生物的生长与繁殖，从而有效地保护和维持了宿主的胃肠道健康。由于补充的益生菌抑制了胃肠道内病原微生物的生长繁殖，削弱了其对肠道内原有的有益菌的竞争，从而使更多的营养物质和空间流向有益菌群，促进其大量生长繁殖。此外，日粮中补充富甘油酵母菌制剂能够增加围产期奶牛瘤胃内丙酸产生菌，特别是反刍兽新月形单胞菌和埃氏巨型球菌的数量，从而增加瘤胃中挥发性脂肪酸特别是丙酸的浓度，进而增加围产期奶牛的能量供应，可缓解奶牛围产期的能量负平衡，防控围产期能量代谢病的发生与发展。

4. 酮病

能量代谢病是围产期奶牛的主要疾病，奶牛临床型酮病在对照组中的发病率为 9.09%，亚临床型酮病的发病率高达 45.45%，而富甘油酵母菌制剂组的临床型酮病发病率为 0，亚临床型酮病发病率为 9.09%，发病率显著低于对照组。出现上述结果说明日粮中添加富甘油酵母菌制剂为围产期奶牛提供了有效能源，减少了脂肪动员，从而有效降低了酮病的发病率，缓解了围产期奶牛的能量负平衡。

（四）乳品质

乳脂率、乳蛋白率及乳中体细胞数对原料奶品质起到关键作用，是衡量奶品质的重要指标，也影响着原料奶的收购价格。饲粮中加入复合酵母培养物后，乳脂率和乳蛋白率显著提高，对乳糖率的影响较小。因此，饲喂效果的差异性可能是饲粮组成、泌乳期、复合菌种组成不同，饲喂时间长短及外界环境因素不同造成的：①采食量的提高能为乳成分的合成提供更多的营养物质，有利于乳成分的改善；②瘤胃内氨氮平衡和瘤胃微生物利用氨氮能力的提高能合成更多的微生物蛋白，有利于乳蛋白率的提高；③瘤胃内乳酸利用菌活性的增强可以更好地维持瘤胃 pH，纤维分解菌活动的增强能分解产生大量的挥发性脂肪酸，而乙酸是合成乳脂的前体物质，大量乙酸的产生会促进乳脂的合成，丙酸可分解产生葡萄糖，用于乳糖的合成，丙酸的大量产生有益于乳糖的稳定。

添加富甘油酵母菌制剂能显著提高乳中乳脂率、乳蛋白率、日平均乳蛋白产量，降低乳中体细胞数量。酵母菌在动物胃肠道内定殖后，在其生长繁殖过程中能够合成并向宿主胃肠道中分泌多种消化酶，如淀粉酶、脂肪酶、蛋白酶、植酸酶等，从而增加宿主总酶活性，帮助动物分解食物中难消化的物质，提高体内营养物质的消化吸收率;还可以改善瘤胃内微生态平衡,改善发酵模式,提高发酵性能,促进瘤胃微生物氮代谢从而降低氨氮水平,提高粗蛋白质降解率、微生物粗蛋白质合成率、饲料消化率等,这些都促进了食物的充分消化利用,为奶牛泌乳提供了更多的营养物质,从而促进乳品质的提高。

体细胞数是直接反映奶牛乳房健康、乳腺炎以及临床上诊断隐形乳腺炎的一个非常重要的参照指标。奶牛体细胞主要来源于血液中的嗜中性粒细胞,其聚集主要是因为乳腺内发生感染,所以体细胞能很好地反映乳房的亚临床感染。据研究报道,奶牛乳腺炎发病率的升高将降低奶牛的生产性能,说明体细胞数可在一定程度上间接反映奶牛的生产性能。饲喂复合酵母培养物后乳中体细胞数显著下降,表明复合酵母培养物可以提高奶牛乳房健康程度。复合酵母培养物中含有的酵母 β-葡聚糖是一种免疫促进剂,能提高牛体的非特异性免疫、改善消化道的菌群结构,甘露寡糖的免疫功能较强,能吸附部分外源性毒素和病原菌。两种免疫活性多糖相互作用,能激活牛体免疫系统、提高牛体的免疫力,因此,饲喂复合酵母培养物后有利于减少乳腺炎的发病率,进而减少乳中体细胞数。

富甘油酵母菌制剂能有效降低乳中体细胞数量。因此,益生菌对奶牛隐性乳腺炎具有一定的防治作用,这可能是与益生菌能增强动物机体免疫力的作用有关。益生菌是良好的免疫激活剂,一方面能刺激肠道免疫器官的生长发育,提高巨噬细胞的吞噬活性及抗体的分泌水平,从而增强奶牛机体的体液免疫和细胞免疫功能;另一方面可作为动物终生的抗原库,刺激机体产生各种抗体,尤其是 IgA 的生成,刺激免疫系统产生免疫应答,诱导细胞因子合成,激发奶牛机体的体液免疫和细胞免疫,从而增强机体的免疫系统功能,使其对病原微生物保持较高的免疫力。

二、植物提取物

(一)血清指标

日粮中添加丝兰提取物,使奶牛血清中 IgA、IgG、IgM 的含量以及 CD_4 抗原含量显著升高,说明添加丝兰提取物有提高奶牛体液免疫功能的作用,同时能够对其细胞免疫功能产生一定影响。另外,添加丝兰提取物可使奶牛血清中 GSH-Px、SOD、CAT 的活性升高,丙二醛含量降低,说明其具有提高机体抗氧化功能的作用。

(二)营养物质的消化利用

丝兰提取物能够显著提高奶牛对粗脂肪、中性洗涤纤维和酸性洗涤纤维的消化率。其原因可能是丝兰提取物可以选择性地影响瘤胃原虫、细菌和真菌,调节瘤胃机能,从而改善奶牛对日粮的消化代谢,影响日粮中营养物质的消化率。

（三）瘤胃发酵

饲喂奶牛 30g/天、40g/天茶皂素可显著降低奶牛瘤胃 pH，但仍使奶牛瘤胃液 pH 在 6.25～6.63 内波动，均处于正常生理范围之内，因此对奶牛瘤胃微生物的正常代谢不会产生不利影响。瘤胃 pH 变化的原因可能是去除瘤胃原虫影响了淀粉和可溶性糖的暴发性发酵，其产物丁酸、乳酸增多，而瘤胃壁的吸收速度较慢，因此原虫数量的降低可造成瘤胃 pH 的下降。

给奶牛灌服茶皂素后，显著增加了其瘤胃中丙酸与丁酸的含量，降低了乙酸/丙酸值，挥发性脂肪酸总量无显著变化。由此可见，茶皂素可以通过改变奶牛瘤胃发酵模式，提供更多能量，提高饲料转化率。

在瘤胃微生物中，约有 80% 的细菌以氨态氮作为生长的唯一氮源，而瘤胃原虫则不能利用氨态氮合成所需的蛋白质，但可以产生大量的氨态氮。不同浓度的茶皂素均显著降低了氨态氮浓度，但均在正常范围内。微生物蛋白为反刍动物提供了主要的氮源，能提供反刍动物生长所需的 40%～80% 的氮源量。原虫不能自身合成蛋白，只能靠吞噬细菌作为氮源，而在其自溶前到达真胃的数量比例很小。因此去除原虫，无疑将会降低蛋白质在瘤胃中的发酵作用，增加蛋白质的利用效率。

给奶牛灌服茶皂素，显著降低了奶牛瘤胃中的原虫数量。分析茶皂素的抗虫作用原理可能是通过与瘤胃原虫隔膜表面胆固醇结合，使其无法修复或脱落，导致细胞膜被破坏，使细胞内容物渗漏，达到抗虫效果。

（四）瘤胃微生物

研究发现茶皂素对瘤胃细菌和真菌的影响作用具有选择性，添加茶皂素到奶牛瘤胃中，溶纤维丁酸弧菌数量显著减少，黄色瘤胃球菌、产琥珀酸丝状杆菌与白色瘤胃球菌数量均没有显著差异，瘤胃真菌有减少的趋势，但差异不显著。这可能是因为产琥珀酸丝状杆菌为革兰氏阴性细菌，其细胞壁有双层膜，对外界物质有着更高的耐受力。虽然黄色瘤胃球菌与白色瘤胃球菌均为革兰氏阳性细菌，但这两种细菌的细胞膜外也有类似于革兰氏阴性细菌的脂多糖层，可以阻止茶皂素这样的外源物质（严淑红，2016）。

（五）乳品质

奶牛的产奶量受多方面因素的制约，乳脂肪、乳糖以及乳蛋白率是评价乳品质的重要指标。牛奶的尿素氮水平反映日粮中蛋白质的利用率，一般为 8～14mg/dL，这时奶牛对日粮中蛋白质和碳水化合物的利用较协调。另外，牛奶体细胞数指每毫升牛奶中所含有的体细胞数量，其测量值的高低可以反映奶牛乳腺内的感染状态，临床上可作为判定隐性乳腺炎的参考指标。田丽新（2014）饲喂泌乳荷斯坦奶牛丝兰提取物，发现其提高了乳脂率、乳蛋白率和乳总固形物的含量，降低了乳中尿素氮水平和体细胞数量，说明能够改善奶牛的产奶性能。

三、复合制剂

（一）产奶量

天然中草药是我国民间传统瑰宝，其中一部分具有消炎、补充营养、改善机体免疫状态、促进生长和提高饲料转化率等功效。由于天然中草药无抗药性和耐药性，无药物残留和不良反应较少，在畜禽养殖方面显示出独特的优势。奶牛受热应激的影响，直肠温度、呼吸频率和脉搏等 3 项生理常数指标均会显著升高，直接影响奶牛的采食量，并最终导致产奶量的显著下降。胡永灵等（2015）饲喂泌乳中后期中国荷斯坦奶牛中草药复合制剂（由王不留行、山药、何首乌、益母草、山楂、泽泻、菟丝子、蛇床子、漏芦、白芍、乌药、黄芪等组成），发现中草药复合制剂显著改善了热应激状态，对维持奶牛的产奶量表现出一定的效果，这可能是由于复方中草药制剂能有效清除热应激产生的过量自由基，增强奶牛机体抗氧化功能，进而提高奶牛采食量，改善奶牛的产奶性能。

在奶牛因饲喂高精饲粮而引起瘤胃内 pH 低于 6.0 时，添加酶制剂不仅可以提高其对纤维的降解，提高瘤胃消化酶活性，还能打破细胞壁的屏障作用，有利于细胞内容物中淀粉、蛋白质和脂肪等养分从细胞中释放出来，更好地与内源性消化酶作用，从而提高饲料利用率。扈添琴等（2014）饲喂奶牛酶制剂和植物甾醇复合物，发现添加比例为 0.1%和 0.2%时，产奶量有所提高，这可能是由于添加适量的酶制剂和植物甾醇复合物提高了奶牛对饲料的利用率，从而提高了产奶量。

（二）乳品质

李艳玲等（2015）在高产奶牛饲粮中添加含纤维素酶和木聚糖酶的复合酶制剂，添加剂量分别为 10g/(头·d)、20g/(头·d)、40g/(头·d)。试验结果显示，与对照组相比，提高了奶牛产奶量和 4%校正乳产量，且随添加量的增加，产奶量也有所增加；同时，酶制剂的添加对乳成分也有一定程度的影响，但除非脂固形物率外差异均不显著；其中，10g/(头·d)组的乳脂率、乳蛋白率和非脂固形物率最高。由此表明，复合酶制剂对奶牛产奶量和乳成分的影响与复合酶制剂的添加量有关。日粮中添加酶制剂和植物甾醇复合物，降低了高产奶牛乳中体细胞数，提高了奶牛机体的免疫力，从而改善其健康状况。这可能是由于营养是机体产生免疫力的重要决定因素，酶制剂和植物甾醇复合物提高了奶牛对营养物质的消化吸收率，从而使其免疫力提高。

（三）血清生化

血清中蛋白质的作用是维持血浆渗透压、参与营养物质的转运和保持组织中蛋白质的动态平衡等。适量添加酶制剂和植物甾醇复合物能提高奶牛血清白蛋白含量，可能是由于植物甾醇有改善肝功能和提高机体免疫力的作用，而白蛋白主要由肝合成。

血液中的葡萄糖由肠道对饲粮中葡萄糖的吸收和肝糖原的分解而来，是动物机体的主要能量来源，而饲粮营养水平对血清葡萄糖含量有明显影响，因此血清葡萄糖含量可反映肠道对饲粮营养物质吸收能力的强弱。酶制剂和植物甾醇复合物对奶牛血清葡萄糖含量的影响与添加量有关，添加 0.2% 酶制剂和植物甾醇复合物可以提高奶牛对饲粮营养物质的吸收能力。

试验发现，在奶牛饲粮中添加酶制剂和植物甾醇复合物使血清甘油三酯和总胆固醇含量降低，并有提高血清高密度脂蛋白胆固醇和低密度脂蛋白胆固醇含量的趋势。饲粮中添加酶制剂和植物甾醇复合物对奶牛血清甘油三酯和总胆固醇含量有降低作用，可能是由于植物甾醇降低了奶牛肠道中甘油三酯和胆固醇的消化吸收，植物甾醇与甘油三酯和胆固醇一样被包裹在胆汁酸微胶粒中从而被肠绒毛吸收，通过竞争作用使一部分甘油三酯和胆固醇无法与胆汁酸微胶粒结合而被排出体外。血清中的尿素氮主要来源于饲粮中蛋白质的消化吸收和机体蛋白质的分解，其含量高低在一定程度上反映了饲粮中蛋白质的代谢情况和氨基酸的平衡情况。酶制剂和植物甾醇复合物可以降低奶牛血清尿素氮含量，这可能是由于植物甾醇、植物生长激素可以与在水中形成分子膜的脂质结合，结合成的植物甾醇核糖核蛋白复合体具有促进动物蛋白合成的功能，从而减少血清尿素氮含量。

转氨酶在肝中的作用主要是催化氨基酸脱氢基反应，转氨酶活性的降低表明机体利用蛋白质的能力提高。饲粮中添加 0.2% 酶制剂和植物甾醇复合物对泌乳奶牛可以起到保肝护肝的作用，降低血清转氨酶活性，升高血清总脂酶和肝脂酶活性。

（四）抗氧化能力

GSH-Px、SOD 和 CAT 共同构成了生物体内活性氧防御系统，机体对活性氧的第一道防线是 SOD，它能够将自由基超氧阴离子（O_2^{-}）转化为较稳定的氧气和过氧化氢；第二道防线是 CAT 和 GSH-Px，其中 CAT 可清除过氧化物系统中的 H_2O_2，而 GSH-Px 分布在细胞的胞液和线粒体中，可同时清除 H_2O_2 和氢过氧化物，从而有效地保护机体。

复方中草药制剂的添加显著提高了热应激奶牛血液中 GSH-Px 和 CAT 基因的表达水平，说明奶牛的抗氧化能力得到了显著提高。这是由于复方中草药制剂中富含黄酮类、多酚类和鞣质类化合物，黄酮类物质能通过酚羟基与自由基生成稳定的半醌类自由基，通过抗氧化剂的还原作用直接给出电子从而清除自由基；多酚类化合物是极好的氢或电子供体，结构稳定，不会产生新的游离基或者由于链反应而被迅速氧化，所以具有很好的抗氧化效果；而鞣质类物质的抗氧化性主要体现在其通过还原反应降低环境中的氧含量，或作为氢供体与环境中的自由基结合，终止自由基引发的连锁反应。复方中草药制剂中的抗氧化类化合物共同作用，促进过量自由基的清除，提高抗氧化酶基因的表达水平，并最终提高奶牛机体的抗氧化能力。

抗氧化酶活性的高低反映了机体清除自由基的能力。动物体内参与抗氧化作用的酶主要有 SOD、GSH-Px 等，当自由基攻击生物膜中的多不饱和脂肪酸发生脂质过氧化作用时，会将脂质过氧化物最终分解为丙二醛，丙二醛含量的高低反映了机体脂质过氧化反应的速率或强度。酶制剂和植物甾醇复合物可以提高血清中 SOD 和 GSH-Px 的活性，降低血清中丙二醛含量，说明酶制剂和植物甾醇复合物能在一定程度上提高泌乳奶牛的抗氧化能力。

（五）免疫性能

IgG 是血液和胞外液中的主要抗体成分，具有重要的免疫学效应。日粮中分别添加 0.2%、0.5%酶制剂和植物甾醇复合物，奶牛血清 IgG 水平均有升高趋势，说明饲粮中添加适量酶制剂和植物甾醇复合物有增强奶牛机体免疫力的作用，这可能是由于酶制剂和植物甾醇复合物提高了奶牛对饲粮中营养物质的消化吸收能力。此外，复方中草药制剂的添加有效地降低了人体抑癌基因的表达并增加了 B 淋巴细胞瘤-2 基因的表达，因此，能有效地降低淋巴细胞凋亡率、增强奶牛机体的细胞免疫和体液免疫，并最终减轻热应激对奶牛机体造成的损伤。

第三节　无抗饲料在肉牛生产中的应用

肉牛产业作为我国畜牧业发展的重要组成部分，在当前肉类产品供给紧缺的现实状况下，在改善城乡居民膳食结构、提供动物蛋白等方面做出了巨大贡献。我国肉牛存栏量达 7000 余万头，近年来牛肉产量增加明显（图 4-2），2023 年达到了 753 万 t。随着城乡居民收入水平的持续提高以及城镇化的拉动作用，城乡居民对肉类产品特别是牛肉的消费需求仍将持续增长。利用新型添加剂取代抗生素，对调控肉牛产业、推进肉牛产业稳定健康发展具有重要的现实意义。

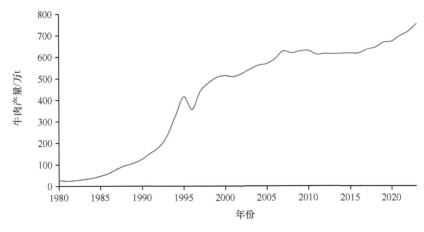

图 4-2　1980 年以来我国牛肉产量

一、益生菌

（一）瘤胃发酵

酵母有助于提高瘤胃 pH，延缓高精料日粮条件下瘤胃 pH 的快速下降，提高瘤胃内环境的稳定性。乳酸是反刍动物瘤胃中的重要中间产物，与集约化生产中常发生的瘤胃酸中毒密切相关。当瘤胃中进入大量高淀粉精料日粮时，瘤胃中的乳酸产生菌如牛链球菌会大量繁殖，将碳水化合物分解为乳酸，使瘤胃中乳酸浓度迅速上升，并且乳酸酸度是挥发性脂肪酸酸度的 10 倍，所以瘤胃乳酸浓度的调控对瘤胃内环境稳定和酸中毒防治具有重要意义。张翔飞（2014）饲喂肉牛活性干酵母发现，酵母可能抑制了肉牛瘤胃中乳酸产生菌群产生乳酸的能力或者增强了乳酸利用菌群对乳酸的利用，从而提高了瘤胃 pH。

良好的瘤胃厌氧环境能为瘤胃内的厌氧微生物提供适宜的生存环境，正常情况下瘤胃中含氧量很低，采食或饮水可能会带入少量的 O_2。氧化还原电位是指示瘤胃内环境厌氧程度的重要指标。日粮中添加酵母，可降低氧化还原电位值，提示活性干酵母有降低瘤胃中含氧量、保持良好的瘤胃厌氧环境的趋势。酵母菌为兼性厌氧菌，在有氧存在的情况下可以利用氧气，瘤胃内氧气得到消耗，这可能是酵母降低瘤胃中氧化还原电位值的原因。

（二）瘤胃微生物

白色瘤胃球菌和黄色瘤胃球菌是瘤胃中主要的纤维分解菌，产生能够降解饲料中纤维物质的纤维素酶和半纤维素酶。白色瘤胃球菌与黄色瘤胃球菌虽然都是瘤胃纤维分解菌，但它们之间存在一定的互作关系，有报道表明白色瘤胃球菌可通过产生某些蛋白类物质抑制黄色瘤胃球菌，因此通常情况下瘤胃中白色瘤胃球菌的数量都高于黄色瘤胃球菌。研究表明，日粮中添加酵母可提高白色瘤胃球菌和黄色瘤胃球菌的相对数量，尤其是在饲喂日粮后 3～6h 数量差异较显著。

瘤胃中的产琥珀酸丝状杆菌和溶纤维丁酸弧菌是另外两种纤维降解菌，日粮中添加酵母有促进其生长的趋势。溶纤维丁酸弧菌是瘤胃中主要的蛋白降解菌之一，推测酵母促进溶纤维丁酸弧菌的生长是提高饲料蛋白在瘤胃中降解率的原因之一。酵母对纤维分解菌的刺激途径可能如下：首先，酵母是兼性厌氧菌，可消耗瘤胃中的氧气，维持瘤胃中良好的厌氧条件，从而为微生物提供稳定的生存环境；其次，活性酵母可通过生长繁殖产生某种小肽，对微生物产生刺激作用。

瘤胃的乳酸代谢菌主要有两类：乳酸产生菌（牛链球菌、乳酸杆菌）和乳酸利用菌（埃氏巨型球菌、反刍兽新月形单胞菌）。牛链球菌在瘤胃内广泛存在，主要功能是降解淀粉，具有较强的利用淀粉发酵产生乳酸的能力。牛链球菌的大量繁殖可造成瘤胃乳酸的积累，使瘤胃 pH 降低，瘤胃内不耐酸的微生物受到抑制或死亡，而牛链球菌的生长繁殖不受低 pH 环境影响，导致乳酸进一步积累，进而可能引发酸中毒。日粮中添加酵母，瘤胃中牛链球菌数量有所降低，表明活性酵母对瘤胃中牛链球菌数量有一定的抑制作用，可防止瘤胃乳酸的过度积累，稳定瘤胃 pH，预防瘤胃酸中毒。可能原因是酵母菌与牛链球菌竞争利用多糖，从而使其活动减弱，乳酸生成量减少。乳酸杆菌是瘤胃中另外一种乳酸产生菌，具有一定的耐酸性，以及维持胃肠道微生态平衡、抑制致病菌等功能。添加适量的酵母有提高瘤胃乳酸杆菌含量的趋势。在发酵工业中，酵母菌与乳酸杆菌联合发酵也被广泛运用，因此推测酵母菌和乳酸杆菌间可能存在互作关系，相互促进彼此功能的发挥。

埃氏巨型球菌被认为是瘤胃中主要的乳酸利用菌，能够发酵多种碳水化合物，利用乳酸生成丙酸。研究表明，日粮中添加酵母可以提高瘤胃中埃氏巨型球菌数量，在日粮进入瘤胃后促进埃氏巨型球菌快速增殖。反刍兽新月形单胞菌是革兰氏阴性乳酸发酵菌，对瘤胃中乳酸平衡同样具有重要意义。日粮中添加酵母在总体趋势上提高了反刍兽新月形单胞菌的相对数量。活性酵母可能通过产生多种生长因子、氨基酸、肽、维生素原和其他营养素来促进埃氏巨型球菌和反刍兽新月形单胞菌的生长。

原虫是瘤胃中个体最大的微生物，可吞食大量的细菌、真菌，造成微生物蛋白利用效率下降。通过在肉牛日粮中添加适宜剂量的活性酵母发现，瘤胃原虫相对数量有所提高。真菌能分泌纤维素降解酶，对植物细胞壁进行降解，可以为纤维降解菌的附着和降解提供有利条件。日粮中添加酵母可增加瘤胃中真菌数量，其原因一方面可能是酵母菌在瘤胃中生长繁殖，增加了真菌的相对数量；另一方面酵母的营养物质促进了瘤胃中厌氧真菌的增殖。

产甲烷菌是瘤胃内一类微生物的总称，可以利用瘤胃中的 H_2、CO_2、甲酸、乙酸等生成甲烷，其排放可造成饲料能量的损失和温室效应。日粮中添加活性干酵母对瘤胃中的产甲烷菌数量有降低作用，表明酵母对瘤胃甲烷排放可能具有一定的抑制效果。酵母对产甲烷菌抑制作用的机制可能是活性干酵母促进了瘤胃中产乙酸菌对氮的利用，使得合成甲烷的底物减少，从而抑制了甲烷生成。

（三）血液指标

血液是动物体内环境的重要组成部分，体内代谢原料及代谢产物都是由血液运输的，其成分的变化可反映机体的代谢和健康情况。

血糖浓度是动物对碳水化合物利用效率的体现，是体细胞中碳水化合物供给的主要形式，因此，血糖浓度也是动物生理状态的重要指标。张翔飞（2014）饲喂肉牛活性干酵母发现，随着酵母的添加，肉牛的血清葡萄糖含量在 30 天内逐渐升高，并显著高于对照组。试验中的体外发酵丙酸浓度上升，养分消化率有所提高，为反刍动物肝中糖异生提供了足够的底物，这可能是血清葡萄糖浓度上升的原因。

血清尿素氮是除血液中蛋白氮外的另外一种主要的含氮化合物，反映了动物体内蛋白质代谢平衡。活性干酵母降低了血清尿素氮浓度，促进了肉牛瘤胃中氮的利用。血清总蛋白含量主要由白蛋白和球蛋白组成，是构成机体组织和修复的重要成分，是动物对饲料蛋白利用效率的重要衡量指标。活性干酵母提高了肉牛血清中白蛋白、球蛋白及总蛋白含量。可能是由于酵母可以提高动物对日粮中蛋白质的利用效率，并且酵母使得瘤胃中微生物群落蛋白合成增加和蛋白质的瘤胃外流速度提高，动物的氮利用率增加，机体蛋白质分解减弱，氮沉积增强。

机体的生长发育、消化、生产等生理活动受多种激素调节，如胰岛素、瘦素、胰岛素生长因子-1 等。胰岛素参与动物体糖和蛋白质代谢，血糖浓度的升高会刺激胰岛细胞分泌胰岛素，促进糖原合成。饲喂酵母后肉牛胰岛素升高，表明饲喂酵母可促进肉牛葡萄糖和蛋白质的利用，提高动物生产性能。

二、酶制剂

（一）生长和屠宰性能

李奎（2016）饲喂安格斯肉牛复合酶制剂，显著提高了安格斯肉牛 ADG，可能是由于复合酶制剂中含有大量的纤维素酶、木聚糖酶和 β-葡聚糖酶，这几种酶能够破坏粗饲料的细胞壁结构，增加瘤胃微生物与粗饲料的接触面积，从而提高粗饲料纤维的消化率，最终提高了安格斯肉牛的 ADG。

（二）血液指标

饲料中添加复合酶制剂对肉牛血清总蛋白可产生一定的影响，血清中的总蛋白、甘油三酯有增加的趋势，但对血糖水平影响不大。此外，血清中尿素氮的含量未发生明显的变化，说明饲料中添加复合酶制剂饲喂安格斯肉牛对机体尿素氮的合成与分解代谢影响不大。

三、中草药

（一）生长和屠宰性能

研究表明，中草药添加剂对畜禽的生长有明显的促进作用，对其胴体形状和经济效应也有一定的影响，这是因为其富含的多种营养元素和有效活性成分能够刺激动物胃肠道、促进消化腺分泌、稳定消化道内微生态环境的平衡、促进动物生长和提高饲料利用率。以当归、黄芪、连翘、神曲、丁香、远志、贯众等中草药制成中草药添加剂饲喂育肥肉牛，发现其提高了肉牛 ADG、宰前活重、胴体重、屠宰率和眼肌面积（付亚丽，2013）。可能是由于中草药配方中的黄芪能够补虚扶正、补脾胃、益肺气；当归可以补血活血，兼能行气、柔肝止痛、润肠通便；神曲含有大量的蛋白质、脂肪、维生素及必需氨基酸、矿物质和挥发油类物质，具有健胃促消化、增强新陈代谢、促进血液循环等功能。饲喂中草药添加剂的肉牛可能是在黄芪等主药的作用下，脾胃动力增加、气血充足、新陈代谢速度加快、采食量和消化率均提高、生长速度加快，最终提高经济效益。

（二）血液指标

随着中草药的添加，肉牛血清中 Na^+、Mg^{2+}、Cl^- 的含量均增加，肉牛血清矿物离子含量丰富，具有很高的营养价值。高密度脂蛋白是血液中密度最高、颗粒最小的一种脂蛋白，具有清除体内多余血垢从而清洁血管等作用，是一种抗高脂血症、冠心病和动脉粥样硬化的保护因子，饲喂中草药可使肉牛血清高密度脂蛋白含量增加，表明肉牛血液具有良好的开发前景。此外，随着中草药的添加，乳酸脱氢酶含量极显著提高，谷丙转氨酶含量显著降低，谷草转氨酶含量显著提高，说明添加中草药后，不仅对肉牛无毒害作用，还可以促进其生长发育，改善其营养状况。

（三）肉品质

肉质色泽是人们判断肉品性状最直接的一个指标，影响消费者的购买欲望。利用色差仪可以测定肉质色泽的 L^*、a^*、b^* 值，其中，L^* 代表肉的亮度，L^* 越低，肉质色泽越好；a^* 代表红度，红度越高，肉质色泽越好；b^* 代表黄度，黄度越低，肉质色泽越好。饲用中草药的肉牛，牛肉 a^* 值显著提高，说明中草药对牛肉的色泽有良好的影响。肌肉的 pH 是肌肉酸度的直观表现，而且对肌肉品质也有重要的影响，是食用品质测定的最重要指标之一，它对肌肉的肉质色泽、嫩度和滴水损失等有直接的影响。添加中草药能够在一定程度上提升 pH，减缓牛肉的肌糖原酵解，从而改善牛肉的品质。

　　肉的营养价值主要体现在蛋白质上，而氨基酸的种类和含量比例则决定着蛋白质的营养价值，肉质和氨基酸的关系则主要体现在其所含人体必需氨基酸和鲜味氨基酸的含量上。肉品中的苏氨酸、缬氨酸、蛋氨酸、异亮氨酸、亮氨酸、苯丙氨酸、赖氨酸、色氨酸为成年人必需氨基酸，婴儿必需氨基酸还包括组氨酸和精氨酸；半必需氨基酸为胱氨酸和酪氨酸，分别可由蛋氨酸和苯丙氨酸在人体内转变而成。中草药可增加决定肌肉鲜美程度的谷氨酸、甘氨酸、丙氨酸和精氨酸含量。目前，营养学界通常把脂肪酸分为三类：饱和脂肪酸、单不饱和脂肪酸和多不饱和脂肪酸，这三类脂肪酸的生理功能各不相同。脂肪酸的组成是决定脂肪组织理化性质的主要因素，对肉类风味的形成有重要影响，是评定肌肉营养价值的重要指标之一。中草药的添加使牛肉中不饱和脂肪酸总量和人体必需脂肪酸总量显著增加，增加了不饱和脂肪酸/饱和脂肪酸值，提高了牛肉的适口性，改善了牛肉的风味。

第四节　无抗饲料在羊生产中的应用

　　国家统计局数据显示，1980 年以来我国羊肉产量直线增加，至 2020 年增加了 11.6 倍；近 10 年来，产量从 2012 年的 404.5 万 t 增加到 2021 年的 514.08 万 t，增长了 27.1%（图 4-3）。目前我国的羊肉产量位居世界第一，约占世界总产量的 30%；羊只存栏量 3 亿多只（图 4-4），也位居世界第一。

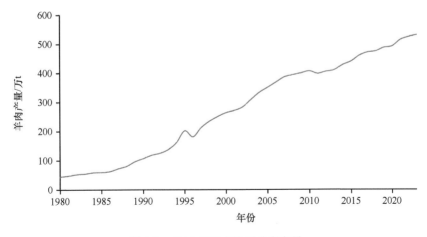

图 4-3　1980 年以来我国羊肉产量

一、益生菌

　　益生菌作为一种新型的绿色添加剂，近年来在动物生产上的应用越来越广泛，且生产效益显著。其中，在肉羊生产实践中应用较好的有芽孢杆菌、酵母菌和乳酸杆菌等。

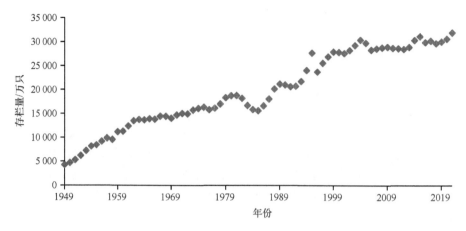

图 4-4 新中国成立以来我国羊只存栏情况

酵母菌为兼性厌氧菌，在胃肠道代谢过程中消耗 O_2，能够促进双歧杆菌、乳酸杆菌等有益菌的繁殖，同时抑制大肠杆菌、沙门氏菌等有害菌群的生长繁殖。酵母在代谢过程中能够产生有机酸等次生代谢产物，可有效降低胃肠道 pH，并且提高饲料的消化率。此外，酵母菌还具有较强的淀粉酶、蛋白酶及脂肪酶活性，可以提高畜禽对饲料中营养物质的消化率。益生菌中的酵母菌属于天然真菌类物质，其作为反刍动物饲料添加剂，不仅能促进动物的健康养殖，同时也符合动物产品消费者的需求，在反刍动物饲料中得到了广泛的应用。大量研究表明添加酵母菌对反刍动物生产具有积极的影响。

乳酸杆菌是肠道常在菌，是人们发现最早的有益菌之一，目前在许多国家已经被广泛使用，在微生物饲料添加剂和微生物发酵饲料方面有着广阔的应用空间。乳酸杆菌通过发酵产生的有机酸、乳酸菌素、特殊酶系等物质，具有抑制腐败菌和病原菌繁殖、提高动物的免疫力、降低血液胆固醇含量、改善动物产品品质等生理功效，可以刺激组织发育，对机体的营养状态、生理功能、细胞感染、药物效应、毒性反应、免疫反应、肿瘤发生、衰老过程和应激反应等产生作用。乳酸杆菌作为饲料添加剂，具有无污染、无残留、不产生耐药性等优点，并且可以改善饲料风味、促进畜禽生长、提高免疫力、增加动物对疾病的抵抗力，在目前畜牧业生产中具有良好的发展趋势和应用前景。

（一）甲烷排放量

用不同添加量的地衣芽孢杆菌[$2.4×10^8$CFU/(只·d)、$2.4×10^9$CFU/(只·d)、$2.4×10^{10}$CFU/(只·d)]饲喂杜寒杂交 F_1 代羯羊，发现其降低了单位可消化干物质采

食量的 CH_4 排放量，其甲烷菌和原虫的数目也相应减少。猜测可能是因为直接减少了甲烷菌和原虫的数目，从而减少了 CH_4 产量。随着地衣芽孢杆菌添加水平的增加，地衣芽孢杆菌对肉羊 CH_4 的抑制效果先增强后减弱，以中剂量组效果最好。原因可能是：地衣芽孢杆菌在适量添加量条件下，可以抑制甲烷菌和原虫数量，但当超过最适添加量范围时，瘤胃微生态的优势菌群将发生变化，微生物之间的互作效应使其对甲烷菌的抑制作用减弱（肖怡，2016）。

用 $4×10^8$CFU/(只·d)添加水平的热带假丝酵母饲喂肉羊，发现其降低了甲烷日排放量。从瘤胃发酵的相关指标来看，热带假丝酵母增加了总挥发性脂肪酸的浓度、降低了乙酸比例、提高了丙酸比例、降低了乙酸/丙酸值、改变了瘤胃发酵类型。热带假丝酵母降低肉羊 CH_4 排放的机制可能有：消耗了瘤胃中的 O_2，为瘤胃中厌氧环境提供有利条件，有利于瘤胃的发酵；提高了营养物质消化率和饲料的能量利用率，从而间接降低了 CH_4 产量；降低了乙酸比例、提高了丙酸比例、降低了乙酸/丙酸值，改善了瘤胃的发酵结构，从而提高了能量利用率。

$5×10^{10}$CFU/(只·d)植物乳杆菌显著降低了 CH_4 的日排放量，干物质采食量基础的甲烷排放量、代谢体重基础的甲烷排放量、干物质采食量代谢体重的基础甲烷排放量。此外，植物乳杆菌的添加降低了乙酸比例、升高了丙酸比例、降低了乙酸/丙酸值，这可能是植物乳杆菌降低 CH_4 排放的原因之一。添加植物乳杆菌降低瘤胃 CH_4 排放的原因可能如下：①植物乳杆菌及其代谢产物刺激了瘤胃微生物的生长，提高了畜体对饲料及能量的利用效率，间接降低了 CH_4 产量；②植物乳杆菌及其代谢产物改变了瘤胃发酵类型，降低了乙酸比例，提高了丙酸比例，减少了 CH_4 合成过程中 H_2 的供应量，从而降低了 CH_4 产量。

（二）营养物质的消化利用

地衣芽孢杆菌的添加降低了肉羊粪排出量，提高了干物质表观消化率，降低了有机物的粪排出量，提高了有机物的表观消化率。此外，地衣芽孢杆菌降低了中性洗涤纤维的粪排出量，同时提高了饲粮中性洗涤纤维的表观消化率；降低了酸性洗涤纤维的粪排出量，提高了饲粮中酸性洗涤纤维的表观消化率。地衣芽孢杆菌在代谢过程中能够为动物机体补充蛋白酶、脂肪酶、淀粉酶、纤维素酶等具有较强活性的酶类，降解动物体内的蛋白质、甘油三酯、非淀粉多糖、结构性碳水化合物等，促进反刍动物对营养物质的消化和吸收，从而提高饲料利用率。

地衣芽孢杆菌可降低粪中的氮含量，提高饲粮中氮的表观消化率，提高沉积氮含量和沉积氮在食入氮中的比例。说明地衣芽孢杆菌有利于瘤胃微生物对氮的利用和微生物蛋白的合成。这可能是因为芽孢杆菌在胃肠道中定殖后，具有一定的固氮能力，增加了含氮类物质的吸收和利用，减少了营养物质从粪尿中的排出。

地衣芽孢杆菌的添加可降低粪能、甲烷能及甲烷能/食入总能值。此外，地衣芽孢杆菌的添加可通过提高肉羊消化能采食量、代谢能采食量、总能消化率和总能代谢率,从而提高肉羊的能量利用效率。其原因可能是:减少了甲烷菌的数量,降低了甲烷产量,提高了总能代谢率;减少了产氢菌的数量,减少了甲烷生成所需的底物氢气,从而减少甲烷合成量,提高能量利用率;改变了瘤胃发酵类型,降低了乙酸/丙酸值,使瘤胃趋于丙酸型发酵,促进能量的消化代谢;改变了瘤胃微生物群落结构,增加了优势种群所占比例,为营养物质的消化提供了良好的发酵环境,提高饲料利用率;提高了动物机体的抵抗力和免疫功能,减少了动物机体对环境的应激,从而提高了总能利用率。

热带假丝酵母的添加使干物质粪排出量和有机物粪排出量均显著降低,干物质和有机物的消化量与表观消化率均显著提高。热带假丝酵母可提高肉羊中性洗涤纤维的消化量和中性洗涤纤维的表观消化率。在相同酸性洗涤纤维采食量水平下,酸性洗涤纤维的粪排出量、消化量和表观消化率均表现出与中性洗涤纤维相同的变化趋势。此外,还可降低粪和尿中的氮含量,提高氮的表观消化率以及沉积氮含量、沉积氮/食入氮值。这可能与酵母菌的营养功能有关。酵母菌能够促进瘤胃中特定菌群的生长,提高瘤胃发酵活性,从而提高家畜对饲料的利用效率。总体来说,饲喂热带假丝酵母能够增强肉羊瘤胃微生物的发酵性能,从而提高肉羊对营养物质的消化率。

一切生命活动都需要能量的驱动。动物从饲粮中获取能量,从数量角度来看,能量是饲粮中需要量最高的营养素。在肉羊饲粮中添加热带假丝酵母后,粪能和尿能显著降低,甲烷能和甲烷能/食入总能值显著降低。此外,肉羊的消化能、总能消化率、代谢能和总能代谢率显著提升。饲料经过反刍动物瘤胃微生物的发酵作用,会产生乙酸、丙酸及丁酸等挥发性脂肪酸,其含量和组成比例是反映瘤胃消化代谢活动的重要指标。有研究报道,瘤胃中挥发性脂肪酸可为反刍动物提供70%的所需能源。添加热带假丝酵母可增加瘤胃中的总挥发性脂肪酸浓度和总细菌数量,降低了乙酸含量、乙酸/丙酸值,说明热带假丝酵母增强了瘤胃发酵性能,并且改善了瘤胃结构,从而提高了肉羊对能量的利用率。

植物乳杆菌的添加增加了干物质和有机物的表观消化率,降低了干物质和有机物的粪排出量,显著升高了干物质和有机物的消化量。此外,在肉羊饲粮中添加植物乳杆菌后,可降低粪氮含量,提高氮的表观消化率、沉积氮/食入氮值,显著增加沉积氮的含量。

肉羊饲喂植物乳杆菌后,粪能和尿能显著降低,甲烷能和甲烷能/食入总能值显著降低。此外,植物乳杆菌提高了肉羊的消化能和总能消化率,代谢能和总能代谢率。提高动物对能量的利用率不仅能够节约更多的饲料资源,还可作为畜产品质量的保证,有助于提高生产效益。植物乳杆菌降低了肉羊甲烷产量,减少了饲料能量中以 CH_4 形式损失的能量。

（三）瘤胃发酵

瘤胃 pH 是瘤胃微生态系统的重要指标。瘤胃液的 pH 反映了瘤胃内环境的变化，pH 过高或过低都会影响瘤胃微生物的发酵。瘤胃氨态氮浓度是反映饲料在瘤胃内发酵状况的重要指标之一。饲料中的蛋白质及非蛋白氮被微生物降解产生氨态氮，微生物再利用这些氨态氮合成菌体蛋白，氨态氮的浓度直接影响微生物的生长。地衣芽孢杆菌的添加显著降低瘤胃氨态氮浓度。

在肉羊饲粮中添加热带假丝酵母，瘤胃液中挥发性脂肪酸总浓度和丙酸比例显著升高，乙酸比例和乙酸/丙酸值显著下降。此外，添加热带假丝酵母还增加了甲烷菌和原虫的数量。反刍动物瘤胃内挥发性脂肪酸浓度的增加，表明微生物发酵能力增强。热带假丝酵母可以改善瘤胃的发酵性能，优化瘤胃发酵结构，这可能与酵母菌刺激瘤胃微生物的生长、提高瘤胃对底物的降解能力有关。

植物乳杆菌增加了总挥发性脂肪酸的浓度，降低了乙酸比例，提高了丙酸比例，并显著降低了乙酸/丙酸值。此外，添加植物乳杆菌后，瘤胃的发酵类型发生了改变，瘤胃发酵后产生了更多的丙酸，使瘤胃发酵趋于丙酸型发酵。由于乙酸与 CH_4 的生成量呈正相关关系，乙酸比例的降低，意味着生成乙酸过程中产生的 H_2 减少，即甲烷菌生成 CH_4 的底物 H_2 减少，最终导致 CH_4 生成量减少，侧面印证了添加植物乳杆菌后可降低 CH_4 排放量的结果。

二、酵母培养物

在肉羊集约化育肥过程中，通常采用高精料日粮以达到高生产性能。但羊只长期采食高精料或含大量易发酵碳水化合物日粮时，会造成瘤胃代谢紊乱，出现代谢性瘤胃酸中毒以及腹泻等多种代谢疾病。酵母培养物加入反刍动物高精料饲粮中具有明显的调控瘤胃健康的作用。赵国宏等（2020）在育肥湖羊基础饲料中添加不同水平酵母培养物，发现其对湖羊生产性能、营养物质的消化利用、瘤胃发酵有积极作用。

（一）生长性能

当饲粮能量水平低时，干物质采食量随能量水平增加而增加；但当饲粮能量水平高时，干物质采食量随能量水平增加而降低。当育肥湖羊饲粮精粗比为 75：25 时，饲粮中添加酵母培养物有提高育肥后期干物质采食量的趋势，且 ADG 显著提高，F/G 显著降低。酵母培养物中的酵母细胞壁的有效成分主要为 β-葡聚糖（30%～34%），周怿（2010）的研究表明，在犊牛饲粮中添加高水平 β-葡聚糖反而降低犊牛的生长性能。这说明饲粮中酵母培养物的添加水平过高有可能会导致提供的 β-葡聚糖含量过高，从而对动物机体健康产生不利影响。这可能是因为过量饲喂酵母培养物，其中的活性成分可能会刺激白细胞的吞噬作用，增加活性氧、炎症介质和细胞因子的产生。

（二）营养物质的消化利用

酵母培养物能显著提高饲粮的干物质和有机物的表观消化率，具体表现在提高干物质采食量、粗蛋白质表观消化率、中性洗涤纤维和酸性洗涤纤维的表观消化率。此外，酵母培养物能显著提高消化能和代谢能以及总能代谢率，还可提高表观可消化氮和氨态氮浓度。中性洗涤纤维表观消化率的提高可能与酵母培养物中含有的活性成分促进了纤维分解菌的生长，从而提高纤维物质的利用率有关。但过高水平的酵母培养物可能会刺激白细胞的吞噬作用，增加活性氧、炎症介质和细胞因子的产生，进而导致机体炎症状态的发生，因此使用时需注意添加剂量不宜过高。

（三）瘤胃发酵

稳定的瘤胃内环境是反刍动物获得最佳生产性能的必要前提。瘤胃氨态氮浓度的高低反映了饲粮中蛋白质在瘤胃中降解的程度和被微生物利用的效率，其浓度的增加表明瘤胃微生物对蛋白质的利用加强。酵母培养物的添加可提高瘤胃氨态氮浓度，提高微生物对发酵底物含氮物质的降解效率。挥发性脂肪酸是碳水化合物在瘤胃内经瘤胃微生物降解后的产物，是反刍动物的重要能量来源。添加酵母培养物对育肥羊瘤胃液中总挥发性脂肪酸及乙酸、丙酸、丁酸占总挥发性脂肪酸的比例无显著影响。添加酵母培养物提高了营养物质的表观消化率，但瘤胃发酵参数并未发生显著变化，可能是由于瘤胃中挥发性脂肪酸的产生和吸收之间存在动态平衡，尽管酵母培养物对瘤胃发酵没有产生显著影响，但有可能影响了后肠道的消化，进而提高了饲粮全消化道的营养物质表观消化率。

三、植物提取物

（一）桑叶黄酮

桑叶黄酮是一种黄酮类化合物，具有抗氧化、抑制脂质氧化及抑制真菌的功效，其分子中有一个酮羰基，第一位上的氧原子具碱性，能与强酸成盐，其羟基衍生物多具黄色，故又称黄碱素或黄酮。桑叶黄酮具有提高动物生产性能和饲料报酬的作用。

在相同干物质采食量水平下，桑叶黄酮的添加可使 CO_2 日排出量、CH_4 排放量均降低。近年的研究表明，某些植物提取物或次生代谢产物，如酚类物质和黄芪的可溶物，可以抑制瘤胃产琥珀酸丝状杆菌，产琥珀酸丝状杆菌是反刍动物瘤胃中的主要纤维降解菌，它的发酵产物是乙酸和琥珀酸，而甲烷菌可以利用乙酸合成甲烷。桑叶黄酮含有特异性活性官能团，这些官能团具有影响瘤胃产琥珀酸丝状杆菌的作用，可以推导出桑叶黄酮抑制甲烷合成的作用原理。

桑叶黄酮可增加粪中干物质，降低干物质消化量和干物质表观消化率。此外，桑叶黄酮的添加可使肉羊消化能、代谢体重基础的消化能、代谢能、代谢体重基础的代谢能、消化能/食入总能值、代谢能/食入总能值、代谢能/消化能值均呈升高趋势。

添加桑叶黄酮后，随着时间的增加，瘤胃液 pH 先呈现降低的趋势，饲喂 3h 后降低最多，随后逐步回升，饲喂 9h 后回升较多；随着时间的增加，瘤胃氨态氮浓度大致呈现先升高后降低而后又升高的趋势，在饲喂 1h 后开始升高，3h 后降低，6～9h 后逐步升高。瘤胃氨态氮是瘤胃氮代谢过程中外源蛋白和内源含氮物降解的重要产物，也是瘤胃微生物合成自身菌体蛋白的原料。瘤胃氨态氮浓度反映了蛋白降解和微生物蛋白合成的动态平衡关系。氨态氮浓度在饲喂 1h 后略有升高，可能是因为植物提取物加快了饲料中非蛋白氮的不断降解释放；饲喂 3h 后氨态氮浓度略有降低，这可能是由于氨态氮抑制了原虫或者其他微生物的活性，导致原虫脱氨基作用程度降低，从而使氨态氮的产生速度减缓。

添加桑叶黄酮可使总挥发性脂肪酸呈上升趋势，这可能是由于羊只进食后，微生物产生挥发性脂肪酸的速度加快，而瘤胃壁吸收速度小于挥发性脂肪酸产生速度，导致挥发性脂肪酸大量积累，从而使此时的瘤胃 pH 处于较低状态。此外，添加桑叶黄酮降低了乙酸物质的量比，升高了丙酸物质的量比，而丙酸比例的提高意味着糖异生作用的增强，说明桑叶黄酮通过改变瘤胃发酵作用来促进饲料能量的利用。

（二）白藜芦醇

白藜芦醇主要存在于葡萄、虎杖、花生等植物中，是一种具有重要生理活性的非黄酮类多酚化合物，其化学结构中含有多个苯环和羟基，具有抗血栓、降血脂、抗氧化、抗自由基、抗炎等多种生物功效。

在相同干物质采食量水平下，白藜芦醇可使 CO_2 口排出量、代谢体重基础的 CO_2 排出量降低。粪中干物质含量略有降低，干物质消化量及干物质表观消化率相应提高；粪中有机物含量显著降低，有机物消化量、有机物表观消化率均相应显著提高；粪中中性洗涤纤维含量降低，中性洗涤纤维消化量、中性洗涤纤维表观消化率均显著提高，酸性洗涤纤维相应指标的变化规律与中性洗涤纤维相同；粪氮含量、代谢体重基础的粪氮含量均显著降低，氮表观消化率均显著升高，尿氮含量显著提高，沉积氮含量、代谢体重基础的沉积氮含量、沉积氮/食入氮值均低于对照。

此外，白藜芦醇的添加可使消化能、代谢体重基础的消化能、代谢能、代谢体重基础的代谢能、消化能/食入总能值、代谢能/食入总能值、代谢能/消化能值均呈升高趋势。植物提取物都有自己特殊的化学结构，可能在能量代谢途径中发挥着重要作用：①白藜芦醇的苯环和羟基在三大循环中提供电子，促进氧化还原反应；②特殊的官能团结构经过氧化还原反应形成醌的反应体系（双电子反应体系），促进电子传递，进而提高能量代谢；③乙酰辅酶 A 是三大循环途径的中间产物，植物提取物促进了瘤胃挥发性脂肪酸的生成，进而作用于乙酰辅酶 A，促进能量代谢。

添加白藜芦醇后，随着时间的增加，pH 先呈现降低的趋势，饲喂 3h 后降低最多，随后逐步回升，饲喂 9h 后回升较多，对 pH 均无显著影响；随着时间的增加，氨态氮浓度大致呈现先升高后降低而后又升高的趋势，在饲喂 1h 后开始升高，3h 后降低，6～9h 后逐步升高，氨态氮浓度的平均值高于对照组，可能是因为白藜芦醇不利于瘤胃微生物利用氨气合成微生物蛋白，而是被瘤胃壁吸收，导致血浆尿素氮升高。

添加白藜芦醇后，随着时间的增加，总挥发性脂肪酸呈现升高的趋势。饲喂 3h 后，每组总挥发性脂肪酸基本升到最高，白藜芦醇组显著高于对照组。随着时间的增加，乙酸物质的量比有下降的趋势，饲喂 3h 后下降幅度较大。饲喂 1h 后，白藜芦醇组乙酸物质的量比显著低于对照组和其他添加组。饲喂 6h 后，乙酸物质的量比显著低于对照组。

（三）大蒜素

大蒜素是从大蒜的鳞茎中提取的一种有机硫化合物，具有较强的抗菌消炎作用，对多种球菌、杆菌、真菌和病毒等均有抑杀作用，其分子中的活性基团是硫醚基（S—O—S）。体外研究表明大蒜素可以降低湖羊瘤胃液中的甲烷产量。Busquet 等（2005）的体外试验表明，添加 300mg/L 大蒜素可以降低母牛瘤胃液中 73.6%的甲烷产量。

在相同干物质采食量水平下，大蒜素组可使 CO_2 日排出量、代谢体重基础的 CO_2 排出量降低。近年来研究表明，某些植物提取物或次生代谢产物能够抑制瘤胃中的主要纤维分解菌产琥珀酸丝状杆菌，它的发酵产物是乙酸和琥珀酸，而甲烷菌可以利用乙酸合成甲烷。大蒜素含有特异活性官能团，这些官能团具有影响瘤胃产琥珀酸丝状杆菌的作用，可以推导出具有抑制甲烷合成的作用原理。

此外，大蒜素可降低粪中干物质，提高干物质消化量及干物质表观消化率，降低粪中中性洗涤纤维含量，提高中性洗涤纤维消化量及中性洗涤纤维表观消化率，酸性洗涤纤维相应指标的变化规律与中性洗涤纤维相同。

植物提取物改善了营养物质的消化代谢，可能有如下原因：①增加口腔唾液分泌，导致生物活性肽增加，从而改善营养物质的消化吸收；②改变瘤胃发酵。瘤胃中微生物种类繁多，相互影响作用，添加后可能改变胃肠道菌群，从而改善营养物质的消化代谢。添加大蒜素降低了尿氮的排出量，说明有利于动物机体氮的沉积作用，促进微生物蛋白的合成。

产琥珀酸丝状杆菌属于革兰氏阴性细菌，革兰氏阴性细菌细胞壁有两层膜结构，这些膜结构可能阻止了类似植物提取物这种外源物质的侵害，添加大蒜素使产琥珀酸丝状杆菌的数量略微升高，可能是由于产琥珀酸丝状杆菌对其特殊的活性结构较为敏感，大蒜素促进了产琥珀酸丝状杆菌的发育或繁殖，导致其数量增多。

（四）茶皂素

茶皂素是从山茶科植物中提取的一种五环三萜类糖苷化合物，其基本结构由皂苷配基、糖体、有机酸组成。在体外培养试验中发现，茶皂素可以抑制瘤胃甲烷的产生。

在相同干物质采食量水平下，茶皂素组可使 CO_2 日排出量、CH_4 排放量降低。茶皂素可使粪中干物质含量略有升高，干物质消化量和干物质表观消化率相应降低，粪中中性洗涤纤维含量降低，中性洗涤纤维消化量及中性洗涤纤维表观消化率均显著提高，酸性洗涤纤维相应指标的变化规律与中性洗涤纤维相同。茶皂素改善了营养物质的消化代谢，可能有以下原因：①增加口腔唾液分泌，导致生物活性肽增加，从而改善营养物质的消化吸收；②改变瘤胃发酵。

此外，茶皂素可使消化能、代谢体重基础的消化能、代谢能、代谢体重基础的代谢能、消化能/食入总能值、代谢能/食入总能值、代谢能/消化能值升高。添加茶皂素可降低氨态氮浓度，说明它们有利于微生物利用氨气合成自身蛋白。

茶皂素抑制原虫的数量可能是通过改变原虫细胞膜的渗透性，皂苷可直接杀死原虫或使原虫失去活性。原虫与甲烷菌存在共生关系，原虫脱氢反应产生的 H_2 附着在原虫上，抑制原虫的增殖，寄生在原虫上的产甲烷菌却能够利用这些 H_2 合成甲烷。而当甲烷菌的活性受到抑制时，则会抑制 H_2 的利用，导致 H_2 积累，从而抑制原虫的增殖。

第五章 无抗饲料在水产动物养殖中的应用

我国是世界第一水产养殖大国，2021 年全国水产养殖面积为 700.94 万 hm^2，产量为 5338.62 万 t（图 5-1）。近年来，随着水产养殖业的不断发展，养殖规模越来越大，集约化程度越来越高，养殖环境不断恶化，疾病频发，每年因病害造成的损失达 100 亿～200 亿元，严重制约了我国水产养殖业的健康发展。

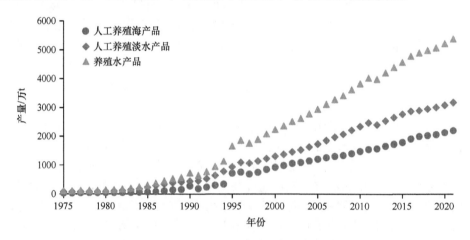

图 5-1　1975 年以来我国人工养殖水产品产量情况

为了应对养殖生产中出现的疾病频发问题，人们开始使用抗生素来抑制或杀灭致病微生物，达到防治水产动物疾病的目的。因此，磺胺类、氟喹诺酮类、四环素类等抗生素大量用于水产养殖，有效控制了养殖过程中许多疾病的发生。但是，伴随而来的也产生了诸多新问题，如耐药菌株的产生、药物在水产品中的残留、残留药物破坏水环境生态平衡等。因此，开发抗生素替代品已成为近年来水产养殖业的研究热点之一。通过在饲料中添加能够提高水产动物抗氧化能力、免疫力和抗病力的添加剂，提高水产动物的抗逆性和健康水平。其中，益生菌、益生元、中草药、植物精油、酵母提取物、发酵饲料在水产动物中的应用效果比较明显，并初步形成了减少或者替代抗生素使用的技术方法。

本章主要介绍了水产养殖业中常用的能够提高水产动物免疫力和抗病力的添加剂，供读者在设计水产动物无抗饲料时参考。因为淡水、海水和特种水产动物养殖条件等不同，因此本章分 3 节论述。

第一节　无抗饲料在淡水水产动物生产中的应用

一、益生菌

益生菌是一种绿色、安全、无污染的微生态制剂，已在水产养殖业中得到了广泛应用。益生菌不仅能促进消化，还能够提高水产动物的免疫力和抗病力。目前在水产养殖业中广泛使用的益生菌包括酿酒酵母、肠球菌、乳酸杆菌、芽孢杆菌等。在水产动物饲料中添加益生菌能提高水产动物的抗病力和健康水平，达到减少抗生素使用的目的，主要机理包括提高免疫性能、抗氧化能力和抗病力等。

（一）免疫性能

作为饲料添加剂，益生菌通过激活水产动物的免疫系统，增强水产养殖动物的免疫力和抗病力，减少病原体的感染（Dawood et al.，2016），将益生菌用作免疫刺激剂是提高水产养殖成功率的一种常用、实用方法（表 5-1）。

表 5-1　益生菌在淡水水产动物免疫方面的应用效果

益生菌种类	应用效果	文献
乙醇假丝酵母	显著提高尼罗罗非鱼血清溶菌酶和补体蛋白水平，提示具有增强非特异性免疫的作用	廖庆钊等，2021
枯草芽孢杆菌	印度鲤血清中红细胞数量和血红蛋白含量降低、白细胞数量升高；有效提高鱼类免疫力和抗病力	Kumar et al.，2010

（二）抗氧化能力

水产动物机体抗氧化指标与其健康程度、疾病状态和免疫力均密切相关。超氧化物歧化酶（SOD）和过氧化氢酶（CAT）可清除机体内超氧阴离子自由基，保护细胞免受损伤。益生菌可提高淡水水产动物的抗氧化能力（表 5-2）。

表 5-2　益生菌在淡水水产动物抗氧化能力方面的作用

益生菌种类	应用效果	文献
蜡样芽孢杆菌活菌	显著增强血清抗氧化性能（T-SOD 和 CAT 活性、GSH 浓度提高，MDA 含量降低）；提高肠道抗氧化性能（CAT 和 GSH-Px 活性增强，GSH 含量增加，MDA 含量显著降低）	于瑞河，2020
灭活蜡样芽孢杆菌	血清中 CAT 活性明显提高、MDA 含量显著降低，肠道抗氧化性能（CAT 和 GSH-Px 活性增强，GSH 含量增加，MDA 含量显著降低）提高	于瑞河，2020
益生菌发酵中草药饲料	提高鲤的抗氧化性能，肠道菌群结构有明显改善	赵倩等，2017

注：T-SOD 代表总超氧化物歧化酶，GSH 代表谷胱甘肽，MDA 代表丙二醛，GSH-Px 代表谷胱甘肽过氧化物酶。下同

（三）抗病力

在饲料中添加益生菌能够提高水产动物对病原体的抵抗力，表现出更高的存

活率。这主要是因为益生菌与病原体会相互争夺营养、氧气和黏膜或上皮表面的结合位点，抑制了病原体的粘附和定殖，涉及疏水性、静电相互作用、脂磷壁酸及空间作用力等因素。益生菌能产生抑制病原体生长的次生代谢产物，如抗菌肽、过氧化氢、有机酸、细菌素或蛋白酶、抗生素、裂解酶等，这些次生代谢产物可以直接根除有害细菌。例如，维氏芽孢杆菌产生了 4 个细菌素基因簇和裂解酶（如β-1,3-葡聚糖酶）（Kuebutornye et al.，2020）。

二、益生元

Gibson 和 Roberfroid（1995）认为益生元是一种不可消化的纤维，可以促进肠道有益菌生长，改善宿主健康状况；20 年后，Bindels 等（2015）将益生元描述为"分解成更简单物质的不易消化的食物成分，促进胃肠道中优选微生物的生长，并有益于宿主的健康"。因抗生素耐药菌株、宿主体内抗生素残留等不足，抗生素在水产养殖中的应用受到质疑。在含益生菌的饲料生产、保存和制粒、储运过程中，益生菌存活或生长受到挑战。益生元具有替代益生菌（在肠道中为有益微生物的生长提供营养）和抗生素的潜能，研究较多的有菊粉（inulin）、果寡糖（fructooligosaccharide，FOS）、短链果寡糖（scFOS）、甘露寡糖（mannan oligosaccharide，MOS）、低聚半乳糖（galactooligosaccharide，GOS）、低聚木糖（xylooligosaccharide，XOS）、阿拉伯低聚木糖（AXOS）、低聚异麦芽糖（isomalto-oligosaccharide，IMO）、植物提取物等。

益生元提高水产动物抗病力和健康水平的原因与益生菌相似，主要包含免疫、抗氧化、抗应激、抗病和调控肠道菌群（表5-3）。

表 5-3 益生元在淡水水产动物生产中的应用效果

益生元种类	应用效果	文献
阿拉伯低聚木糖	显著提高西伯利亚鲟的吞噬活性和呼吸爆发活性	Geraylou et al.，2013
甘露寡糖	显著提高罗非鱼血清 SOD 活性	刘爱君等，2009
果寡糖	显著提升罗非鱼抗氧化能力	陆娟娟，2011
甘露寡糖	通过吸附有菌毛的病原菌或通过凝集不同的细菌菌株来维持肠道健康	Spring et al.，2000

三、植物精油

水产养殖的集约化会导致水环境恶化，造成疾病的发生、影响生产，养鱼户使用多种化学品和抗生素，从而对消费者健康构成风险。植物提取物由一系列的植物生物活性成分及其衍生物构成，长期以来被当作香料、防腐剂和药材使用。精油提取物是植物源提取物的核心成分，是一类芳香、挥发性化合物的混合物，植物原料常根据其芳香特征来加以区分。精油是疏水性的化合物，包括醇、醛、酯、醚、酮、酚、萜等化学成分。精油分子结构中的六碳环会在植物生长及动物摄食的过程中生成不同的生化组分，从而产生多种生化功能。植物提取物类饲料添加剂被认为"安全、高效、稳定、可控"，逐渐成为绿色、环保、安全的动物食品生产和饲料工业充满活力的新的经济增长点。植物精油因其资源丰富、安全、无毒等优点，成为替代抗生素的热门选择，可作为免疫和生理反应调节剂，具有抗应激、抗氧化、促进胃肠道健康的优点。

植物精油提高水产动物健康水平和替代抗生素使用的原因包括改善免疫力和抗病力、抗氧化和抗应激等方面。

（一）免疫力和抗病力

免疫调节机制是维持机体内环境稳定的关键，对于机体各项功能的正常运行有重要的意义。植物精油可有效提高血液免疫球蛋白水平，参与调控免疫细胞，增加免疫受体水平、免疫相关酶的活性，减少对机体组织、细胞和器官的损伤，从而影响动物的免疫系统。

因其广谱抗菌性，植物精油受到科学家的广泛关注，不仅可有效防止饲料保存过程中青霉菌、曲霉菌等霉菌的滋生，还能调控机体内大肠杆菌、金黄色葡萄球菌、沙门氏菌等有害菌的增长，目前植物精油已被广泛用于水产动物疾病防治。植物精油除具有抑制病原微生物的作用外，对防治寄生虫也具有一定的积极作用（表5-4）。

表5-4　植物精油在淡水水产动物免疫和抗病方面的应用效果

植物精油种类和剂量	应用效果	文献
0.5%柑橘精油	提高罗非鱼血清白细胞吞噬率、血清溶菌酶和 CAT 的活性，改善肠道黏膜免疫系统，抑制爱德华氏菌增殖，提高罗非鱼的相对存活率 54.20%	Baba et al.，2016
0.1%牛至草粉	显著提高镜鲤肾指数、血清溶菌酶活性，补体 C3、C4 含量	徐奇友等，2010

（二）抗氧化能力

植物精油因其抗氧化作用被广泛用于水产养殖，牛至油及其单体化合物的抗氧化作用主要是由于其还原能力、自由基清除能力和单线态氧淬灭显著提高建鲤血清中抗氧化酶的含量，清除过量的自由基，从而避免对机体造成的侵害，提高自身抗氧化能力（表5-5）。

表5-5　植物精油在淡水水产动物抗氧化方面的应用效果

植物精油种类和剂量	应用效果	文献
白千层精油	通过胆碱能系统，影响银鲶乙酰胆碱（ACh）分泌，抑制炎症，在分子水平上增强抗氧化能力	Baldissera et al.，2016
0.1%牛至精油	显著抑制红罗非鱼肌肉过氧化进程，减少鱼体脂肪腐臭味，延长红罗非鱼的货架期	郑宗林等，2015

（三）抗应激能力

在水产养殖中，鱼类持续不断地受外界因素诸如温度、养殖密度、水体理化因子、鱼体运输、储存等应激因子的影响。像其他脊椎动物一样，环境极大地影响鱼类的动态平衡，如果在养殖过程中给予鱼体长久的应激，则动物下丘脑-垂体-肾上腺轴将受到连续刺激，导致血液皮质醇浓度等上升。2.0%大黄蒽醌提取物可降低应激时建鲤血液皮质醇浓度，降低攻毒时死亡率（刘波等，2007），具有缓解应激的作用。

四、中草药

近年来，因水产养殖业受到病毒和细菌性疾病的影响，化学药物和抗生素药物的用量越来越大，导致病原微生物产生抗药性。中草药化合物可以预防和控制水产动物的疾病，它们以残留少、安全、副作用小、低毒、无耐药性和对环境影响最小而备受关注。中草药含有的活性成分主要包括多糖、生物碱、类黄酮、挥发油、有机酸、单宁等，同时还包含多种营养素，如氨基酸、碳水化合物、矿物质和维生素等。这些活性成分与提高水产动物抗菌、抗病毒、免疫功能、新陈代谢和生长性能等密切相关。鉴于水产养殖动物疾病的频繁发生和由此造成的环境恶化，化学药物和抗生素的使用越来越受到政府的限制，因此，草本饲料添加剂已成为研究和开发的重点。自1990年以来，中草药作为水产饲料添加剂预防和治疗疾病的作用引起了越来越多的关注。中草药能提高水产动物健康水平，其替代抗生素使用的原因主要包含以下几方面。

（一）免疫性能

中草药能显著提高鱼类的特异性和非特异性免疫水平，减少鱼类患病的概率（表 5-6）。刺激机体的免疫及抗氧化系统是中草药对水产动物免疫功效的重要体现。中草药中起免疫作用的主要有醇类、多糖类、有机酸、生物碱、黄酮类、萜类及苷类等。中草药中富含的多糖、苷类等物质能够激活试验动物免疫细胞及免疫酶活性，进而提高抗病性能。

表 5-6　中草药在淡水水产动物免疫方面的应用效果

中草药种类和剂量	应用效果	文献
白梭梭	鲤免疫球蛋白、溶菌酶、蛋白酶和补体活性等显著升高，皮肤黏液中的提升程度比血清更明显；增加体重和终体重，提高饲料转化率和特定生长率	Hoseinifar et al., 2016
卡姆果	尼罗罗非鱼对嗜水气单胞菌的免疫反应显著增强，包括溶菌酶活性、呼吸爆发活性、血清杀菌活性、白细胞总数和直接凝集作用等	Yunis-Aguinaga et al., 2016
1%大黄、穿心莲、板蓝根或金银花水提取物	异育银鲫白细胞吞噬活性、体表黏液和血清中溶菌酶活性均显著提高	陈孝煊等，2003

（二）抗氧化能力

中草药添加剂对水产动物确有提高免疫及抗氧化能力的作用（表5-7）。

表5-7　中草药在淡水水产动物抗氧化方面的应用效果

中草药种类和剂量	应用效果	文献
1.0～1.5g/kg 黄芪多糖	显著提高罗非鱼血清 CAT、SOD 活性	黄玉章，2009
鱼腥草	有效增强施氏鲟血清 SOD 活性，降低丙二醛含量，调节 NO 含量和 NOS 活性，在高温应激条件下仍然有效	黄江等，2009
黄芪、当归、金银花、板蓝根等10种中草药	显著增加吉富罗非鱼肌苷酸含量、肌肉的抗氧化性能，提高商品价值，有效降低肌肉脂质和胆固醇含量	吴彬，2015

（三）抗应激能力

中草药的抗应激作用机理主要是利用中草药之间的相互作用提高水产动物非特异性免疫能力，调整机体营养和新陈代谢，提高抗应激能力（表5-8）。

表5-8　中草药在淡水水产动物抗应激方面的应用效果

中草药种类和剂量	应用效果	文献
大黄蒽醌提取物	高密度养殖应激1～7天，鲤鲤皮质醇、血糖、溶菌酶都有不同程度的增加；攻毒条件下，抗应激效果明显	刘波等，2007
贯众、当归、黄芪	高温应激条件下，血清各种蛋白质含量、白细胞吞噬率提高	王荻等，2012
黄芪、党参	促进鱼体对高温刺激做出高效应答，调节免疫功能	王荻等，2012

（四）抗病力

中草药主要通过其免疫活性抑制病毒感染。例如，黄芪、金银花、一品红和板蓝根对病毒复制有显著的抑制作用，还可以通过诱导宿主产生干扰素或提高宿主的非特异性免疫水平来间接抑制病毒感染。中草药对病毒的直接抑制作用主要是通过其免疫活性物质抑制病毒感染增殖过程中的某一个环节来实现的，鲤春病毒血症病毒（*Spring viraemia of carp virus*，SVCV）可侵染多种鱼类，造成鱼类严重死亡（表5-9）。

表5-9　中草药在淡水水产动物抗病力方面的应用效果

中草药种类和剂量	应用效果	文献
香豆素	具有抗病毒效果，提高斑马鱼存活率	胡玉恒等，2019
0.1%和1%牛膝种子提取物	显著降低嗜水气单胞菌攻毒导致的罗非鱼死亡率	杨虎城，2015
黄芪、当归、山楂、甘草根和金银花	显著降低嗜水气单胞菌攻毒导致的死亡率	唐伟等，2015

（五）促进消化

中草药富含的黄酮类、皂苷、柠檬酸、糖类、维生素 C、脂肪酶等对水产动物的消化吸收具有一定的促进作用。例如，中草药富含的有机酸可促进胃液分泌，增强脂肪酶及胃蛋白酶等酶的活性，促进食物尤其是脂肪类、蛋白类物质的消化。陈皮因富含芳香性的挥发油，进入动物消化道后可刺激机体分泌胃液、刺激肠胃蠕动以排除积气。中草药添加剂对水产动物确有提高消化酶活性及改善肠道形态的作用（表 5-10）。

表 5-10　中草药在淡水水产动物促进消化方面的应用效果

中草药种类	应用效果	文献
党参、黄芪、陈皮等	增强淀粉酶、蛋白酶活性，增强花鲈肠道的消化吸收功能，提高饲料利用率	刘慧吉等，2008
山楂、麦芽等	明显提高黄颡鱼肠道中脂肪酶和蛋白酶的活性	王吉桥等，2008

五、发酵饲料

发酵饲料是使用《饲料原料目录》和《饲料添加剂品种目录（2013）》等国家相关法规允许使用的饲料原料和微生物，通过发酵工程技术生产含有生物或其代谢产物的单一饲料和混合饲料[《生物饲料产品分类》（T/CSWSL 001—2018）]，是一种生态环保饲料，可以改善饲料的饲用营养价值，提高动物生产性能和免疫性能，具有替代饲用抗生素的巨大潜力。

发酵分为固态发酵和深层液体发酵，其中前者常见；发酵饲料多使用废弃的秸秆、籽粕、糟渣等农副产品为原料，接种菌种（酵母菌、芽孢杆菌、乳球菌、微球菌、肠球菌、乳酸菌、光杆菌等），发酵，加工为动物饲料，避免资源浪费。

发酵有助于改善维生素、蛋白质溶解性和氨基酸模式的可用性，并且提高饲料的适口性；提高有机物、氮、氨基酸、纤维和钙的消化率，从而促进生长、提高生产性能，在畜牧、水产饲料中得到了大力推行；提高水产动物抗病力和健康水平，减少抗生素的使用，体现在增强免疫、抗氧化、抗病和肠道健康等方面（表 5-11）。

表 5-11　发酵饲料种类及作用

发酵饲料种类	作用
富含益生菌群	改善动物肠道内的菌群数量，实现机体菌群平衡，还可以通过发酵饲料中的益生菌作用，有效抑制有害微生物的附着和繁殖，使动物免受侵害
小分子脂肪酸	优化动物代谢过程，加快动物体内丙酸、乙酸等有机酸的代谢，使动物体 pH 保持最佳，从而抑制有害菌
富含营养物质	有效提供良好的营养供给，并在有益微生物的作用下，提升免疫细胞的活性，无形之中增强动物的抗病能力，进而形成天然防御屏障

因复合发酵饲料能软化食物纤维硬度，增加适口性，提高利用率，且饲料中富含有益微生物，有利于动物生长发育、增加动物肠道的有益菌群和抵抗疫病，现阶段的养殖业多应用复合发酵饲料。水产动物的肠道中有大量微生物，它们在长期的历史进化过程中形成了一个动态的复杂的微环境，在这个微环境中，肠道

微生物是否维持稳态，直接影响着鱼体的消化吸收、防御及生长发育。因此，建立健康的肠道微生物区系，有助于提高水产动物的生产性能。发酵豆粕中含有大量有益微生物（如乳酸菌）及具有类抗生素作用的代谢物，适量的替代量在一定程度上能有效抑制肠道有害菌的增殖（表 5-12）。

表 5-12　发酵饲料在淡水水产动物生产中的应用效果

发酵饲料种类和用量	应用效果	文献
12mL/kg 蜜环菌发酵饲料	显著提高洛氏鱥、黄河鲤、虹鳟的肝中溶菌酶活性	赵云龙等，2020
发酵豆渣	提高大鳞鲃、鲫的肌肉 T-SOD 活性，降低丙二醛含量	钟云飞等，2021
发酵豆粕	提高黄颡鱼抗病力	姬传法，2018

六、酵母提取物

随着水产养殖业的发展，养殖更加密集，以获得更高的产量。在过去 20 年里，通过饲料营养调控水产免疫的研究尚未取得明显的进展。膳食营养素对免疫功能和抗病能力有影响，在研究的各种免疫调节剂中，酵母和酵母提取物显示出了良好的效果。酵母抽提物或酵母浸出物是一种国际流行的营养型多功能鲜味剂和风味增强剂，以面包酵母、啤酒酵母、原酵母等为原料，通过自溶或改进自溶法、酶解法、酸热加工法等制备。作为鲜味剂和风味增强剂，保留了酵母所含的各种营养，酵母提取物含有蛋白质、氨基酸、肽类、葡聚糖、矿物质、B 族维生素等，还能掩盖苦味、异味；酵母产品中的各种营养物质具有促进养分消化吸收、调节免疫应答等功能（表 5-13），从而提高动物生长性能和抗菌活性（Jin et al.，2018）；日粮中添加酵母产品可有效改善养殖环境，提高水产动物的生长性能，这主要是因为酵母产品中含有维生素、肽、游离核苷酸、甘露寡糖等营养物质。

表 5-13　酵母提取物在淡水水产动物生产中的应用效果

酵母提取物种类和用量	应用效果	文献
谷胱甘肽	增强花鲈血清 GSH-Px、谷胱甘肽转移酶活性，提高血清抗氧化能力	李国明，2019
酵母提取物	黄颡鱼和斑点叉尾鮰血清中 SOD、CAT 含量增加	程鑫等，2019
0.24g/kg 谷胱甘肽	显著提高吉富罗非鱼肝中谷胱甘肽转移酶、T-AOC、SOD、CAT 的活性，显著减少丙二醛含量	周婷婷，2012
β-葡聚糖	显著增强真鲷对低盐应激的抗逆性，还可以增强无氧糖酵解过程	Zeng et al.，2016

（一）免疫性能

鱼类的免疫机制包含特异性和非特异性免疫，后者是机体对非特定病原体的防御机制。其中分布在鱼类体表黏液、血液和肾等器官中的溶菌酶，就是一种在补体的协同作用下，可以将细菌溶解的酶。补体是存在于鱼类黏液和血液中的一组蛋白质，其活化途径有两条：①抗原抗体复合物激活的经典途径；②与抗体无关的细菌脂多糖和肽聚糖等激活的替代途径。无论哪种途径活化的补体都能溶解菌体。与鱼类相比，哺乳动物通过替代途径发挥的作用更大。

（二）抗氧化能力

酵母提取物的抗氧化作用一般归因于自身含有的核苷酸、多糖（如β-葡聚糖、甘露寡糖）和一些活性物质。核苷酸具有增强巨噬细胞吞噬作用以及强化自然杀伤细胞活性，从而提高机体抵抗外源应激的功能。

（三）抗应激能力

缺氧是水产养殖中最重要的环境变量之一，是水产动物经常遭受的一种极端不利的养殖条件，影响动物行为和生理生化机制，容易导致机体和细胞氧化损伤，甚至造成水产动物死亡。鱼类主要通过激活酶系统来对抗氧化应激，如 SOD、CAT、谷胱甘肽酶、GSH-Px 等。抗氧化酶在大口黑鲈、鲤、斑马鱼抵抗低氧应激过程中发挥至关重要的作用。

（四）抗病力

酵母提取物促进罗氏唇鱼幼鱼体内乳杆菌的生长和增强抗病性。利用嗜水气单胞菌侵染罗氏唇鱼幼鱼，食用酵母提取物的幼鱼有更高的存活率（Andrews et al.，2011）。

（五）肠道菌群

黄颡鱼肠道菌群主要由变形菌门（Proteobacteria）、梭杆菌门（Fusobacteria）、厚壁菌门（Firmicutes）和拟杆菌门（Bacteroidetes）4 个门的细菌组成，日粮中添加木聚糖可增加黄颡鱼肠道菌群的丰度和多样性。

七、溶菌酶

溶菌酶是一种能水解致病菌中黏多糖的碱性酶，具有抗菌、消炎、抗病毒等作用，溶菌酶能导致细胞壁破裂、内容物逸出从而使细菌溶解，溶菌酶还可以与带负电荷的病毒蛋白直接结合，使病毒失活。鳗弧菌是养殖大黄鱼出现弧菌病的主要病原菌之一，溶菌酶是鱼体内杀菌的关键酶。饲料中添加溶菌酶显著促进大黄鱼的生长，降低饲料系数，改善肠道组织学形态并增强消化酶活性，同时提升血清免疫和抗氧化能力。艾杰斯公司利用现代化技术，将这种水产溶菌酶利用微生物发酵法生产出来，用于动物产品保鲜，此外还建议大黄鱼配合饲料中溶菌酶的添加浓度为 30～50mg/kg。

第二节　无抗饲料在海水水产动物生产中的应用

一、益生菌

益生菌在海水水产动物中具有调节免疫、抗应激和提高抗病力的作用（表 5-14）。

表 5-14　益生菌在海水水产动物生产中的应用效果

益生菌种类	应用效果	文献
芽孢杆菌	在生物絮团系统中，通过显著上调印度对虾免疫基因，改善生长、存活和免疫力	Panigrahi et al., 2020
乳酸乳球菌 BFE920 和植物乳杆菌 FGL0001	牙鲆生长性能、先天免疫和抗病性均得到明显改善	Beck et al., 2015
0.5%枯草芽孢杆菌	枯草芽孢杆菌进入珍珠龙胆石斑鱼幼鱼体中，自身分泌抗氧化酶、作为激活剂促进机体抗氧化酶分泌，增强鱼体清除自由基的能力，降低脂质过氧化，提高幼鱼的抗氧化能力（提高肠道 SOD 和 CAT 的活性、T-AOC 水平，降低肠道丙二醛含量）	王成强等，2019
假单胞菌和弧菌	有效对抗传染性造血器官坏死病毒（IHNV）	Sahu et al., 2008

（一）免疫性能

混合益生菌在提高先天免疫细胞的溶菌酶活性和吞噬活性方面表现出比单一益生菌更好的性能。

（二）抗应激能力

鱼类在水产养殖系统中可能会遇到不同类型的胁迫，包括缺氧和 pH 波动、盐度胁迫。益生菌可降低皮质醇浓度、激活抗氧化酶的表达以提高对应激的耐受性。

（三）抗病力

目前有大量研究表明，水产养殖中不同益生菌菌株的一些提取物可以使病毒灭活，但对其发挥作用的确切机制尚不清楚。

二、益生元

多种益生元对海水水产动物具有改善生产性能和抗氧化作用（表 5-15）。

表 5-15　益生元在海水水产动物生产中的应用效果

益生元种类	应用效果	文献
果寡糖	提高珍珠龙胆石斑鱼血清 SOD 活性	吴越，2019
甘露寡糖	提高珍珠龙胆石斑鱼血清 CAT 活性	吴越，2019

益生元种类	应用效果	文献
PHYTO	通过保护欧洲海鲈头肾白细胞免受与应激相关的凋亡过程影响，增强鱼的抗应激能力	Serradell et al.，2020
3%果寡糖	里海拟鲤鱼苗在盐分胁迫挑战试验中表现出更高的抗性	Hoseinifar et al.，2014
0.4% Bio-MOS	减少大西洋鲑感染海虱的数目	Dimitroglou et al.，2011

三、植物精油

植物精油对海水水产动物具有调节免疫、提高抗氧化和抗病力的作用（表 5-16）。

表 5-16　植物精油在海水水产动物生产中的应用效果

植物精油种类	应用效果	文献
0.3%牛至油	可显著提高虹鳟血清抗氧化活性和溶菌酶活性，增强其免疫力；显著提高虹鳟抗乳球菌感染力	Mexis et al.，2009
香芹酚，百里香酚	显著提高虹鳟血清谷胱甘肽酶、溶菌酶、CAT 的活性及总补体水平；减少虹鳟肠道总厌氧菌数量，增加虹鳟肠道乳酸杆菌数量，提高肠道微生物多样性	Giannenas et al.，2015
茶树油	通过影响胆碱能系统、抑制炎症的方式抵抗嗜水气单胞菌的侵染，同时产生抗氧化酶（如 CAT、SOD），清除过量的自由基，减轻细菌引起的肝损伤	Baldissera et al.，2016

（一）免疫性能

免疫增强剂又称免疫刺激剂，能提高机体非特异性或特异性免疫功能，增强机体抗感染能力。鱼类免疫增强剂主要通过增强非特异性免疫应答发挥作用，如促进溶菌酶、天然溶血素、补体、巨噬细胞活化因子及干扰素等的合成，或增强巨噬细胞、嗜中性粒细胞等的吞噬功能。

（二）抗氧化性能

牛至油除了能够增强水产动物的抗氧化能力，还能够延缓水产品腐败，延长水产品的贮藏时间。

（三）抗病力

植物精油因其免疫抗氧化的作用，被广泛应用于水产养殖。

四、中草药

中草药能显著提高鱼类的特异性和非特异性免疫水平，大大减少鱼类患病的概率，具有抗氧化能力和一定的抗病作用（表 5-17）。传染性造血组织坏死病毒（*Infectious hematopoietic necrosis virus*，IHNV）是弹状病毒科的成员，可引起鲑的传染性造血组织坏死。

表 5-17　中草药在海水水产动物生产中的应用效果

中草药种类	应用效果	文献
葫芦巴种子	金头鲷体液免疫参数显著提高，免疫相关基因特别是 IgM 基因在头肾的表达显著增强	Bahi et al.，2017
3%薄荷	显著提高海白鱼血液和体液免疫指标	Adel et al.，2015
4-(8-(2-乙基咪唑)辛氧基)牛蒡苷元	显著降低 IHNV 诱导的 EPC 细胞病变效应和病毒滴度；抑制 IHNV 诱导的细胞凋亡和细胞形态损伤，并影响其早期复制	Hu et al.，2019

五、发酵饲料

机体的防御系统与免疫、抗氧化能力及健康密切相关。T-SOD 和 CAT 在清除氧自由基稳态系统中发挥重要作用，与水产动物免疫力密切相关。丙二醛是脂质过氧化后的产物，其含量可用来衡量机体损害严重程度。T-AOC 是衡量鱼体抗氧化能力的综合指标。溶菌酶具有抗感染、抗炎、增强抗生素效力和提高吞噬活力等功能，是一种重要的非特异性免疫因子，为鱼类免疫防御系统的重要组成部分。鱼类生活在水中，为特殊的生活环境，因此在抵抗病害方面，与特异性免疫机制相比，非特异性免疫机制更为重要。

发酵饲料可用于提高水产动物的免疫力、抗氧化能力、观赏鱼抗应激能力、抗病力等（表 5-18）。

表 5-18　发酵饲料在海水水产动物生产中的应用效果

发酵饲料种类	应用效果	文献
发酵豆粕替代鱼粉，发酵豆粕用量<20%	提高大口黑鲈的生长性能和抗氧化能力	陈晓瑛等，2021
0.5%发酵银杏叶	对斜带石斑鱼和团头鲂的生长性能无负面影响，还可以提高斜带石斑鱼肝的抗氧化能力	许维唯等，2020
发酵桑叶	提高大口黑鲈血清 SOD、CAT 活性及 CAT/SOD 值，增强其机体的抗氧化作用	赵鹏飞等，2016

六、酵母提取物

酵母提取物及其代谢产物在提高鱼的免疫性能、抗氧化能力、抗应激能力、抗病力，平衡水产动物肠道菌群（表 5-19）方面起作用。

表 5-19　酵母提取物在海水水产动物生产中的应用效果

酵母提取物种类	应用效果	文献
酵母提取物	对露斯塔野鲮幼鱼表现出较强的免疫增强能力	Andrews et al.，2011
>91.38mg/kg VE	提高机体抗应激能力	张艳亮，2015
甘露寡糖	珍珠龙胆石斑鱼肠道中拟杆菌门和厚壁菌门的相对丰度较对照组显著升高，甘露寡糖可能通过提高珍珠龙胆石斑鱼肠道中有益菌的相对丰度进而使其免疫功能得到提高	王红明等，2021

第三节 无抗饲料在特种水产动物生产中的应用

一、益生菌

益生菌提高特种水产动物的免疫性能及抗病力，适当添加益生菌，可以减少病原菌感染，提高成活率、抗氧化能力、抗应激能力和平衡肠道菌群（表 5-20）。

表 5-20 益生菌在特种水产动物生产中的应用效果

益生菌种类	应用效果	文献
益生菌	刺参肝中 GSH-Px 和 SOD 活性显著升高，丙二醛含量显著降低	赵瑞祯和张健，2021
1×10^8CFU/g 凝结芽孢杆菌和地衣芽孢杆菌	凝结芽孢杆菌组凡纳滨对虾 T-AOC 活性最高，地衣芽孢杆菌组次之，对虾机体 T-AOC 活性显著增强	樊英等，2020
0.5%和 1.0%草分枝杆菌菌粉	提高凡纳滨对虾虾苗免疫力、抗应激能力	彭张明等，2020
枯草芽孢杆菌、植物乳杆菌、粪肠球菌	海马肠道内的益生菌含量显著提高	蔡怡山等，2020

二、益生元

益生元的免疫刺激功能是与巨噬细胞上存在的模式识别（PR）分子（如 β-葡聚糖和 dectin-1 受体）相互作用，并激活 NF-κB 等信号分子，从而增强免疫细胞活性（Yadav and Schorey，2006）。益生元在虾类水产养殖中作为抗病剂，糖类与细菌、有毒分子和病毒的特定受体相似，因此它们通过充当肠上皮细胞中的竞争受体来防止病原体的粘附，并且减少特定病毒种类的流行；益生元还可以刺激虾的血细胞活性以消除某些病毒，并且通过激活吞噬作用和抗菌肽的表达来增加抗性程度；微生物表面抗原如肽聚糖、脂多糖和 β-1,3-葡聚糖可刺激血细胞裂解，从而诱导各种体液防御因子，包括凝集素、凝血蛋白、溶酶体水解酶和葡聚糖多肽的产生（Destoumieux et al.，2000）。益生元调节局部细胞因子和抗体以增加肠道短链脂肪酸的产生并提高短链脂肪酸与白细胞上的 G 蛋白偶联受体和肠上皮上的碳水化合物受体的结合能力（表 5-21）。

表 5-21 益生元在特种水产动物生产中的应用效果

益生元种类	应用效果	文献
Bio-MOS 和 β-1,3-D-葡聚糖	提高阔口对虾生长、存活和免疫参数	Van Hai et al.，2009
5%免疫多糖	应用 3 个月后，鲍鱼苗成活率提高 66%	张起信等，2002
MOS	刺激血浆中杀菌活性，增强对哈维氏弧菌的抵抗力	Rungrassamee et al.，2014

三、中草药

中草药能提高其他较低等水产养殖动物的基础免疫水平。由于甲壳类没有适应性免疫系统，也无法使用疫苗预防疾病，因此越来越多的研究集中在抗病毒中草药的使用上（表 5-22）。白斑综合征病毒（*White spot syndrome virus*，WSSV）感染包括对虾在内的许多甲壳类动物，给许多地区的对虾养殖业造成大规模死亡和毁灭性的生产损失。

表 5-22 中草药在特种水产动物生产中的应用效果

中草药种类	应用效果	文献
山楂和黄芪	应用 80 天，均能显著提高皱纹盘鲍的非特异性免疫	薛继鹏，2011
绿茶提取物	通过抑制病毒复制，提高白斑综合征病毒攻击青蟹后的存活率和抗白斑综合征病毒感染的能力	Wang et al.，2017b
50mg/kg 橙皮素	提高小龙虾血细胞凋亡率、酚氧化酶和 SOD 活性，降低白斑综合征病毒攻击后的死亡率	Qian and Zhu，2019
栀子提取物	抑制白斑综合征病毒的复制，并提高白斑综合征病毒攻击和感染小龙虾的存活率	Huang et al.，2019

四、植物精油

血细胞总数、酚氧化酶活性和 SOD 活性均是衡量对虾非特异性免疫力的重要指标；血细胞的吞噬作用是机体免疫系统抵抗病原菌的第一道防线，对机体起着重要的保护作用。植物精油或与其他添加剂合用能改善特种水产动物的生产性能、血清溶菌活力和杀菌活力等（表 5-23）。

表 5-23 植物精油在特种水产动物生产中的应用效果

植物精油种类	应用效果	文献
龙脑樟枝叶提取物	凡纳滨对虾免疫力提高	Yeh et al.，2009
黄芪	提高中华鳖血细胞吞噬作用，对酸应激导致的血细胞吞噬能力下降有对抗作用；增强分泌溶菌酶细胞的分泌活性、促进溶菌酶分泌，提高血清溶菌活力	周显青等，2003
植物精油	抑制凡纳滨对虾肠道有害细菌的生长，调节菌落平衡，提高营养吸收利用效率，肠道绒毛脱落状况、生产性能得到改善	王猛强等，2015

五、发酵饲料

发酵饲料对特种水产动物具有调节免疫，提高抗氧化、抗应激和抗病能力的作用（表 5-24）。

表 5-24 发酵饲料在特种水产动物生产中的应用效果

发酵饲料种类	应用效果	文献
发酵饲料	中华绒螯蟹血清酸性磷酸酶活性升高，中华绒螯蟹幼蟹血淋巴中 CAT 活性先上升后下降	许晨远等，2019
发酵豆粕和发酵花生粕	提高凡纳滨对虾血清中溶菌酶和 SOD 活性，增强机体的免疫力	李洪琴等，2020
生物饲料	凡纳滨对虾抗氧化指标明显提高	夏青等，2015
乳酸菌发酵上清液	凡纳滨对虾肠道中放线菌的丰度显著增加	沙玉杰等，2016

（一）免疫性能

虾、蟹等甲壳动物只有非特异性免疫，即血淋巴中的免疫相关酶、免疫因子和酚氧化酶原激活系统等，血淋巴中酸性磷酸酶是溶酶体的重要组成部分，具有吞噬细胞杀菌的作用，能够消除外来物，进行机体防御（邵明瑜，2004）。

（二）抗氧化能力

抗氧化防御体系主要通过抗氧化酶和还原性物质来消除细胞代谢过程中产生的氧自由基，避免其对动物机体造成氧化损伤，是水产动物应对应激和胁迫的重要生理机制，关系到水产动物的健康状态（Jung et al.，2016）。脂质过氧化物是机体中的活性氧与生物膜磷脂中的多聚不饱和脂肪酸反应的产物，在应对氧化应激时，其含量会大幅升高，它们能与细胞中的大分子物质如蛋白质和 DNA 作用，进而引起细胞的氧化损伤，其含量的高低反映了动物体内脂质过氧化水平。

（三）抗应激能力

发酵豆粕替代鱼粉时，额外添加精氨酸，提高了凡纳滨对虾的抗菌能力，表明对虾的抗应激能力增强。

（四）抗病力

碱性磷酸酶是甲壳动物生物体内重要的代谢调节酶，在虾、蟹营养物质的吸收和利用中起着重要作用，可反映虾、蟹的抗病性。

六、酵母提取物

酵母提取物对特种水产动物的作用体现在免疫力、抗氧化能力、抗应激、抗病和肠道健康等方面（表 5-25）。

表 5-25　酵母提取物在特种水产动物生产中的应用效果

酵母提取物种类	应用效果	文献
2.5%酵母提取物	溶藻弧菌急性感染，凡纳滨对虾 Toll 样受体和溶菌酶 mRNA 表达量上升，Toll 样受体、免疫缺陷同系物（IMD）和溶菌酶 mRNA 表达量升高，提高免疫相关基因表达量	黄旭雄等，2014
酵母提取物	显著提高白对虾的抗氧化性能	杨龙和邢为国，2021

（一）抗氧化能力

酵母提取物可以提高水产动物的抗氧化能力，谷胱甘肽是酵母提取物中一类重要的活性因子。饲料中添加谷胱甘肽可提高对虾血清中谷胱甘肽还原酶活性，增强抗氧化相关基因的 mRNA 表达（刘晓华，2010）。

（二）抗应激能力

生物体存在完整的抗氧化防御系统，在正常情况下，机体的自由基能被抗氧化系统清除，从而保持相对动态平衡；当机体受到环境胁迫时，大量的活性氧会攻击附近的细胞，对机体造成氧化胁迫，使细胞中 DNA 断裂、酶失活，产生脂质过氧化，引起细胞凋亡。35℃高温应激，饲粮中谷胱甘肽可提高克氏原螯虾血淋巴中 T-SOD、T-AOC、CAT、GSH 水平，降低丙二醛含量，提高机体抗高温应激能力。

（三）抗病力

快速增长和抗病性是目前水产养殖中的重要问题，利用酵母、微藻和中草药提取物等各种天然物，能提高露斯塔野鲮免疫力、抗病力。

第六章　无抗饲料在宠物养殖中的应用

第一节　天然植物及其提取物替抗产品在宠物食品中的应用

天然植物，尤其是具有药食同源特性的天然植物在我国具有悠久的应用历史。天然植物作为饲料原料使用，产品类型通常包括天然植物原粉或其提取物。天然植物提取物是以植物为原料，经过物理、化学提取和分离过程，定向获取和浓缩植物中的一种或多种成分，但不改变其标志成分的产品。天然植物提取物的活性成分主要有黄酮类、生物碱类、挥发油类、皂苷类和多糖等。天然植物提取物添加剂是抗生素的一个替代品，具有抗病毒、抗应激、抗氧化、提高机体免疫等功能强、环保等优点，在宠物食品中备受重视。

一、茶多酚

茶多酚是从茶叶中提取的多羟基酚类物质，主要用于治疗便秘、控制肠道内菌群，在改善肠道内环境方面有显著疗效。茶多酚对肠道致病菌具有不同程度的抑制和杀伤作用，但对肠道内的有益菌却起着保护作用，能促进双歧杆菌的生长和繁殖，改善机体肠道内的微生物结构，提高肠道的免疫功能，有助于食物的消化，预防消化器官疾病的发生，对胃癌、肠癌等多种癌症具有预防和辅助治疗作用，对保证机体健康有积极的作用。茶多酚具有高效的抗氧化、清除自由基能力，将其添加于美毛护肤专用犬粮中，可防止皮质胶原蛋白的氧化，与 SOD 具有共同的作用。茶多酚对透明质酸酶活性具有显著的抑制作用，可防止皮肤过敏反应（表 6-1）。

表 6-1　茶多酚在宠物食品中的应用效果

茶多酚剂量	应用效果	文献
0.5%	降低高油脂犬粮的氧化程度，对 1,1-二苯基-2-苦肼基（自由基）清除率显著提高	程雯丽，2014
0.5%	显著提高犬血清中 SOD、GSH-Px 活性和 T-AOC 水平，降低丙二醛含量	Kapetanovic et al.，2009

二、丝兰提取物

丝兰提取物是以丝兰属植物为原料，通过有机溶剂提取、浓缩以及提纯而生产的一种纯天然的多功能饲料添加剂。丝兰提取物成分中的皂苷可以改变肠道绒毛膜结构和黏膜厚度，使营养物质吸收面积增加，丝兰提取物能促进有益菌的增殖，改善肠道内环境，有利于肠绒毛的健康。丝兰皂苷具有广谱抗菌作用，它对溶血性金黄色葡萄球菌、溶血性链球菌、肺炎链球菌、痢疾杆菌、伤寒杆菌、副伤寒杆菌、霍乱弧菌、大肠杆菌、变形杆菌、绿脓杆菌、百日咳杆菌及其常见的致病性皮肤真菌均有较强的抑制性，从而抑制病原微生物的生长、减少粪便臭味（表 6-2）。

表 6-2　丝兰提取物在宠物食品中的应用效果

丝兰提取物剂量	应用效果	文献
250mg/kg 和 125mg/kg 丝兰提取物（有效成分 30%）	降低粪便中氨的含量，抑制脲酶活性，减少粪便臭味	Lowe et al.，1997
250mg/kg 丝兰提取物（总皂角苷≥8mg/g；总可溶丝兰固体≥30%）	体外和体内抑制粪便中的脲酶活性，减少贵宾犬粪便臭味以及鲜粪中的氨态氮含量	周佳等，2018

三、补骨脂

补骨脂又名破故纸，为豆科植物补骨脂的干燥成熟果实。补骨脂中含有多种活性成分，已从补骨脂中分离出香豆素类、黄酮类、单萜酚类，以及豆甾醇、豆甾醇葡萄糖苷、棉籽糖等化合物，其中香豆素类、黄酮类及单萜酚类化合物是其主要活性成分。补骨脂具有抗肿瘤、提高免疫力、抗菌、平喘和雌激素样作用，可用于成年绝育母犬的保健及成年母犬去卵巢常见疾病的辅助治疗（表 6-3）。

表 6-3　补骨脂提取物在宠物食品中的应用效果

补骨脂提取物剂量	应用效果	文献
100mg/天	针对去卵巢雌性成犬，弥补去卵巢后雌激素缺乏，对肥胖症、心血管疾病及骨质疏松等疾病具有一定的防治作用	陆江等，2019
0.5g/kg	显著提高 APP/PS1（淀粉样前体蛋白/早老素 1 双转基因）小鼠的学习记忆能力	佟玉良等，2020

四、绞股蓝提取物

绞股蓝为葫芦科绞股蓝属草质攀缘植物，明代朱棣所著《救荒本草》、清代吴其濬所著《植物名实图考》均描述其"性苦寒，清热解毒，止咳祛痰"。绞股蓝的主要生物活性成分为皂苷、多糖和黄酮类化合物。现代药理研究证实，绞股蓝具有保肝解毒、抗炎、降血脂、降血糖、抗氧化应激、调节血脂血压及增强机体免疫力等多种生物学功能。我国绞股蓝资源丰富，作为饲料添加剂开发具有一定的潜力。

目前绞股蓝的研究主要集中在医学方面，在畜禽生产中有少量应用，已有少量学者开始对绞股蓝在犬、猫中的应用进行探索，但在宠物食品中的报道尚未见到。患脂肪肝综合征的猫每日 2 次，按 3mL/kg（绞股蓝醇规格：1.5g/100mL）口服绞股蓝醇提取物，有护肝降脂、维持肝脂肪代谢、改善肝血流等作用。

五、菊粉

菊粉（inulin）又称菊糖，是植物中储备性多糖，自然界有 3.6 万多种植物（包括双子叶植物中的菊科、桔梗科、龙胆科等 11 个科以及单子叶植物中的百合科、禾本科）中含有，如菊苣、甜菜、菊芋、大蒜、洋葱、黑麦、韭菜、大葱、番茄等中都含有菊粉，其中以菊苣的产量最高。菊粉具有平衡肠道微生物、调节免疫和脂质代谢以及促进矿物质吸收等作用。菊粉作为一种天然的饲料添加剂，具有改善宠物肠道健康、提高免疫力等作用，具有良好的应用前景（表 6-4）。

表 6-4　菊粉在宠物食品中的应用效果

菊粉剂量	应用效果	文献
5g/L	促进犬粪便体外发酵，提高碳水化合物终产物浓度	Vierbaum et al.，2019
20g/L	对保存 1 个月的犬饼干中植物乳杆菌（1×10^8CFU/mL）的活菌数量未见影响	Verlinden et al.，2006

六、紫锥菊

紫锥菊又称紫松果菊，为松果菊属植物，其内含多糖、黄酮、菊苣酸、糖蛋白、咖啡酸衍生物、生物碱和烷基酰胺类等多种有效成分。紫锥菊可以提高人体内的白细胞等免疫细胞的活力，有增强免疫力的功效；具有抗炎、免疫调节、抗病毒、预防光照性皮肤病等生物学功能；药用价值主要体现在被广泛用于预防和治疗呼吸系统、皮肤感染以及由免疫缺陷引起的疾病（表 6-5）。

表 6-5　紫锥菊在宠物食品中的应用效果

紫锥菊种类和剂量	应用效果	文献
0.5%或 0.75%紫锥菊复方超微粉（紫锥菊、黄芪、甘草、板蓝根、鱼腥草按照 2∶1∶1∶1∶1 混合）	显著提高幼犬的生长性能和免疫力，推荐剂量为 0.5%	邢蕾等，2019
0.2～0.8g/kg 紫锥菊	显著提高犬外周血清中 IL-2 含量，降低 IL-6 含量，增加溶菌酶含量	余殷兴，2016

七、海藻

海藻是在海水中生长的藻类植物，广泛应用于医药、食品、工农业等领域。海藻具有很高的营养价值和药用价值，热量低，饱腹感强，经常食用可治疗肥胖；具有多种功能，如抗肿瘤、降血压、降血脂、抗氧化、心血管疾病和支气管炎的预防与治疗。

海藻在宠物食品中常见的添加产品如海苔、裙带菜、螺旋藻等，但公开的研究报道少见。犬按体重 20～30kg 补喂钝顶螺旋藻 0.5g，7 天后犬食欲提高，轻度的皮肤损害（潮红、起疹、发痒）完全消退，皮肤弹性大为改善；补喂 14 天，皮肤糜烂处上皮形成和被毛长出。

第二节　多糖与寡糖替抗产品在宠物食品中的应用

多糖和寡糖具有优良的特性与生理功能，广泛受到关注，成为能够有效替代抗生素的潜在资源。多糖是存在于自然界的醛糖和（或）酮糖通过糖苷键链接在一起的聚合物（一般 10 个以上），分布于动植物及微生物中，具有广泛的生物学功能。多糖不仅是生命有机体的重要组成，还控制细胞分裂和分化，参与细胞间的识别、转化及物质运输，参与机体免疫功能的识别、肿瘤细胞的凋亡等过程。寡糖是由 2～10 个单糖组成的一类聚合物，构成寡糖的单糖主要是五碳糖和六碳糖。目前已经确认的寡糖大约有 1000 种。在宠物食品中，多糖与寡糖可作为重要的抗生素替代品，发挥免疫调节、调节肠道微生态及抗细菌等作用，在宠物食品添加剂上的应用前景将更为广阔。

一、多糖

多糖广泛存在于动物、植物和微生物细胞中。常见的有甲壳素、黄芪多糖、枸杞多糖、党参多糖、银杏叶多糖、南瓜多糖、大枣多糖、苜蓿多糖、魔芋多糖、香菇多糖、灵芝多糖、金针菇多糖、冬虫夏草多糖、银耳多糖、黑木耳多糖、茶树菇多糖、酵母细胞壁多糖等。多糖具有改善免疫性能、抗氧化、抗病毒、调节肠道微生态等多种生物学功能。

多糖类产品在宠物食品中也备受关注，目前，以多糖产品与疫苗等药物制剂配伍的研究和应用较多，以饲料添加剂形式应用的报道较少，且多糖产品在犬中的应用较猫多。未来，多糖类产品在犬、猫饲料添加剂上的应用前景将更加广阔（表 6-6）。

表 6-6　多糖在宠物食品中的应用效果

多糖	犬种	用法	应用效果	文献
黄芪多糖	幼犬	1mL/kg（口服）	极显著提高犬血清 SOD 活性和淋巴细胞转化率	贺生中等，2005
浒苔多糖	幼犬	10g/L、20g/L、30g/L、40g/L（疫苗液）	提高犬冠状病毒灭活疫苗的免疫效果	孙秋艳等，2017
方格星虫多糖	幼犬	50mg/kg、100mg/kg、200mg/kg	对脂代谢紊乱、脂肪性肝病具有一定的预防作用	李珂娴等，2015

二、寡糖

寡糖亦称低聚糖、寡聚糖，也叫化学益生素，是由 2～10 个单糖经糖苷键链接形成直链或支链的低度聚合糖类物质，它的分子量为 200～2000Da，寡糖分为普通寡糖和功能性寡糖，普通寡糖包括麦芽糖、蔗糖、乳糖等，可在动物消化道内源酶作用下分解为单糖后被吸收，对肠道有益菌并无生长促进作用。功能性寡糖则不被动物消化道分泌的酶所降解，但可被肠道微生物利用。宠物食品添加剂研究人员对功能性寡糖感兴趣的方面是不能被动物消化吸收作为营养素的低聚糖所具有的特殊生物学作用及其对动物健康的影响。

功能性低聚糖自身不能被机体消化吸收，但具有一定的生理活性，常见的有低聚异麦芽糖、果寡糖、甘露寡糖、低聚半乳糖、大豆低聚糖、壳寡糖、低聚木糖、海藻糖等。功能性低聚糖具有热值低、促进有益菌增殖、摄入后不升高血糖血脂、预防衰老、提高免疫力、安全、无毒、适口性高等优点。

功能性寡糖作为饲料中的天然成分，无毒、无污染，在宠物食品和饲料研究中具有良好的应用前景，具有抗衰老、抗氧化、预防癌症以及抗龋齿等功能（表6-7）。目前，饲料中低聚糖的营养评价标准不完善，添加量尚没有可参考的标准，市场开发潜力巨大。

表 6-7　寡糖在宠物食品中的应用效果

寡糖	犬种	用法	效果	文献
甘露寡糖	幼犬	胃肠炎接种治疗+甘露寡糖（2g/只）	致病性大肠杆菌的清除率达85.71%	Gouveia et al.，2006
果寡糖、甘露寡糖	成年犬	1g/只	增强局部和全身免疫，降低粪便中腐败化合物的浓度	Swanson et al.，2002
果寡糖	成年犬	1.5g/L	改善犬肠道微生物群落生态平衡，降低氨浓度，促进挥发性脂肪酸（VFA）的产生	Pinna et al.，2016
低聚半乳糖	成年犬	0.5%、1%、2%、4%、8%	增加日粮养分消化率和粪样评分	Faber et al.，2011
菊苣（含果寡糖）、甘露寡糖	老年犬	1%	提高采食量、脂肪消化率、粪便双歧杆菌浓度，降低外周淋巴细胞浓度	Grieshop et al.，2004

第三节　天然抗氧化剂替抗产品在宠物食品中的应用

抗氧化剂是防止脂肪和脂溶性成分（包括维生素 A 和维生素 E）氧化的物质。脂肪一旦氧化，就会变味，失去营养价值。犬和猫食品中通常含有较高含量的脂肪，极易被氧化。天然抗氧化剂和人工抗氧化剂都能防止食物氧化，从植物中提取的具有抗氧化作用的天然活性成分较添加人工抗氧化剂更受消费者青睐。宠物食品中最常用的天然抗氧化剂包括生育酚（维生素 E）、L-抗坏血酸（维生素 C）、茶多酚（TP）、柠檬酸、迷迭香和虾青素（表6-8）等。

表 6-8　虾青素在宠物食品中的应用效果

虾青素剂量	应用效果	文献
20mg/天	通过缓解白细胞 DNA 和蛋白质的氧化损伤提高犬血液中白细胞的线粒体含量	Park et al.，2013
0.3mg/(kg·d)	肥胖犬血浆中甘油三酯（TG）、丙二醛、乳酸脱氢酶（LDH）的浓度均显著降低，通过调节脂质代谢，提高了实验犬的抗氧化功能和肝功能代谢水平	Murai et al.，2019

第四节　益生菌替抗产品在宠物食品中的应用

益生菌是一种活的微生物制品，适宜的剂量会给宿主的健康带来诸多益处。益生菌可以通过调节消化道微生态平衡、抑制致病菌的生长和粘附、减轻炎症反应等机制，对消化道疾病进行防治。益生菌可增强细胞免疫和体液免疫从而对机体免疫产生作用。在细胞免疫方面，益生菌通过调节肠道中局部免疫球蛋白，提高机体免疫。益生菌可分为以下三大类：①乳杆菌，如嗜酸乳杆菌、干酪乳杆菌、拉曼乳杆菌等；②双歧杆菌，如长双歧杆菌、短双歧杆菌、卵形双歧杆菌、嗜热双歧杆菌等；③革兰氏阳性球菌，如粪链球菌、乳球菌、嗜热链球菌等。

益生菌可以增强上皮肠道的屏障功能，促进黏液层的形成，分泌抗菌因子，预防胃肠道疾病的发生、调节免疫系统、参与新陈代谢、抵抗致病菌感染。益生菌可通过增加有益菌，降低条件致病菌的丰度，减少条件致病菌之间的相互作用以及下调与细菌毒力和细胞信号相关的功能基因，上调与氨基酸、次生代谢物等相关的代谢通路来改善犬的腹泻。

益生菌的益生特性必须符合宿主肠道菌群的特点，尽管已有一些益生菌在宠物养殖中应用的研究报道，但目前仍然缺乏品质好且适用于犬的益生菌制剂（表 6-9）。益生菌通过调节肠道菌群来改善犬的健康，并非所有的益生菌都适用于犬。新益生菌的使用应该经过严格的试验研究验证其功效。

表 6-9　益生菌在宠物食品中的应用效果

益生菌种类	应用效果	文献
嗜酸乳杆菌 DSM1324	在犬胃肠道中存活，增加粪便中乳杆菌属的相对含量，减少梭菌属的相对含量，提高犬的免疫力	Baillon et al.，2004
含 7 种益生菌的复合菌制剂	增加犬肠道内肠球菌和链球菌的数量，没有改变肠道内的优势菌群，也没有提高免疫力	Garcia-Mazcorro et al.，2011
柔嫩梭菌、动物乳杆菌等益生菌	肠道内显著增加的细菌与 sIgA、IgG、ADFI、体重显著正相关，与 TNF-α、IL-6 显著负相关	徐海燕，2019
布劳特氏菌、萨特氏菌	肠道内显著减少的细菌与 TNF-α 显著正相关，与 sIgA、IgG、ADFI、体重显著负相关	徐海燕，2019

注：ADFI 为平均日采食量（average daily feed intake）。下同

第五节　酶制剂替抗产品在宠物食品中的应用

饲用酶制剂以其绿色、环保、安全等特点成为饲料添加剂领域的研究热点，饲用酶制剂的应用对于改善饲料利用率、提高动物生产性能、开发新的饲料资源、减少环境污染发挥了巨大作用，在实现我国畜牧业的可持续发展战略中有着极为广阔的应用前景。近年来，很多研究表明通过在犬、猫日粮中添加外源酶制剂可提高宠物体重，这些动物生产性能的提高主要归因于饲料消化率的提高。饲用酶制剂的分类方法很多，目前主要根据酶的剂型、性质、作用对象等进行分类。

饲用酶制剂按照剂型可分为单一酶制剂、复合酶制剂两类。单一酶制剂包括植酸酶、蛋白酶、木聚糖酶、β-甘露聚糖酶、α-半乳糖苷酶、β-葡聚糖酶、葡萄糖氧化酶、淀粉酶、脂肪酶、麦芽糖酶、果胶酶、纤维素酶。复合酶制剂按照功能特点可分为以蛋白酶和淀粉酶为主的复合酶、以β-葡聚糖酶为主的复合酶、以纤维素酶和果胶酶为主的复合酶，配制和发酵复合酶制剂时可以根据实际需求考虑酶系组成。例如，对于消化道发育不完善、消化酶分泌不足的幼龄动物，可以添加以蛋白酶、淀粉酶为主的复合酶。在粗纤维含量、非淀粉多糖含量较高的日粮中，可以添加以纤维素酶、木聚糖酶、果胶酶为主的复合酶，它们可以发挥破坏植物细胞壁、释放细胞中营养物质、降低胃肠道内容物黏度、消除抗营养因子、促进动物消化吸收的作用。

饲用酶制剂根据性质可分为消化酶类和非消化酶类。一类为动物消化酶类，如蛋白酶、淀粉酶与脂肪酶，这类酶结构和性质与内源酶有部分差异，但能强化内源酶的作用，提高对营养物质的消化利用。另一类为动物不能分泌的非消化酶类，如纤维素酶、木聚糖酶、植酸酶、果胶酶等，这类酶多来源于微生物，不能由动物自身合成，主要用于畜禽消化一些自身不能消化的物质或降解抗营养因子。

根据动物种类，酶制剂分为猪、禽等单胃动物饲用酶制剂以及反刍动物饲用酶制剂。根据饲料来源，酶制剂可分为麦类日粮酶制剂、杂粮型日粮酶制剂、玉米-豆粕型日粮酶制剂等。

酶制剂的作用机理：①补充内源酶不足，提高内源性消化酶活性；②消除抗营养因子，破坏植物细胞壁，提高饲料养分消化率；③降低肠道食糜黏度，提高养分消化率；④减少动物后肠道有害微生物的繁殖；⑤提高机体代谢激素水平；⑥增强机体免疫力；⑦改变肠壁结构，提高养分吸收能力。

酶制剂在宠物饲料中的应用主要针对非淀粉多糖的研究，非淀粉多糖作为抗营养因子，能够降低宠物的生产性能。因此，研究主要集中在木聚糖酶、葡聚糖酶、甘露聚糖酶、果胶酶等能够分解非淀粉多糖的酶类。研究表明，添加酶制剂对宠物饲粮消化率有明显改善作用，提高饲料报酬、平均日增重（average daily gain，ADG）等（表6-10）。

表6-10　酶制剂在宠物食品中的应用效果

酶制剂种类和剂量	应用效果	文献
100g/t 复合酶制剂	有效提高 50 日龄健康贵宾幼犬的生长性能、主要营养物质表观消化率，并显著降低发病率	邢蕾等，2020
100g/t 复合酶制剂	刺激幼犬内源性消化酶的分泌，提高消化道中各种消化酶的活性，进而提高幼犬的 ADG、降低 F/G	袁华根等，2011

幼犬饲粮中的玉米等植物性饲料的细胞壁含有抗营养因子——非淀粉多糖（non-starch polysaccharide，NSP）。非淀粉多糖能增加胃肠道食糜的黏度，减慢各种养分从日粮中溶出的速度，减少内源性消化酶与养分的接触；同时也减慢养分向肠黏膜扩散的速度，降低吸收率，并且影响肠道微生物群落，减弱酶活性。

第七章 无抗饲料产业化发展展望

第一节 国 际 形 势

一、抗生素的发展史

抗生素及其发现年份：青霉素（1929 年）、链霉素（1944 年）、金霉素（1947年）、氯霉素（1948 年）、土霉素（1950 年）、制霉菌素（1950 年）、红霉素（1952年）、卡那霉素（1958 年）。自 1940 年青霉素应用于临床以来，已有数千种抗生素得到应用，临床上常用的亦多达数百种。目前，人们正在致力于开发更为高效、低毒和广谱的抗生素。

在抗生素研发过程中，随着抗生素化学结构的明确，人类开始使用化学合成的方法来生产抗菌药物，由此出现了一些合成或半合成药物，目前临床常用的化学合成药物主要有磺胺类、氟喹诺酮类、磷霉素、硝基咪唑类、硝基呋喃类、噁唑烷酮类等。

新的抗菌药物研发永无止境，随着科学的发展、人类医疗需求的不断增加，人们将会开发和生产出更多理想的抗菌药物，为人类的卫生事业服务。

二、饲用抗生素历史

抗生素不仅能治疗人的细菌病，对动物炎症性疾病也有很好的疗效。抗生素用作饲料添加剂的历史已超过 70 年，随着饲料中抗生素的长期、大量应用，畜禽的耐药性与日俱增，不仅大大增加了动物疫病防控的难度，还产生了饲养动物产品质量安全问题，已经威胁到人类的健康和生命。英国专家指出，如果细菌耐药性得不到有效控制，2050 年以后，具有耐药性的超级细菌每年可造成约 1000 万人丧生，这个数字超过了每年因患癌症而死亡的人数，同时造成低收入国家畜牧业 10%的生产损失。总之，抗生素过度使用导致的问题已经严重制约了畜牧业的健康发展。

抗生素在畜牧业应用的历史最早可追溯到 20 世纪的美国和欧洲。1946 年，Moore 等首次报道在家禽饲料中添加抗生素能够提高生产性能；1950 年，Jukes则首次发表了猪饲料中添加抗生素的试验报告。自 1950 年美国食品药品监督管理局（Food and Drug Administration，FDA）首次批准抗生素用作饲料添加剂以来，抗生素作为促生长剂得到广泛应用，大幅度降低动物发病率、死亡率，改善动物生产性能，显著提高畜牧业的劳动生产率和经济效益。

1994 年，农业部首次发布了《饲料药物添加剂允许使用品种目录》（农牧发〔1994〕7 号），开始将抗生素添加剂作为饲料药物添加剂使用，抗生素在我国应用 26 年（1994～2020 年），对我国畜牧业生产和发展起到了积极推动作用。据北京大学临床药理研究所调查推算，中国每年生产抗生素原料大约 21 万 t，其中有 9 万 t 用于畜牧养殖业，占总产量的 42.86%。

随着人们对抗生素副作用认识的逐渐深入，抗生素在畜禽水产养殖动物饲料中的应用受到了越来越多的质疑和诟病，成为当今世界热点话题之一，若不加以限制或禁止使用将成为人类现代医学的灾难。

三、饲料禁抗

饲料禁抗与畜牧业禁抗不同，饲料禁抗可能短期内导致养殖治疗用抗生素增加，因此农业农村部提出"饲料禁抗、养殖减抗、产品无抗"。而从饲料禁抗到畜牧业真正不用抗生素，需要一个过程。

1969 年，英国学者 Swan 在提交给英国议会的一份报告中，首次表述了对人类病原体中抗生素耐药性发展的担忧，提出禁止动物饲料中使用亚治疗剂量的抗生素。20 世纪 80 年代，全球出现了对多种抗微生物药物具有抗性的病原菌。1981年，世界卫生组织抗生素慎用联盟成立，呼吁各国政府采取立法手段禁止滥用抗生素。1986 年，瑞典首先提出饲料中全面禁用抗生素作为促生长类添加剂使用。

2001 年有研究证明抗生素抗性基因可以从动物传播到人类微生物群，2003年又有研究证明耐药性可以在食物链中传播。2002 年，欧洲理事会宣布决定逐步淘汰所有促生长用抗生素。2006 年，欧盟饲料全面禁抗后，治疗用药量显著提高。2007 年治疗用药量提升了约 40%，2007 年后养殖场用药量开始逐年小幅度下降，持续到 2009 年才有所逆转。2011 年，荷兰禁止饲料厂为养殖企业生产加药饲料，统计执业兽医师的年用药量，根据其指导养殖企业处方用药量排名、评分等，强行降低处方药使用量，2014 年底用药量明显降低，与 2009 年相比，降低了 58%。欧洲的做法表明，通过强制手段，可以逐步减少畜牧业中抗生素的总体用量。

第二节　我国禁抗实践

一、3 个公告成就无抗元年

农业农村部于 2019 年 7 月 9 日第 194 号公告中提出，自 2020 年 7 月 1 日起，中国的饲料生产企业将不能再生产含有促生长类药物饲料添加剂的商品饲料。此前已生产的商品饲料可在市场上流通至 2020 年底。随后又于 2019 年 12 月 19 日发布了第 246 号公告，于 2020 年 6 月 12 日发布了第 307 号公告。也就是说，之后将禁止饲料生产中添加促进生长的抗生素。从此，中国的畜禽饲料行业将开启全面禁抗时代。

这 3 个公告（表 7-1）分别从商品饲料和自配料禁抗，以及禁抗后部分抗球虫药和中药的使用等方面做出相关规定，构成了当前的中国饲料禁抗制度。这些制度立足当前，面向未来，围绕"饲料无抗、养殖减抗、产品无抗"展开，并非实现"无抗养殖"。因此，将 2019 年、2020 年或 2021 年定义为我国养殖无抗元年，都有一定的道理。

表 7-1　关于禁抗的 3 个公告

日期及公告号	公告核心内容	公告意义
2019 年 7 月 9 日，第 194 号	自 2020 年 7 月 1 日起，饲料生产企业停止生产含有促生长类药物饲料添加剂（中药类除外）的商品饲料；此前已生产的商品饲料可流通使用至 2020 年 12 月 31 日；改变抗球虫和中药类药物饲料添加剂管理方式，不再核发"兽药添字"批准文号，改为"兽药字"批准文号，可在商品饲料和养殖过程中使用	总体解决商品饲料全面停用促生长类抗生素的问题
2019 年 12 月 19 日，第 246 号	在部分畜禽商品饲料中允许使用的抗球虫药物和中药的相关规定	明确了原农业部第 168 号公告废止后，哪些畜禽商品饲料中能够合法使用抗球虫药和中药，具有《饲料和饲料添加剂管理条例》中规定的"药物饲料添加剂品种目录"的作用
2020 年 6 月 12 日，第 307 号	公布了自配料的相关规定，界定了自配料，提出了自配料的行为规范。规定养殖者自行配制饲料的，应当利用自有设施设备，供自有养殖动物使用；养殖者自行配制的饲料不得对外提供；不得以代加工、租赁设施设备等方式对外提供配制服务；养殖者在日常生产自配料时，不得添加农业农村部允许在商品饲料中使用的抗球虫和中药类药物以外的兽药	履行《饲料和饲料添加剂管理条例》规定的法定职责，完成了国务院农业行政主管部门制定自行配制饲料使用规范的要求。堵住了饲料禁抗的漏洞，194 号公告要求商品饲料停止使用含有促生长类药物饲料添加剂，并未限制自配料。有效保护了饲料生产企业的合法权益，防止借机以自配料销售、挤占饲料生产企业合法权益的现象发生

二、无抗需要解决的问题

首先是恶劣的养殖环境，虽然我国在规范猪场方面做了很多努力，但是很多养殖场的内部环境仍然存在较大问题，如通风不良，粪便清理不及时、不彻底，粪便中耐药菌的残留等。其次，饲料中常含有抗营养因子，主要是蛋白抑制因子、碳水化合物抑制因子、矿物元素生物有效性抑制因子、维生素拮抗因子、刺激动物免疫系统作用因子、促进氧化的因子等，它们干扰了饲料中养分的消化吸收作用，影响了营养物质的消化率。此外，饲料氮的利用率低，环境中含氮、含硫气体进一步影响养殖环境气溶胶质量，造成动物的临床和亚临床疾病，影响动物生产潜力发挥，促使养殖户使用抗生素来促进生长。

"禁抗"对畜牧养殖业和饲料行业都是挑战。相对而言，饲料行业面临的困难小一些。"禁抗令"实施的难点不在饲料端，而在养殖端，在畜禽水产养殖生产环节。"禁抗"的成败取决于养殖端最终能否实现这一重大转折,饲料"禁抗"的效果最终要通过食品和环境检验,看食品和环境的抗生素残留是否发生了本质改变。

"禁抗"对畜牧业的影响主要有以下三方面:①畜禽发病率增加,抗生素饲料能降低畜禽病死率,尤其是针对幼龄动物,如保育前期、断奶期仔猪等,没有抗生素饲料的"保驾护航",生猪病死率会有一定的上升。在养殖条件、饲养管理较差的中小养殖场,这种情况更加突出。②养殖成本增加。"禁抗"后,饲料行业需要寻找替代品,养殖过程中的疫病治疗费用也会增加。③料重(蛋)比增加。"禁抗"后畜禽生长速度变慢,生产效率降低,生长周期拉长,饲料无效消费增加。

"无抗"是大势所趋,国家提倡、消费者期盼、市场欢迎。①"无抗"不是绝对不使用抗生素。"无抗"是畜牧业生产的更高追求,"替抗"是暂时性、阶段性、过渡性的。②就目前我国的养殖业发展水平而言,行业要持续健康发展,在实际生产中,还需要使用治疗性抗生素,关键是要严格监管、科学用药、禁止滥用。③养殖企业还可以用"减抗、替抗"作为过渡措施。近年来,养殖业和饲料行业都加快了"减抗、替抗"的研究和实践,尤其是大型养殖企业,已经在这方面进行了较多探索,不少企业研发出"替抗"产品,包括中草药、酶制剂、益生菌、酸化剂、植物精油、抗菌肽、寡糖等,可以确保养殖生产持续稳定。总之,养殖业可采用的应对办法和措施较多。养殖企业一方面可以通过替代品减轻"禁抗"冲击;另一方面可以加快推进标准化规模养殖,提高养殖场整体生物安全水平,从根本上降低动物疫病风险。

真正做到"全面禁抗",养殖业还面临思想观念、技术应用、资金短缺、服务体系薄弱等问题。从思想观念上来说,长期以来,养殖业在疫病防控上一靠疫苗、二靠用药。在提高养殖效率、节省成本方面过分依赖抗菌药。这种观念导致部分养殖企业不重视提升管理水平,不追求技术进步,不积极改进养殖环境、提升养殖场生物安全水平。在技术更新上,"禁抗"对养殖企业提出了更高的要求,不少养殖企业,尤其是中小养殖企业科技知识积累不够,创新能力缺乏,在"减抗、替抗"时缺少技术支撑。在建设改造方面,部分养殖企业在"替抗、减抗"过程中,需要新建或改造养殖场,这需要投入大量资金。此外,基层畜牧兽医技术服务体系还不够健全,很多中小养殖企业又迫切需要相关技术服务支撑。

当前要着眼全局,从生产实际出发抓好以下5个环节:一是加大政策宣传贯彻力度,促进全行业从业者提高认识;二是开展技术培训服务,有重点、有针对性地进行技术培训;三是拓宽养殖企业融资渠道,加大国家和地方政府对畜牧业的支持;四是健全完善基层畜牧兽医技术服务体系;五是加强监督监管,严控产业链各环节,通过实施饲料"禁抗",实现畜牧业发展新一轮变革。

饲料"禁抗"将倒逼养殖业加快技术发展,提高饲养管理水平,强化生物安全措施，推进养殖业标准化、规模化、产业化、现代化进程，促进畜牧业转型升级，迈入高质量发展阶段。

（一）无抗导致动物发病的原因及应对措施

饲料中不再添加抗生素，畜禽在短期内对细菌的抵抗能力会大幅降低，特别是畜禽幼崽更容易生病，饲料"禁抗"将可能大大增加畜禽发病率和病死率，这已经从之前欧洲一些国家饲料"禁抗"的过程中得到了验证。以丹麦为例，刚开始在生猪饲料中禁止使用抗生素，生猪的发病率和死亡率增加 6 倍，养殖过程中医疗抗生素的用量也呈正比例递增。与欧美国家相比，我国规模养殖场的环境、防疫等条件均较差，可以设想，如果在畜禽饲料中禁用抗生素，养殖端抗生素用量势必增加，养殖场的医疗成本将会增大。在我国养殖条件相对较差的中小养殖场，这种情况会更突出。

长期以来，养殖场户针对疫病防控一靠免疫、二靠抗生素，在养殖过程中过分依赖抗生素。这种思想观念导致部分养殖企业在管理、技术、人才、场舍改造等方面不够重视。很多中小养殖企业科技知识积累不够，创新能力不足，缺少"替抗"的技术支撑。养殖企业应根据场舍长久发展的需要，对场舍的安全及养殖设备进行升级改造，加快推进标准化规模养殖，提高养殖场整体生物安全水平，在畜禽养殖的每个环节减少病源接触，提高畜禽的免疫力，从根本上降低畜禽疫病风险，寻求绿色、安全的"替抗"产品，以确保养殖生产稳定。应改善畜禽的饲养环境，减少畜禽的应激反应。及时改进畜禽饲料的营养结构，增加可发酵纤维和高质量低蛋白的比例，适当应用抗球虫药。加强养殖场舍从业人员技术培训，应对养殖中"禁抗"所遇到的一系列问题。

畜禽每天会产生很多粪便排泄物，其中含有大量磷、甲烷等污染物等，还会滋生大量的蝇虫，随着病原体传播而导致畜禽的疫病发生率升高。畜禽对舍内环境温度、湿度都非常敏感，并且调节能力非常差，当畜禽舍内空气流通不良、温度和湿度较高时，畜禽会明显不适，舍内的有害气体也不容易排出，易诱发畜禽疫病的发生。因此要保障养殖舍内通风，及时带走舍内多余的热能，换入外部新鲜空气。温度与湿度应适宜，控制舍内畜禽的数量和空间，要保持好舍内的卫生，保质保量免疫，同时做好消毒、隔离工作，有效及时地切断畜禽传染病的传播途径。

（二）无抗饲料和无抗饲养

1. 饲料卫生

一般，饲料原料种类包括蛋白类、淀粉类、脂肪、纤维、矿物类、维生素类以及一些功能性添加剂等，在无抗之前，选择营养价值高、性价比高、无霉变质变、易采购储存的原料是原料选择的基本原则。而在无抗背景下，进行原料选择时应增加原料对动物的高保健价值的筛选，而高保健价值的原料标准主要包括以下几点：①低不可消化蛋白、低抗营养因子原料适合动物的消化生理，不增加消化负担，有利于养分周转，利用率和沉积率高。在选择蛋白原料时，应选择可消化蛋白含量高的优质蛋白原料，降低不可消化蛋白比例，防止不可消化蛋白进入后肠被以蛋白质为能量来源的致病菌利用，引起动物腹泻；另外，选择低抗营养因子的原料也至关重要，原料中抗营养因子也可能增加动物的消化负担，如大豆中的胰蛋白酶抑制因子会抑制肠道中胰蛋白酶的功能。②选择毒素水平更低的原料，不增加肝转化和肾排放负担，减少对消化道和机体的负面作用。霉菌毒素是指霉菌在其所在饲料中产生的有毒代谢产物，可以通过饲料进入动物体内，引起动物的急性或慢性中毒，损害机体的肝、肾等器官组织，给畜牧养殖业造成严重损失。在无抗背景下，动物抵抗力差，对毒素的转化和排出能力更弱，因此，控制更低的毒素进入机体是保护动物健康的重要措施。③选择优质纤维原料，满足动物肠道微生物的营养需求。还应考虑适合微生物生长与增殖的营养源，如优质的纤维源。因此，以纤维中可溶性纤维和可发酵纤维含量的高低评估纤维源的营养价值对实际应用过程更具指导意义。

原料是产品的基础，因此原料的品质控制极为关键。由于饲料原料种类的复杂多样和原料价格的频繁波动，原料品质易受价格、供求关系等因素影响。应加强对饲料原料的品质控制，加强对饲料原料采购与储存的监测和管理是获得客户信任、树立企业信誉的有效途径。监测原料品质的手段包括：①对其质量指标的检测，如营养价值水平、新鲜度、微生物污染程度、含杂率、完整度、有毒物质含量等，另外，当前非洲猪瘟病毒检测是关键；②对运输过程和存储条件的监控，制定并执行相关的制度，如仓储管理制度、长期库存原料质量监控制度、不合格原料管理制度、运输过程管理制度及供应商评价和再评价制度等；③配备专业的质量检测设备，许多指标必须依靠专业的检测设备来完成，如原料的新鲜度检测、酸价检测等，为采购决策提供准确的原料品质信息。

2. 饲料营养平衡

原料如何使用是优质原料价值得以发挥的关键步骤，有专家指出，只要饲料配方配得好，饲料中有无抗生素并不重要，换句话说，抗生素只有在日粮营养结构不平衡时效果较好。由此可见，配方设计技术在无抗饲料中的重要性。实现饲料营养结构平衡是配方设计的核心，准确掌握原料营养成分含量及动物实际生理需要，即精准营养是实现营养结构动态平衡的关键。

理想的营养结构平衡就是各种营养要素种类和比例达到最佳状态，包括以碳水化合物/蛋白质/脂肪为能量源时的种类和比例、淀粉/非淀粉多糖/寡糖结构及比例、蛋白质小肽/氨基酸种类比例、长链/短链以及饱和/不饱和脂肪酸种类及比例、有机/无机矿物元素及不同元素之间的比例、天然/合成维生素及不同维生素之间的比例、添加剂种类及剂量比例等。以碳水化合物平衡为例，碳水化合物中直链/支链淀粉值、非淀粉多糖的结构/大小/剂量以及寡糖的结构/大小/剂量达到平衡后会促进动物肠道微生物平衡，促进肠道功能发育，进而使得动物不腹泻，生长发育正常。

精准营养是无抗营养技术的原则，精是手段，要求精确无偏差；准是目标，要求准确无误差。这就要求配方师在设计配方时充分做到营养供给侧和需求侧的精准平衡，依据不同品种、生理阶段、生产目的、生产水平及生产条件下动物的生理需要。例如，母猪、乳猪、肥猪、保育猪，因其生产目的、生理阶段的不同，对饲料营养结构需求有很大的差异。母猪营养与仔猪健康和成活率息息相关，首先，保胎促发育是做好怀孕母猪料的关键，蛋白质水平和氨基酸平衡可促进胎儿发育，优质纤维和生物饲料的添加有助于缓解妊娠母猪便秘和焦躁情绪；其次，保障母猪奶水好是调制哺乳期母猪饲料的关键，饲料的养分结构和安全品质比价格更重要。乳猪教槽料是一种帮助仔猪从母乳平稳过渡到饲料的功能性饲料，需具有降低断奶应激、提高采食量、修复肠道结构损伤等功能，因此，在仔猪教槽料设计过程中应更多注重饲料功能和品质而非营养，切不能在断奶前代替母乳饲喂。

由此可见，做到精准营养不仅可减少非动物生长所需的一部分营养的浪费，还可防止多余的蛋白质进入动物后肠供致病菌发酵，从而引发腹泻及肠道炎症，这对于饲料禁抗后保障动物健康、促进养殖场高效健康生产具有重要作用。

优化饲料营养配方结构的同时，还应考虑动物肠道保健物质的选择，如中草药类、有机酸类、益生菌制剂、寡糖类、抗菌肽、功能性氨基酸、植物精油等，从而调节肠道菌群平衡和修复肠道结构损伤。通过组合这些功能性物质达到增强动物免疫、缓解应激、促进消化、调控代谢的目的。采用中草药调理，可以提升机体免疫功能。想要从根本上提升动物的健康水平，增强免疫系统功能才是最优解决方案。某些中草药具有抗应激功效，如藿香正气口服液在抗应激、改善消化系统功能、预防腹泻、增强非特异性免疫系统功能等方面就具有显著功效。提高机体的免疫功能，主要针对的机体器官为消化道系统和呼吸道系统，肠道是消化和吸收的主要部位，且肠系膜淋巴结十分发达，当肠道健康时，消化和吸收效率高，对病原微生物的抵抗力相应增强，同时，由于饲料的消化利用率提高，环境中有害气体减少，故呼吸道系统也会更加健康。中医学上，呼吸道系统和消化道系统互为表里，肠道的健康可以促进呼吸道的健康，并且饲料中不使用抗生素，故肝不用超负荷运转，所以肝保持健康。由此可知，保健型养殖是建立在保肠护肝的基础上，只有这样，才能真正实现利用营养来调控免疫机能的发挥，提高免疫力，实现真正的绿色健康养殖。微生态技术及其制剂，如酶制剂、酸化剂、寡糖、抗菌肽、生物发酵饲料，由于具有调节肠道的功效，可以快速构建肠道微生态平衡，防止和治疗新生畜禽腹泻、便秘。中草药可通过影响细菌细胞壁渗透屏障或抑制细胞膜上的多种呼吸酶的合成，从而达到抑菌的目的，对消除耐药性具有重要作用，是具有开发前景的细菌耐药性抑制剂。

3. 养殖环境适宜

目前猪场面临的最大问题是应激。猪遭受应激会造成其采食量下降、拉稀、免疫力下降和不长肉，甚至死亡。母猪怕热、仔猪怕冷是猪舍温度控制的基本原则，当舍内温度过低时，仔猪会出现扎堆、不愿活动，采食意愿低，甚至引起腹泻、生长迟缓、免疫力降低等；当温度过高时，不仅母猪发情率、胚胎存活率、奶水质量等会受到严重影响，甚至影响母猪健康。舍内通风环境差，氨气、二氧化碳浓度高，不仅会引起动物呼吸道疾病，同时会促进细菌、病菌等沉积，加大动物之间疾病传播的风险。另外，控制饲养密度也是减少环境应激的关键，在保育猪舍和生长育肥猪舍，饲养密度过大会引起猪只抢夺饲料和饮水、咬尾、随意排泄。这不仅造成圈内环境变差，还会导致猪群体重差异变大，产生僵猪、弱猪。在妊娠母猪舍，饲养密度过大，母猪间追逐会加大母猪流产的风险。因此，做好猪舍的通风换气、控制温度、保持猪舍干燥卫生和适宜的饲养密度是减少猪场应激的关键措施。在规模养殖场，安装智能温控系统随时监测舍内温度、湿度，是改善饲养环境、减少工作强度的有效措施，当温湿度超过设定范围时，系统自动开启水帘、冷风机、保温灯、电热板等设备控制猪舍环境。

水质对动物健康的影响不容忽视，无抗背景下，在饲养管理过程中应加强对水的清洁度、硬度、病原微生物含量、pH、流速等方面的管理。与此同时，在饮水中添加一些功能性物质有助于保障动物健康。例如，在化学指标和病原指标合格的前提下，在水中添加适当剂量的酸化剂，有助于动物采食和健康。

4. 饲养管理良好

首先，做好乳猪和断奶仔猪的环境控制，保温的同时保持猪舍干燥卫生是预防仔猪腹泻的关键因素。其次，乳猪断奶前采食足够的教槽料是实现无抗养猪的重要前提。仔猪断奶前保障足够量的教槽料有助于促进仔猪肠道内有益菌的生长和繁殖，建立适应仔猪料的微生物系统，预防断奶后腹泻。同时，采取少量多次的人工饲喂方式，或通过手动添加饲料引起仔猪好奇从而增加采食。仔猪断奶应激是引起保育猪死亡率高、生长速度慢、抵抗力差的重要诱因。大量试验数据表明，在仔猪断奶过渡期使用液体发酵饲料可以增强仔猪机体免疫力、有效缓解断奶应激、提高仔猪成活率。液态教槽料因其形态与母乳相似，经过发酵产生很多风味物质，与固态教槽料相比，仔猪更喜欢采食。另外，液体发酵饲料 pH 低，系酸力小，饲料经过预消化处理，无抗原物质，具有更易消化的特点。同时，液体发酵饲料含有大量益生元、益生菌、免疫调节剂等，可改善肠道健康，提高肠道免疫力。

在无抗背景下，家禽饲养管理过程中除了做好生物安全、疫苗免疫程序，舒适的饲养环境对家禽的生长尤为重要。与猪不同的是，家禽被有羽毛，扇动时会扬起大量粉尘。鸡舍内的粉尘主要来自饲料、皮肤、羽毛、垫料和干燥的粪便，不仅对鸡的呼吸道有极大的刺激作用，同时这类粉尘还携带大量病原体，如大肠杆菌、沙门氏菌或病毒。鸡舍中夹带着粉尘的空气进入呼吸道后会刺激呼吸道分泌更多黏液，增厚的黏液层阻碍纤毛将杂质送回喉咙，导致有害病原体长时间停留在呼吸道或渗入气囊引起组织损伤，甚至扩散至身体其他部位。因此，保持鸡舍清洁卫生、通风，定期消毒对保护鸡群健康具有重要作用。另外，消毒液的选择也至关重要，鸡舍消毒应选择不扬起粉尘、不刺激呼吸道黏膜的消毒药。

三、无抗养殖实操

中药无抗养殖技术试验报告详见表 7-2。

表 7-2　全程无抗养殖生产数据

项目	试验开始前体重/kg		134 天试验结束后体重/kg		全群用料/kg	平均日增重/kg	F/G
	全群	平均	全群	平均			
试验组	1 475	14.75	13 225	132.25	33 017.5	0.879 2	2.81
对照组	1 506	15.06	12 930	129.3	32 330	0.852 5	2.83

注：试验组和对照组初始均为 100 头仔猪，经过 134 天试验之后的对比情况

试验组比对照组多用料 687.5kg，试验组比对照组多增重 326kg（11 750–11 424），试验组治疗 6 头猪，用药费用 87 元，其余健康状况良好。对照组治疗 13 头猪，用药费用 210 元，全群投药 2 次，共 8 天，用药费用 1600 元。试验组产生的效益：多增重效益 326kg×14 元/kg=4564 元，抗生素节约费用 1600 元+210元–87 元=1723 元；多耗料成本：687.5kg×2.60 元/kg=1787.5 元。4564 元+1723元–1787.5 元=4499.5 元，中药成本 1980 元，以上合计：试验组获得利润 2451 元。从试验结果来看，产生的经济效益不十分明显，但是社会效益十分显著，试验组出栏的育肥猪 94%的个体没有用过抗生素，是无抗猪。而对照组由于全群投药，100%用过抗生素，机体含有一定量的抗生素残留。无抗养殖技术对食品安全和环境保护起到至关重要的作用。

为了给百姓提供安全放心的畜产品，辽宁省为了验证"全程无抗养殖"的实际效果，选取省内 4 个肉鸡养殖场作为试验地点，以中医药为核心，采用圈舍消毒、"无抗饲喂"、益生菌的应用、鸡舍配套设备等一整套辅助养殖管理方法，饲养出 6 批 49 万只商品肉鸡。经权威机构检测，其肉产品中无抗生素残留。研究表明，"全程无抗养殖"具备饲料效能高、安全性能高、肉类品质高、生产成本低、环境污染小、发展前景好的特点。

第三节 无抗饲料产业化出路

一、平衡饲料营养素供给

无抗条件下应用"精准营养"要求准确地测定和评价饲料原料的有效能值、氨基酸含量及消化率和其他营养物质的生物有效性，精准评估畜禽不同阶段的营养需要量。在此基础上，综合考量动物营养需要量、原料特性、原料价格、畜产品质量、环境、饲养管理等因素，进行配方的精准设计和调整。精准营养在相当长的一段时间里主要被用于解决蛋白质饲料原料短缺、价格高以及粪污和环保压力等问题。随着饲料无抗时代的到来，实施精准营养可以在一定程度上准确地评估饲料消化利用率，降低饲粮中蛋白质水平，减少未被消化的蛋白质进入后肠发酵，降低营养物质发酵产生过多有害副产物而带来的肠道健康风险。具体而言，在无抗生产条件下，需要饲粮满足畜禽维持、生长、生产、免疫、繁殖等对营养素的需求，同时避免原料营养价值或畜禽营养需求评估偏差而导致的抗营养因子和蛋白质等摄入过多或过少；在满足营养需求以保证正常新陈代谢的同时最大程度地减轻肠道负担，维持正常的肠道结构和肠道微生态系统，从营养调控角度维持畜禽健康，减少胃肠道疾病，促进生长。

传统的营养需要量研究多关注生产性能指标，随着无抗饲料的应用，未来的营养需要量研究将更多地关注免疫、肠道健康甚至畜产品品质等指标，如对氨基酸、维生素和微量元素的研究和应用将更加关注免疫和肠道健康。同时，随着微量元素供给量的管理规范和对粪污与重金属的环保要求，越来越多的企业开始应用有机微量元素来提高微量元素的利用率并降低粪污的影响。近年来，我国科学家也在不断完善和更新基于我国国情的动物营养需要量和各种标准规范，如《猪营养需要量》（GB/T 39235—2020）、《鸡饲养标准》（NY/T 33—2004）、《肉羊营养需要量》（NY/T 816—2021）、《黄羽肉鸡营养需要量》（NY/T 3645—2020）、《仔猪、生长育肥猪配合饲料》（GB/T 5915—2020）等诸多国家标准、农业行业标准和团体标准等。这些标准的完善和更新会加速畜牧行业对营养精准供给的重视和实践，保证畜牧行业的健康发展。保证饲料原料核心营养物质价值的精准评价和动物营养物质的精准供给，才能做到在无抗条件下满足动物对能量、氨基酸、维生素和微量元素的基本要求。这是无抗条件下保证动物生产的基本营养要求。

二、合理使用添加剂

我国饲料禁抗后，抗生素的使用也逐渐规范，因此，新型饲料添加剂作为抗生素替代物添加到动物饲料中也是发展的必然趋势。抗生素替代性饲料添加剂，又称为"绿色饲料添加剂"，就是指添加于饲料中能够提高畜禽对饲料的适口性、利用率，抑制胃肠道有害菌感染，增强机体的抗病力和免疫力，无论使用时间长短都不会产生毒副作用和有害物质，且不在畜禽体内及产品内残留，能够提高畜禽产品的质量和品质，对消费者的健康有益无害，对环境无污染的饲料添加剂。主要包括饲用酶制剂、微生态制剂、中草药制剂等。

饲用酶制剂可分解饲料中的抗营养因子，增加内源性消化酶的数量，减少环境污染，有利于动物消化吸收和利用。目前饲用酶制剂研究涉及的酶有40余种，主要有纤维素酶、半纤维素酶、葡聚糖酶、果胶酶、蛋白酶、淀粉酶、植酸酶等。酶制剂在畜牧生产中的使用相对已经比较成熟，并不是无抗转型下催生的产物。但在无抗养殖的大环境中，它的作用更突出。酶是具有底物特异性的化学物质，使用哪种酶制剂、使用量、复合酶应该如何组成都受饲料配方影响。也就是说，酶制剂的使用是有日粮特异性的。同时，酶制剂的活性程度、在饲料加工过程中的稳定性还有待提高。对于不同的酶制剂产品在不同动物、不同饲料类型中的用法和效果，还需要开展很多评估工作。

益生菌在人类历史上已被使用了相当长的时间，近些年也已经被广泛应用于动物生产、乳制品行业以及保健品和医药行业中。某些益生菌也被用于疾病的治疗和患者的康复。在畜牧领域，益生菌对动物的营养和健康具有重大意义。益生菌的研究和应用日渐成熟，在未来的几年内，益生菌市场将迅速扩张。同时也有研究资料表明，使用合生元的效果比单独使用益生菌更加显著。酸化剂已被广泛应用于动物饲料中，以替代抗生素生长促进剂。酸化剂可加入饲料或掺入饮水中。实际生产中通常将几种酸化剂组合使用，能够获得更好的改善效果。对仔猪而言，酸化剂对其健康的改善效果取决于酸化剂使用的类型、酸的含量以及动物自身的年龄和健康状况。植物和植物提取物也可用作天然抗微生物添加剂。将植物提取物与其他天然防腐剂结合使用可能会对食源性病原体产生协同作用。从经济和环境的角度来看，植物提取物是一种绿色的新型饲料添加剂；但植物提取物的物理性质（气味等）会影响饲料的感官特性，且植物提取物的一个缺点在于它们的组成不稳定。因此，在选取植物提取物时，应该首先检测其有效成分，使其标准化，并调查其组合应用的潜在协同效益。

具有"天然抗生素"美称的中草药，含有黄酮、皂苷等抗毒杀菌的生物有效成分，抗菌作用不仅对病原微生物有直接抑制或杀灭（抑制细菌繁殖，参与细菌生化过程）作用，更重要的是对机体抗病能力的修复和调整，即调动机体应激能力，提高机体免疫功能和抗病防御能力。有研究发现，中药有直接抑菌作用可能是通过影响细胞壁渗透屏障，使细胞质外流，导致菌体死亡，也可能是通过抑制细胞膜上的多种呼吸酶合成酶，阻断其生物合成从而达到抑菌的目的。由于中草药的多靶点和多环节抗菌作用特点，中草药在使用过程中一般不易产生耐药性，而且对已产生抗生素耐药性的细菌同样有效。中草药属于纯天然物质，有促进动物生长、增强其体质、促进新陈代谢、提高生产性能、抗应激和防治疾病等作用。迄今发现有200多种中草药含有多方面的免疫活性物质，能增强动物机体的免疫功能。中草药的抗应激功效、增强非特异性免疫系统功能的功效、抗排内毒素功效、排毒解毒的逆转功能，在畜禽基础健康保健上优势明显。经多重科学验证和临床试验，在畜禽生产中添加中草药添加剂，可明显提高机体的免疫功能，降低畜禽死亡率，提高畜禽平均日增重（average daily gain，ADG），降低 F/G；使用中草药，可大幅降低抗生素等化学药物在养殖过程中的添加量或完全替代抗生素；改善畜禽产品风味，提高蛋白质和必需氨基酸含量，降低脂肪含量；绿色安全；综合效益高，产生良好的经济和社会效益。

三、平衡无抗饲料和治疗用药

在"全面禁抗"之前，很多养殖场在饲喂的过程中都会添加抗生素，就是为了做到无病预防、有病治病。而"无抗养殖"就是在养殖的过程中不再以预防为目的在饲料中添加抗生素，在治疗家畜或家禽疾病时，减少使用抗生素。饲料无抗、养殖无抗、食品无抗是抗生素控制使用的 3 个环节，尤其以养殖无抗的执行难度最大。饲料无抗和养殖无抗可分三步走：第一步是屠宰肉品不能检出抗生素；第二步是饲料的禁抗，这是法规规定的，但养殖中的治疗用药需要有一个休药期；第三步是饲料、养殖都不使用抗生素。对于养殖上减少使用抗生素，肉鸡一条龙企业具备很多经验，但还有较大的提升空间。在无抗饲料推广应用的早期，必然会导致养殖中治疗用药的增加，随着饲用抗生素替代品的逐步完善，动物会建立新的平衡来维持健康，治疗用药自然会慢慢减少，回归正常。目前，我国尚处于无抗饲料推行的早期，如何平衡治疗用药,对于养殖一线仍是一个巨大的　挑战。

"饲用替抗"或"饲用抗生素替代产品"是一个过渡性概念，是相对于饲料中的促生长性、预防（亚）剂量添加的抗生素而来的，其最终评价指标是"促生长"，未来将被功能性、改善动物生产性能的饲料或饲料添加剂替代，不再提"替抗"，如酸化剂、微生态制剂、中草药、植物提取物或其功能性成分等。

参 考 文 献

蔡怡山, 张东, 刘鑫, 等. 2020. 不同配比复合益生菌对灰海马幼苗存活、生长及免疫的影响. 海洋渔业, 42(3): 365-374.

陈程, 韩坤, 肖非, 等. 2018. 复合木聚糖酶和纤维素酶对 43～65 日龄广西麻鸡生产性能及屠宰性能的影响. 饲料工业, 39(4): 38-41.

陈宏, 张克英, 丁雪梅, 等. 2008. 圆环病毒攻击下生物素添加水平对仔猪细胞免疫及生产性能的影响. 中国畜牧杂志, (21): 25-29.

陈瑾, 杨加豹, 邓卉, 等. 2020. 葡萄糖氧化酶替代饲用抗生素对川藏黑猪配套系商品仔猪生长性能、抗氧化能力及免疫功能的影响. 饲料工业, 41(12): 11-15.

陈军, 宋春雷, 庄晓峰, 等. 2017. 低蛋白添加氨基酸日粮饲喂妊娠母猪试验. 黑龙江畜牧兽医, (24): 60-62.

陈立华. 2014. 维生素 C、维生素 E、甜菜碱、酵母硒等添加剂对育肥猪胴体品质的影响. 黑龙江畜牧兽医, (9): 99-101.

陈立华, 袁缨, 冷义福, 等. 2007. 牛至油对肉仔鸡生长性能和胴体品质的影响. 中国家禽, (5): 9-11.

陈丽玲, 贺琴, 郭晓波, 等. 2020. 白术茯苓多糖复方对断奶仔猪生长性能和免疫功能的影响. 动物营养学报, 32(7): 3394-3402.

陈亮, 刘建国, 田斌, 等. 2018. 复方中草药添加剂对杜湖杂交 F_1 代羔羊羊肉营养成分及氨基酸含量的影响. 中兽医学杂志, (8): 3-7.

陈琼, 王书全. 2014. 大豆低聚糖对肉仔鸡生产性能、免疫功能和肠道菌群的影响. 粮食与饲料工业, (7): 53-56.

陈文芳, 左伟勇, 李倬, 等. 2012. 伴大豆球蛋白酶解肽抑菌活性研究. 畜牧与兽医, 44(12): 10-13.

陈晓生. 2005. 蚕抗菌肽-AD 制剂在肉鸭日粮中的应用研究. 长沙: 湖南农业大学硕士学位论文.

陈晓瑛, 陈绍坚, 黄文, 等. 2021. 菌酶协同发酵豆粕替代鱼粉对大口黑鲈生长性能、血清生化、免疫和抗氧化指标及肝脏组织形态的影响. 动物营养学报, 33(5): 2848-2863.

陈孝煊, 吴志新, 殷居易, 等. 2003. 大黄、穿心莲、板蓝根和金银花对异育银鲫免疫机能的影响. 中国水产科学, (1): 36-40.

程雯丽. 2014. 茶多酚在犬粮中的应用与研究. 无锡: 江南大学硕士学位论文.

程鑫, 潘婷婷, 金敏, 等. 2019. 饲料中添加酵母培养物对黄颡鱼生长性能、非特异性免疫和肠道健康的影响. 水产学报, 43(4): 1080-1091.

崔闯飞, 王晶, 齐广海, 等. 2018. 枯草芽孢杆菌对产蛋后期蛋鸡生产性能和蛋壳品质的影响.

动物营养学报, 30(4): 1481-1488.

党国华. 2004. 低聚木糖在肉仔鸡和蛋鸡生产中的应用研究. 南京: 南京农业大学硕士学位论文.

邓必贤. 2014. 黄芪超微粉对三黄鸡生产性能的影响及其机理的研究. 福州: 福建农林大学硕士学位论文.

邓文琼. 2015. 穿心莲超微粉对三黄鸡保健作用及其机理研究. 福州: 福建农林大学硕士学位论文.

丁小娟, 张晓图, 王世琼, 等. 2017. 酿酒酵母培养物对 817 肉仔鸡生长性能、养分表观利用率及肠道菌群的影响. 动物营养学报, 29(7): 2391-2398.

董晓丽. 2013. 益生菌的筛选鉴定及其对断奶仔猪、犊牛生长和消化道微生物的影响. 北京: 中国农业科学院博士学位论文.

杜恩存. 2016. 百里香酚和香芹酚对肉仔鸡肠上皮屏障和免疫功能的调节作用. 北京: 中国农业大学博士学位论文.

段海涛. 2018. 高效调质低温制粒畜禽饲料加工工艺及其对生长育肥猪生长性能的影响研究. 北京: 中国农业科学院博士学位论文.

段绪东. 2013. 饲粮添加甘露寡糖对母猪繁殖性能、免疫功能及后代生长、免疫和肠道微生物的影响. 雅安: 四川农业大学硕士学位论文.

方桂友, 周万胜, 邱华玲, 等. 2018. 夏季高温时蛋白质和赖氨酸水平对泌乳母猪生产性能及粪氮排泄量的影响. 福建畜牧兽医, 40(2): 3-7.

符运勤. 2012. 地衣芽孢杆菌及其复合菌对后备牛生长性能和瘤胃内环境的影响. 北京: 中国农业科学院硕士学位论文.

付亚丽. 2013. 中草药添加剂对肉牛育肥效果、血液生化指标和肉质的影响. 兰州: 甘肃农业大学硕士学位论文.

高振华, 张军, 孟艳, 等. 2010. 叶酸水平对母猪繁殖性能的影响. 饲料研究, (12): 18-20.

葛春雨, 杨洁, 张嘉琦, 等. 2022. 不同淀粉糊化度的挤压膨化大料对颗粒饲料质量以及断奶仔猪生长性能、养分表观消化率与血清生化指标的影响. 动物营养学报, 34(1): 141-149.

顾有方, 薛文友, 陈会良. 2005. 饲料添加中草药抗毒害艾美耳球虫效果观察. 中国兽药杂志, (1): 19-21.

郝光恩. 2018. 枯草芽孢杆菌对樱桃谷肉鸭增重、先天性免疫应答及抗病力的影响. 泰安: 山东农业大学硕士学位论文.

何广文. 2009. 酵母复合物对斑点叉尾鮰免疫效应及给予程序的研究. 武汉: 华中农业大学硕士学位论文.

何前, 陈庄, 容庭, 等. 2010. 脂肪酶对黄羽肉鸡生产性能及养分表观利用率的影响. 中国饲料, (19): 17-19.

贺生中, 苏治国, 王传锋, 等. 2005. 黄芪多糖对犬免疫效果的影响. 畜牧与兽医, (9): 42-44.

侯水生, 刘灵芝. 2021. 2020 年水禽产业现状、未来发展趋势与建议. 中国畜牧杂志, 57(3): 235-239.

胡石春. 2012. 复方中药制剂对猪繁殖性能和生长性能的影响. 福州: 福建农林大学硕士学位论文.

胡新旭, 周映华, 刘惠知, 等. 2013. 无抗发酵饲料对断奶仔猪生长性能、肠道菌群、血液生化指标和免疫性能的影响. 动物营养学报, 25(12): 2989-2997.

胡永灵, 叶世莉, 罗佳捷. 2015. 中草药制剂对热应激奶牛泌乳性能、抗氧化能力及免疫功能的
影响. 草业学报, 24(1): 132-140.

胡玉恒, 杨洁, 孙捷, 等. 2019. 3-苯甲酰基香豆素类化合物的合成及胆碱酯酶抑制活性研究. 化
学研究, 30(1): 55-60.

扈添琴, 韩兆玉, 王群, 等. 2014. 酶制剂和植物甾醇复合物对泌乳奶牛生产性能和血清指标的
影响. 动物营养学报, 26(1): 236-244.

黄江, 魏巍, 王荻, 等. 2009. 中草药方剂对施氏鲟血浆和肝脏中一氧化氮、丙二醛含量及一氧
化氮合酶活性的影响. 水产学杂志, 22(3): 28-31.

黄少文, 魏金涛, 赵娜, 等. 2015. 绿原酸和维生素 E 对母猪繁殖和抗氧化性能的影响. 中国畜
牧杂志, 51(24): 79-83.

黄旭雄, 罗词兴, 危立坤, 等. 2014. 饲料中添加酵母提取物对凡纳滨对虾免疫相关基因表达及
抗菌机能的影响. 水产学报, 38(12): 2049-2058.

黄学琴, 任周正, 曾秋凤, 等. 2013. 液态复合酶制剂对肉鸭生长性能及钙、磷代谢的影响. 动物
营养学报, 25(9): 2082-2090.

黄玉章. 2009. 黄芪多糖对奥尼罗非鱼生长性能和免疫功能的影响. 福州: 福建农林大学硕士学
位论文.

黄占欣, 米同国, 赵达, 等. 2016. 中药抗球散防治鸡球虫病的试验. 中国兽医杂志, 52(3):
71-73.

姬传法. 2018. 一种增强黄颡鱼抗病力饲料. 安徽: CN108902565A, 2018-11-30.

贾红杰, 史兆国, 武书庚, 等. 2019. 山黄粉和黄芪多糖配伍使用对产蛋鸡生产性能、蛋品质、
血清抗氧化和生化指标的影响. 动物营养学报, 31(3): 361-368.

蒋正宇. 2006. 外源 α-淀粉酶对肉鸡消化器官发育、内源酶活性的影响及后续效应的研究. 南京:
南京农业大学硕士学位论文.

孔令勇, 盛祖勋, 杨雪林, 等. 2012. 微生态制剂对樱桃谷肉鸭生长性能、屠宰性能及免疫器官
发育的影响. 动物营养学报, 24(8): 1577-1582.

李波, 杨利, 易学武, 等. 2011. 日粮中添加天蚕素抗菌肽对母猪繁殖性能的影响. 中国畜牧兽
医, 38(1): 26-28.

李成洪, 付利芝, 翟少钦, 等. 2011. 不同抗生素替代品对荣昌仔猪 ADG 和防病效果的试验. 中
国兽医杂志, 47(2): 81-82.

李国明. 2019. 谷胱甘肽对花鲈幼鱼生长、抗氧化和肠道健康的影响. 上海: 上海海洋大学硕士
学位论文.

李洪琴, 朱伟, 席庆凯, 等. 2020. 发酵豆粕和发酵花生粕对凡纳滨对虾生长性能、饲料效率及
免疫力的影响. 中国饲料, (19): 82-86.

李军. 2012. APS 对 MDRV 感染番鸭肠黏膜的保护及免疫调节作用. 福州: 福建农林大学硕士学
位论文.

李珂娴, 何颖, 沈先荣, 等. 2015. 方格星虫多糖对犬脂代谢相关基因表达的影响. 海军医学杂

志, 36(2): 147-148.

李奎. 2016. 酶制剂在肉牛日粮中的应用效果研究. 石河子: 石河子大学硕士学位论文.

李路胜, 周响艳, 李泽月. 2009. 甘露聚糖酶对肉鸡生产性能和肠道微生物菌群的影响. 中国畜牧杂志, 45(23): 50-52, 67.

李璐琳, 曹珍, 钟珊, 等. 2018. 饮用酵母发酵菌液对矮脚黄肉鸡生长性能、消化酶活性和盲肠菌落结构的影响. 动物营养学报, 30(9): 3781-3790.

李宁, 谢春元, 曾祥芳, 等. 2018. 饲粮粗蛋白质水平和氨基酸平衡性对肥育猪生长性能、胴体性状和肉品质的影响. 动物营养学报, 30(2): 498-506.

李青萍, 乔秀红, 王向东. 2003. 饲粮中添加维生素 E 对猪肉质的影响. 中国畜牧杂志, (5): 34-35.

李婉雁. 2014. 白术多糖对岭南黄鸡免疫功能影响的研究. 广州: 仲恺农业工程学院硕士学位论文.

李霞. 2007. 饲料粉碎粒度在不同调制方式下对早期断奶仔猪生产性能和养分消化的影响. 雅安: 四川农业大学硕士学位论文.

李雪艳, 杨在宾, 姜淑贞, 等. 2016. 妊娠后期和泌乳期日粮添加生姜、八角和丹参对母猪抗氧化性能和繁殖性能的影响. 中国畜牧兽医, 43(1): 134-139.

李艳玲, 张民, 柴建民, 等. 2015. 外源性复合酶制剂对体外瘤胃发酵及奶牛产奶性能的影响. 动物营养学报, 27(9): 2911-2919.

李长虹. 2017. 博落回散替代硫酸黏菌素在仔猪和育肥猪中的应用效果研究. 长沙: 湖南农业大学硕士学位论文.

廖庆钊, 陈福艳, 覃雅, 等. 2021. 投喂乙醇假丝酵母对罗非鱼生长、免疫和肠道菌群的影响. 南方水产科学, 17(5): 10-17.

林晨. 2004. 菊粉对断奶仔猪和肉仔鸡后肠微生物作用的研究. 武汉: 华中农业大学硕士学位论文.

林丽超, 黄得纯, 杨承忠. 2010. 酵母培养物对肉鸭生长性能和肠道菌群影响的研究. 养禽与禽病防治, (8): 16-18.

林丽花, 柯芙容, 詹湉湉, 等. 2014. 凝结芽孢杆菌对黄羽肉鸡生产性能、血清生化指标及抗氧化功能的影响. 动物营养学报, 26(12): 3806-3813.

林珊珊. 2015. 神经肽 S 对番鸭血清及免疫器官中细胞因子的影响. 福州: 福建农林大学硕士学位论文.

刘爱君, 冷向军, 李小勤, 等. 2009. 黄霉素和甘露寡糖对奥尼罗非鱼的生长性能及血清非特异性免疫的影响. 中国饲料, (3): 29-32.

刘波, 葛鹏彪, 周群兰, 等. 2007. 大黄蒽醌提取物对饲养建鲤生长的影响. 动物学杂志, (5): 141-148.

刘大林, 王奎, 杨俊俏, 等. 2014. 迷迭香精油对京海黄鸡生长性能、肉品质及抗氧化指标影响的研究. 中国畜牧杂志, 50(11): 65-68.

刘东风. 2017. 刺五加散对育肥猪生产性能和免疫功能的影响. 中兽医学杂志, (3): 22-23.

刘芳丹. 2015. 一株鸭源植物乳杆菌的分离鉴定及其对肉鸭生产性能和免疫机能的影响. 泰安: 山东农业大学硕士学位论文.

刘海峰. 2017. 复方中药对热应激肉鸡生产性能及免疫力的影响. 晋中: 山西农业大学硕士学位论文.

刘慧吉, 刘刚, 李耕, 等. 2008. 复方中草药添加剂对花鲈幼鱼生长和消化酶活性的影响. 饲料工业, (6): 4-7.

刘建国, 王毅, 陈亮. 2018. 中草药添加剂对杜湖杂交 F_1 代育肥羔羊增重效果及抗病力的研究. 中兽医学杂志, (8): 10-11.

刘金萍. 2004. 植物乳杆菌 A6 (Lactobacillus plantarum A6) 生物学特性及在发酵饲料中应用的研究. 南宁: 广西大学硕士学位论文.

刘丽霞, 董惠娜, 刘显军. 2007. 不同添加水平的维生素 E 对育肥猪肉质的影响. 饲料工业, (18): 34-36.

刘圈炜, 顾丽红, 邢漫萍, 等. 2018. 复合酸化剂对热应激文昌鸡生长性能及血清生化指标的影响. 中国家禽, 40(10): 27-30.

刘晓华. 2010. 谷胱甘肽对凡纳滨对虾抗氧化防御的调控机理. 武汉: 华中农业大学博士学位论文.

刘砚涵, 宫晓玮, 李复煌, 等. 2020. 中草药饲料添加剂对北京鸭生长性能、免疫指标及肉品质的影响. 中国农业大学学报, 25(2): 77-84.

刘迎春, 辛守帅, 张相伦, 等. 2016. 低温 α-淀粉酶对饲料淀粉酶解及肉鸡生长性能的影响. 中国家禽, 38(23): 24-27.

龙次民, 谢春艳, 吴信, 等. 2015. 妊娠后期母猪饲粮中添加壳寡糖对新生仔猪抗氧化能力的影响. 动物营养学报, 27(4): 1207-1213.

龙翔, 邵秀林. 1998. 中草药添加剂对公猪精液品质的影响. 四川畜牧兽医, (3): 20.

陆娟娟. 2011. 低聚果糖对奥尼罗非鱼生长、血清生化指标和肠道微生物的影响. 南宁: 广西大学硕士学位论文.

陆晓莉. 2019. 日粮中添加复合酶制剂对断乳仔猪生长性能的影响. 福建畜牧兽医, 41(1): 32-34.

罗佳捷, 肖淑华, 张彬, 等. 2014. 益生菌制剂对育肥猪生产性能的影响. 中国饲料, (19): 28-29, 36.

吕尊周, 袁肖笑, 蔡兆伟, 等. 2011. 抗菌肽对蛋鸡血清免疫指标及脾脏白细胞介素 2 mRNA 表达量的影响. 动物营养学报, 23(12): 2183-2189.

马彦博, 白东英, 董淑丽, 等. 2006. 果寡糖对固始鸡生产性能、胴体组成和肉品质的影响. 中国饲料, (20): 16-18, 21.

马友彪, 周建民, 张海军, 等. 2017. 白酒糟酵母培养物对产蛋鸡生产性能、免疫机能和肠黏膜结构的影响. 动物营养学报, 29(3): 890-897.

马治敏. 2013. 酵母菌对肉鸭肠道微生态平衡调节机制的研究. 武汉: 武汉轻工大学硕士学位论文.

毛红霞, 武书庚, 张海军, 等. 2011. 植物提取精油混合物对肉仔鸡生长性能、肠道菌群和肠黏膜形态的影响. 动物营养学报, 23(3): 433-439.

明珂. 2020. 野菊花多糖和党参多糖及其磷酸化修饰物抗 1 型鸭肝炎病毒感染作用及其自噬机制研究. 南京: 南京农业大学博士学位论文.

倪海球, 孙杰, 杨玉娟, 等. 2018. 棉籽粕膨化前后品质变化及对生长育肥猪生长性能、血清生化指标及营养物质表观消化率的影响. 动物营养学报, 30(5): 1936-1949.

牛壮. 2019. 艾蒿多糖对肉仔鸡生长性能及肠道相关指标的影响. 呼和浩特: 内蒙古农业大学硕士学位论文.

潘培颖, 郭晓洁, 王博, 等. 2018. 膨化苜蓿草粉-亚麻籽对母猪繁殖性能及初乳脂肪酸组成的影响. 动物营养学报, 30(11): 4388-4396.

彭张明, 黄明, 康健南, 等. 2020. 添加中草药与草分枝杆菌对凡纳滨对虾育苗效果的影响. 江苏农业科学, 48(14): 192-197.

皮灿辉, 彭永鹤, 李永新, 等. 2008. 抗菌肽制剂对母猪死胎率和仔猪成活率的影响. 中国畜牧兽医, (6): 90-91.

谯仕彦, 岳隆耀. 2007. 近 20 年仔猪低蛋白日粮研究小结. 饲料与畜牧, (12): 5-10.

秦康乐. 2017. 复合益生菌对肉种鸡生产性能的影响. 扬州: 扬州大学硕士学位论文.

秦鹏. 2003. 脂肪来源、乳化剂和脂肪酶对肉鸡生产和脂肪利用的影响. 北京: 中国农业大学硕士学位论文.

任冰, 王吉峰, 于会民, 等. 2016. 果寡糖与地衣芽孢杆菌不同组合对肉仔鸡生长性能和血清生理生化指标的影响. 饲料与畜牧, (12): 33-36.

任春芝. 2011. 鸡球虫多价卵黄抗体 IgY 的制备及其抗球虫效果评价. 扬州: 扬州大学硕士学位论文.

容庭, 刘志昌, 钟毅, 等. 2012. 复合酶对生长肥育猪生长性能、胴体性状及部分肉品质的影响. 饲料工业, (S1): 59-61.

阮栋. 2018. 姜黄素缓解赭曲霉毒素 A 致肉鸭肠道屏障损伤的相关机制研究. 广州: 华南农业大学博士学位论文.

沙玉杰, 王雷, 孙国琼, 等. 2016. 饲料中添加两株乳酸菌及其发酵上清液对凡纳滨对虾消化酶活性的影响. 海洋科学, 40(3): 59-64.

邵春荣, 包承玉, 刘明智, 等. 1996. 自制饲用溶菌酶制剂饲喂肉鸡的效果. 江苏农业科学, (1): 57-58.

邵明瑜. 2004. 中国明对虾 (*Fenneropenaeus chinensis*) 淋巴器官和造血组织的细胞学和组织化学及外源物质对其作用的影响. 青岛: 中国海洋大学硕士学位论文.

施传信, 杨文平, 王玉玲, 等. 2012. 五种单体酶配伍对肉仔鸡生长性能及非淀粉多糖消化率的影响. 中国粮油学报, 27(2): 81-86.

时本利, 谢英明, 朱维叶, 等. 2012. 饲料用脂肪酶对哺乳母猪的繁殖性能及仔猪生产性能的影响. 饲料与畜牧, (3): 19-21.

宋琼莉, 周泉勇, 韦启鹏, 等. 2018. 桑叶提取物对矮脚黄鸡生长性能、屠宰性能及肉品质的影响. 动物营养学报, 30(1): 191-201.

宋之波, 肖发沂, 刘雪芹, 等. 2017. 卵黄抗体与益生素复合酶组合对肉仔鸡生产性能、屠宰性能及免疫功能的影响. 当代畜牧, (9): 18-22.

苏默, 李秋. 2021. 牛至草粉对肉鸭生长性能、抗氧化、肉品质及经济效益的影响. 中国饲料, (8): 53-56.

孙昌辉. 2019. 复合益生菌发酵饲料对公猪免疫机能和精液品质的影响. 杨凌: 西北农林科技大

学硕士学位论文.

孙丹丹, 陈宗伟, 刘橼利, 等. 2015. 天蚕素对母猪繁殖性能及产后哺乳仔猪生长性能的影响. 饲料工业, 36(13): 38-40.

孙登生. 2017. 丝兰提取物对肉仔鸡抗氧化和免疫功能及其相关基因表达的影响. 呼和浩特: 内蒙古农业大学硕士学位论文.

孙杰, 张建, 李军国, 等. 2015. 不同加工工艺对断奶仔猪颗粒饲粮加工质量、生长性能和养分消化率的影响研究. 动物营养学报, 27(5): 1501-1510.

孙明梅. 2015. 复合微生态制剂对哺乳母猪生产性能的影响. 黑龙江畜牧兽医, (4): 34-36.

孙秋艳, 沈美艳, 李舫, 等. 2017. 浒苔多糖对犬冠状病毒灭活苗的免疫增强作用. 中国兽医学报, 37(9): 1664-1669.

孙汝江, 吕月琴, 张日俊. 2012. 大豆肽和乳酸菌素对蛋鸡生产性能、蛋品质及血液生化指标的影响. 动物营养学报, 24(8): 1564-1570.

孙甜甜. 2019. 枸杞粗多糖对肉仔鸡生长性能、抗氧化及免疫功能的影响. 长春: 吉林农业大学硕士学位论文.

汤海鸥, 高秀华, 姚斌, 等. 2016. 葡萄糖氧化酶对肉鸡生长性能的影响及其替代抗生素效果研究. 饲料工业, 37(6): 18-21.

唐金花. 2018. 复方中草药提取物对保育猪抗病促长效果试验. 湖南畜牧兽医, (2): 41-43.

唐伟, 谢丽玲, 彭齐, 等. 2015. 中药抑制嗜水气单胞菌、副溶血弧菌和溶藻弧菌的分子机制研究进展. 微生物学杂志, 35(3): 81-85.

田丽新. 2014. 丝兰提取物对奶牛产奶性能、免疫功能和氨气排放的影响. 呼和浩特: 内蒙古农业大学硕士学位论文.

佟玉良, 关雨佳, 孙慧峰, 等. 2020. 补骨脂提取物对 APP/PS1 小鼠学习记忆能力的改善作用. 中药材, 43(4): 946-950.

王彬, 印遇龙. 2007. 半乳甘露寡糖替代抗生素对猪常乳中激素水平的影响. 食品与生物技术学报, (1): 5-9.

王荻, 李绍戊, 卢彤岩, 等. 2012. 中药方剂对施氏鲟生长及血液生化指标的影响. 江苏农业科学, 40(6): 212-214.

王飞, 龚月生, 吕明斌, 等. 2007. 氧化锌对断奶仔猪生产性能和体液免疫的影响. 中国饲料, (10): 12-13, 15.

王凤红, 刘建平, 卢红卫, 等. 2010. 饲料粉碎粒度对饲料品质和猪生产性能的影响. 饲料与畜牧, (2): 18-20.

王海英, 呙于明, 袁建敏. 2003. 小麦日粮中添加木聚糖酶对肉仔鸡生产性能的影响. 饲料研究, (12): 1-5.

王红明, 丁雪婧, 陈俭, 等. 2021. 饲料中添加甘露寡糖对珍珠龙胆石斑鱼生长性能、血清免疫指标、转录组及肠道菌群的影响. 动物营养学报, 33(12): 6982-6998.

王惠康, 赵旭民. 2010. 柠檬酸溶液去除仔鸭饲料中黄曲霉毒素的毒性. 饲料与畜牧, (3): 25-30.

王吉桥, 祁彩霞, 程爱香, 等. 2008. 黄芪、熟地和山楂等中草药对黄颡鱼生长和消化的影响. 水产学杂志, (1): 34-41.

王晶, 季海峰, 王四新, 等. 2017. 低磷饲粮添加植酸酶对生长猪生长性能、营养物质表观消化率和排泄量的影响. 中国畜牧杂志, 53(4): 70-75.

王莉, 陈晓, 王书全. 2017. 天蚕素抗菌肽对 817 肉杂鸡生长性能及免疫功能的影响. 中国畜牧兽医, 44(8): 2354-2359.

王玲, 吕永艳, 程志伟, 等. 2015. 复合酵母培养物对奶牛产奶性能、氮排放及血液生化指标的影响. 草业学报, 24(12): 121-130.

王岭. 2001. 果寡糖在肉仔鸡饲料中的应用研究. 哈尔滨: 东北农业大学硕士学位论文.

王猛强, 黄晓玲, 金敏, 等. 2015. 饲料中添加植物精油对凡纳滨对虾生长性能及肠道健康的改善作用. 动物营养学报, 27(4): 1163-1171.

王明发. 2011. 日粮中添加锌制剂对固始鸡和 AA 肉鸡锌生物学利用率影响的研究. 南京: 南京农业大学博士学位论文.

王鹏. 2018. 低聚木糖和姜黄素对肉仔鸡生产性能及免疫机能影响的研究. 郑州: 河南农业大学硕士学位论文.

王秋梅. 2008. 牛至油对肉仔鸡生长性能和细胞免疫功能的影响. 饲料与畜牧, (7): 48-50.

王权, 陈永军, 钱应娟, 等. 2002. 甘露寡糖对鸡外周血液淋巴细胞免疫功能的影响. 中国兽医科技, (1): 28-29.

王腾浩. 2015. 新型丁酸梭菌筛选及其对断奶仔猪生长性能和肠道功能影响的研究. 杭州: 浙江大学博士学位论文.

王鑫, 陈鹏, 杨立杰, 等. 2019. 八角和杜仲叶提取物对杜×长×大和本土里岔黑断奶仔猪免疫功能和抗氧化能力的影响. 动物营养学报, 31(10): 4717-4728.

王秀武, 林欣, 张丽, 等. 2005. 壳寡糖对肉仔鸡生产性能、小肠组织结构和肌组织矿物质元素含量的影响. 中国粮油学报, (2): 83-88.

王苑, 陈宝江, 于会民, 等. 2014. 不同复合酶制剂对生长猪生长性能与营养物质表观消化率的影响. 饲料工业, 35(18): 15-20.

王中华, 周德忠. 2012. 菊粉对肉仔鸡生产性能和免疫功能的影响. 饲料研究, (2): 55-57.

魏占虎, 李冲, 李发弟, 等. 2013. 酵母 β-葡聚糖对早期断奶羔羊生产性能和采食行为的影响. 草业学报, 22(4): 212-219.

温若竹. 2010. 甘露寡糖对肉仔鸡肠道形态及微生物区系的影响. 南京: 南京农业大学博士学位论文.

吴彬. 2015. 日粮中添加黄芩、金银花、板蓝根、黄芪对吉富罗非鱼（Oreochromis niloticus）幼鱼生长和免疫性能影响. 南宁: 广西大学硕士学位论文.

吴秋玉, 吴艺鑫, 郑远鹏. 2019. 有机酸对断奶仔猪生长性能及腹泻率的影响. 中国饲料, (2): 81-84.

吴越. 2019. 三种益生元对珍珠龙胆石斑鱼和卵形鲳鲹生长及免疫的影响. 海口: 海南大学硕士学位论文.

武书庚, 刘质彬, 齐广海, 等. 2010. 酵母培养物对产蛋鸡生产性能和蛋品质的影响. 动物营养学报, 22(2): 365-371.

武玉珺, 曹丙健, 杨家昶, 等. 2015. 复合酶制剂对饲喂高粱饲粮肉仔鸡生长性能和血清生化指标的影响. 动物营养学报, 27(11): 3527-3533.

奚雨萌, 吴凡, 杨榛, 等. 2014. 益生菌及有机酸复合制剂对青脚麻鸡生长性能、屠宰性能、肉品质及消化代谢的影响. 中国家禽, 36(24): 30-37.

夏翠, 刘月, 孙洪新, 等. 2020. 酵母细胞壁对断奶羔羊生长性能、免疫能力及胃肠道发育的影响. 动物营养学报, 32(6): 2747-2754.

夏青, 王宝杰, 刘梅, 等. 2015. 生物饲料对凡纳滨对虾生长、免疫及消化功能的影响. 海洋科学, 39(8): 103-109.

肖怡. 2016. 三种益生菌对肉羊甲烷排放、物质代谢和瘤胃发酵的影响. 阿拉尔: 塔里木大学硕士学位论文.

谢丽曲, 詹湉湉, 陈婉如, 等. 2013. 凝结芽孢杆菌对 1~21 日龄樱桃谷肉鸭生长性能、血清抗氧化指标和免疫器官指数的影响. 福建畜牧兽医, 35(6): 5-8.

谢文惠, 姜宁, 王鑫, 等. 2018. 复合益生菌制剂对肉仔鸡养分表观利用率、血清生化指标和肠道黏膜形态的影响. 动物营养学报, 30(4): 1495-1503.

邢蕾, 熊忙利, 杜飞. 2019. 紫锥菊复方超微粉在幼犬饲粮中应用效果研究. 陕西农业科学, 65(10): 46-48.

邢蕾, 熊忙利, 杜飞. 2020. 氨基酸锌和复合酶制剂对贵宾幼犬生长性能和表观消化率的影响. 黑龙江畜牧兽医, (11): 117-119, 124.

熊阿玲, 包龙飞, 许兰娇, 等. 2019. 饲粮中添加甘露寡糖对肉仔鸡生长性能及组织天然免疫相关基因表达的影响. 中国粮油学报, 34(9): 80-87.

徐晨希. 2019. 饲粮添加壳寡糖、丁酸梭菌对肉仔鸡生长性能、肠道组织形态及盲肠微生物区系的影响. 扬州: 扬州大学硕士学位论文.

徐海燕. 2019. 益生菌对不同年龄犬的健康及肠道菌群的影响. 呼和浩特: 内蒙古农业大学博士学位论文.

徐娇. 2014. 抗鸭瘟病毒活性物质的筛选及白藜芦醇抗鸭瘟病毒活性与作用机制研究. 雅安: 四川农业大学博士学位论文.

徐丽萍. 2009. 复合生物菌对肉仔鸡生产性能的影响. 中国畜牧兽医, 36(11): 16-18.

徐奇友, 唐玲, 王常安, 等. 2010. 大蒜茎粉和牛至草粉对镜鲤抗氧化、非特异免疫以及肌肉品质的影响. 华北农学报, 25(S2): 133-139.

徐青青, 张少涛, 杨海涛, 等. 2020. 乳酸型复合酸化剂对白羽肉鸡生长性能、养分利用率、肠道指标和鸡舍空气质量的影响. 动物营养学报, 32(11): 5209-5220.

许晨远, 迟骋, 郑肖川, 等. 2019. 发酵饲料对中华绒螯蟹幼蟹生长、抗氧化、免疫和蛋白代谢的影响. 水产学报, 43(10): 2209-2217.

许维唯, 李泽鑫, 宋凯. 2020. 发酵银杏叶对斜带石斑鱼生长性能、血浆生化指标与肝脏抗氧化指标的影响. 动物营养学报, 32(2): 959-964.

许翔, 李吕木, 李彬, 等. 2017. 发酵小麦制酒精沼渣对生长肥育猪生长性能、血清生化指标和肉品质的影响. 动物营养学报, 29(3): 1003-1011.

许芸, 秦占科, 王海波. 2017. 延胡索酸替代饲用抗生素对黄羽肉鸡屠宰性能的影响. 畜牧与饲料科学, 38(2): 40-41, 44.

薛继鹏. 2011. 三聚氰胺、氧化鱼油和脂肪对瓦氏黄颡鱼生长和体色的影响. 青岛: 中国海洋大学博士学位论文.

闫冰雪, 王焕杰, 陈小鸽, 等. 2019. 壳寡糖对肉仔鸡生长性能、屠宰性能、骨骼参数及钙磷代谢的影响. 饲料工业, 40(3): 44-48.

严淑红. 2016. 茶皂素对奶牛瘤胃微生物区系、瘤胃发酵及产奶性能的调控研究. 北京: 北京农学院硕士学位论文.

阳巧梅, 尹秀娟, 廖婵娟. 2018. 日粮添加酸化剂替代抗生素对断奶仔猪生长性能、血清生化指标及肠道形态的影响. 中国饲料, (10): 37-41.

杨春花. 2021. 复方中草药添加剂对肉鸭生长性能与血清生化指标的影响. 饲料研究, 44(17): 35-38.

杨春涛. 2016. 热带假丝酵母与桑叶黄酮对犊牛生长和胃肠道发育的影响. 北京: 中国农业科学院硕士学位论文.

杨虎城. 2015. 复合益生菌对罗非鱼免疫相关基因的影响. 长沙: 湖南农业大学硕士学位论文.

杨金玉, 张海军, 武书庚, 等. 2014. 葡萄原花青素的生理活性及其在家禽上的应用. 动物营养学报, 26(2): 311-321.

杨龙, 邢为国. 2021. 酵母提取物对白对虾生长性能、抗氧化及机体成分的影响. 中国饲料, (12): 70-73.

杨文彬. 2016. 有机酸对肉鸡生产过程中弯曲菌作用的初步研究. 扬州: 扬州大学硕士学位论文.

杨一. 2016. 发酵膨化玉米秸秆对妊娠期母猪繁殖性能、初乳乳成分的影响. 长春: 吉林农业大学硕士学位论文.

易中华, 马秋刚, 王晓霞, 等. 2010a. 大豆寡糖对肉仔鸡肠道 pH 值和盲肠短链脂肪酸的影响. 饲料工业, 31(19): 32-35.

易中华, 马秋刚, 王晓霞, 等. 2010b. 水苏糖对肉仔鸡消化器官发育及肠黏膜形态的影响. 江西农业大学学报, 32(3): 566-570, 576.

于宝君, 周超, 曾勇庆, 等. 2018. 微生态制剂组合对母猪和仔猪生产性能影响的研究. 猪业科学, 35(2): 86-88.

于纪宾, 秦玉昌, 牛力斌, 等. 2015. 不同淀粉糊化度处理的颗粒饲料对猪生长性能的影响. 饲料工业, 36(17): 14-17.

于瑞河. 2020. 益生菌蜡样芽孢杆菌对彭泽鲫生长、营养代谢、抗氧化性及炎症反应的影响. 南昌: 南昌大学硕士学位论文.

余绍海. 2006. 甘露寡糖、抗菌肽在肉用番鸭生产中的应用研究. 扬州: 扬州大学硕士学位论文.

余殷兴. 2016. 紫锥菊根末药效学研究及其对犬免疫效果的影响. 广州: 华南农业大学硕士学位论文.

余祖华, 丁轲, 丁盼盼, 等. 2016. 植物乳杆菌 DPP8 对蛋鸡生产性能、血清生化指标和蛋品质的影响. 中国兽医学报, (9): 1608-1612.

袁华根, 卢炜, 沈晓鹏. 2011. 非淀粉多糖复合酶制剂对幼犬生长性能的影响. 黑龙江畜牧兽医, (23): 139-140.

袁慧坤, 袁文华, 赵文文, 等. 2018. 丁酸梭菌和地衣芽孢杆菌对北京鸭生长性能、血清生化和免疫指标及免疫器官指数的影响. 动物营养学报, 30(11): 4635-4641.

袁文军, 黄兴国. 2010. 抗热应激中草药对育肥猪生产性能及肉质的影响. 湖南饲料, (1): 34-37.

张光磊, 蒋载阳, 廖奇, 等. 2018. 低蛋白日粮对哺乳母猪生产性能和猪舍氨气浓度的影响. 饲料博览, (1): 10-12, 16.

张起信, 刘光穆, 牛明宽, 等. 2002. 免疫多糖在鲍育苗中应用的初步探讨. 齐鲁渔业, (4): 3-4.

张翔飞. 2014. 活性干酵母对肉牛瘤胃发酵、纤维降解及微生物菌群的影响. 雅安: 四川农业大学硕士学位论文.

张晓慧. 2013. 枯草芽孢杆菌对 AA 鸡生长性能的影响及其机理研究. 湛江: 广东海洋大学硕士学位论文.

张艳亮. 2015. 维生素 E 对云纹石斑鱼幼鱼生长、免疫及抗胁迫能力的影响. 上海: 上海海洋大学硕士学位论文.

张玉, 武书庚, 王晶, 等. 2016. 葡萄原花青素对产蛋后期蛋鸡生产性能和抗氧化能力的影响. 动物营养学报, 28(4): 1129-1136.

赵国宏, 王世国, 王芬, 等. 2020. 饲粮添加不同水平酵母培养物对育肥湖羊生长性能、屠宰性能、内脏器官发育及肉品质的影响. 动物营养学报, (5): 2273-2281.

赵景鹏, 李培勇, 王红玉, 等. 2018. 不同精油与酸化剂组合对肉仔鸡肠炎沙门氏菌感染的控制效果研究. 动物营养学报, 30(7): 2672-2682.

赵丽杰, 王忠, 李秀业, 等. 2019. 不同饲料添加剂在 SPF 鸡感染肠炎沙门菌过程中的作用研究. 中国家禽, 41(22): 26-31.

赵鹏飞, 彭祥和, 陈拥军, 等. 2016. 高脂或低蛋白日粮中添加发酵桑叶对大口黑鲈生长、代谢与抗氧化能力的影响. 淡水渔业, 46(6): 86-91.

赵倩, 陈玉春, 高绪娜, 等. 2017. 三株益生菌发酵中药制剂对鲤鱼血清生化指标、肝脏抗氧化指标及肠道菌群结构的影响. 饲料工业, 38(2): 35-39.

赵瑞祯, 张健. 2021. 益生菌对刺参生长性能、肠道酶活性及抗氧化性能的影响. 中国饲料, (20): 61-64.

赵艳姣, 崔亚利, 陈宝江, 等. 2014. 葡萄糖氧化酶对饲喂含霉变饲料小鼠体重和肠道微生物的影响. 动物营养学报, 26(11): 3531-3536.

赵元, 李海庆, 何立荣. 2015. 膨化全脂大豆生产工艺优选及其不同比例添加对泌乳母猪生产性能的影响. 黑龙江畜牧兽医, (3): 96-98.

赵云龙, 叶梅燕, 王嘉婧, 等. 2020. 发酵饲料对洛氏鱥生长、免疫、抗氧化能力以及肠道菌群影响. 中国畜牧杂志, 56(8): 172-176.

赵枝新. 2008. 日粮中添加鱼腥草对肉仔鸡生产性能、营养物质代谢及免疫力的影响. 北京: 中国农业科学院硕士学位论文.

甄玉国, 陈雪, 王晓磊, 等. 2016. 黄芪多糖（APS）对断奶仔猪生长性能、血液生理生化指标及菌群多样性的影响. 中国兽医学报, 36(11): 1954-1958, 1968.

郑青, 黄自然, 姚汝华, 等. 1999. 人工合成 Cecropin AD 基因在酵母中表达. 蚕业科学, (3): 175-180.

郑宗林, 朱成科, Delbert M, 等. 2015. 饲料中添加牛至精油对红罗非鱼货架期的影响. 食品科学, 36(22): 203-209.

钟云飞, 何光伦, 唐仁军, 等. 2021. 发酵豆渣改善大鳞鲃的营养组成、肌肉质地和抗氧化能力. 动物营养学报, 33(7): 3994-4001.

周洪彬, 魏景坤, 刘洋, 等. 2020. 植物精油对肉仔鸡生长性能、免疫功能及肠道发育的影响. 动物营养学报, 32(8): 3887-3895.

周佳, 邓华彬, 唐超. 2018. 丝兰提取物对犬粪便中脲酶活性的影响. 饲料与畜牧, 369(12): 49-53.

周建民, 付宇, 王伟唯, 等. 2019. 饲粮添加果寡糖对产蛋后期蛋鸡生产性能、营养素利用率、血清生化指标和肠道形态结构的影响. 动物营养学报, 31(4): 343-352.

周梁. 2014. 外源蛋白酶（ProAct）对肉鸡生产性能及氨基酸消化率影响的研究. 北京: 中国农业科学院硕士学位论文.

周岭, 丁雪梅, 罗玉衡, 等. 2016. 复合酸化剂和微生态制剂对蛋鸡生产性能、血液生化指标、抗氧化指标及沙门氏菌感染的影响. 动物营养学报, 28(8): 2571-2580.

周盟. 2013. 植物乳杆菌和枯草芽孢杆菌及其复合菌在断奶仔猪和犊牛日粮中的应用研究. 乌鲁木齐: 新疆农业大学硕士学位论文.

周婷婷. 2012. 谷胱甘肽对吉富罗非鱼生长性能和抗氧化功能的影响. 武汉: 华中农业大学硕士学位论文.

周婉婷, 杨晨, 彭翠甜, 等. 2023. 白藜芦醇对急性热应激条件下鸭肝抗氧化能力和细胞凋亡的影响. 畜牧兽医学报, 54(1): 239-251.

周显青, 牛翠娟, 孙儒泳. 2003. 黄芪对中华鳖免疫和抗应激能力的影响. 水生生物学报, (1): 110-112.

周祥. 2014. 酵母多糖、果寡糖与枯草芽孢杆菌及其不同组合对广西麻鸡生产性能、营养物质利用率、血清指标的研究. 南宁: 广西大学硕士学位论文.

周晓容. 2003. 肉鸡饲粮中木聚糖与木聚糖酶关系的研究. 雅安: 四川农业大学硕士学位论文.

周怿. 2010. 酵母 β-葡聚糖对早期断奶犊牛生长性能及胃肠道发育的影响. 北京: 中国农业科学院博士学位论文.

朱坤, 毛胜勇, 朱崇淼, 等. 2018. 发酵饲料对育肥猪生长性能、胴体性状、肉品质、血清生化指标和代谢产物的影响. 动物营养学报, 30(10): 4244-4250.

卓长清, 赵欣, 栾朝霞. 2019. 枸杞刺五加运动饮料研制及抗疲劳作用研究. 中国食品添加剂, 30(12): 131-136.

邹志恒, 宋琼莉, 文虹, 等. 2004. 果寡糖+甘露寡糖对仔猪生长性能的影响. 江西农业学报, (2): 60-63.

Abdel-Wareth A A A, Kehraus S, Südekum K H. 2019. Peppermint and its respective active component in diets of broiler chickens: growth performance, viability, economics, meat physicochemical properties, and carcass characteristics. Poult Sci, 98(9): 3850-3859.

Adel M, Abedian Amiri A, Zorriehzahra J, et al. 2015. Effects of dietary peppermint (*Mentha piperita*) on growth performance, chemical body composition and hematological and immune parameters of fry Caspian white fish (*Rutilus frisii kutum*). Fish Shellfish Immunol, 45(2): 841-847.

Adeola O. 2018. Phytase in starter and grower diets of White Pekin ducks. Poult Sci, 97(2): 592-598.

Ahmed S T, Mun H S, Islam M M, et al. 2016. Effects of dietary natural and fermented herb combination on growth performance, carcass traits and meat quality in grower-finisher pigs. Meat Sci, 122: 7-15.

Andrews S R, Sahu N P, Pal A K, et al. 2011. Yeast extract, brewer's yeast and spirulina in diets for *Labeo rohita* fingerlings affect haemato-immunological responses and survival following *Aeromonas hydrophila* challenge. Res Vet Sci, 91(1): 103-109.

Attia Y A, Bovera F, Abd El-Hamid A E, et al. 2016. Effect of zinc bacitracin and phytase on growth performance, nutrient digestibility, carcass and meat traits of broilers. J Anim Physiol Anim Nutr (Berl), 100(3): 485-491.

Baba S, Ueno Y, Kikuchi T, et al. 2016. A limonoid kihadanin B from immature *Citrus unshiu* peels suppresses adipogenesis through repression of the Akt-FOXO1-PPARγ axis in adipocytes. J Agric Food Chem, 64(51): 9607-9615.

Babinszky L, Langhout D J, Verstegen M W, et al. 1991. Effect of vitamin E and fat source in sows' diets on immune response of suckling and weaned piglets. J Anim Sci, 69(5): 1833-1842.

Bahi A, Guardiola F A, Messina C, et al. 2017. Effects of dietary administration of fenugreek seeds, alone or in combination with probiotics, on growth performance parameters, humoral immune response and gene expression of gilthead seabream (*Sparus aurata* L.). Fish Shellfish Immunol, 60: 50-58.

Baillon M L, Marshall-Jones Z V, Butterwick R F. 2004. Effects of probiotic *Lactobacillus acidophilus* strain DSM13241 in healthy adult dogs. Am J Vet Res, 65(3): 338-343.

Baldissera M D, Souza C F, Doleski P H, et al. 2016. Involvement of cholinergic and purinergic systems during the inflammatory response caused by *Aeromonas hydrophila* in *Rhamdia quelen*. Microb Pathog, 99: 78-82.

Bao H, She R, Liu T, et al. 2009. Effects of pig antibacterial peptides on growth performance and intestine mucosal immune of broiler chickens. Poult Sci, 88(2): 291-297.

Beck B R, Kim D, Jeon J, et al. 2015. The effects of combined dietary probiotics *Lactococcus lactis* BFE920 and *Lactobacillus plantarum* FGL0001 on innate immunity and disease resistance in olive flounder (*Paralichthys olivaceus*). Fish Shellfish Immunol, 42(1): 177-183.

Bindels L B, Delzenne N M, Cani P D, et al. 2015. Towards a more comprehensive concept for prebiotics. Nat Rev Gastroenterol Hepatol, 12(5): 303-310.

Böhmer B M, Roth-Maier D A. 2007. Effects of high-level dietary B-vitamins on performance, body composition and tissue vitamin contents of growing/finishing pigs. J Anim Physiol Anim Nutr (Berl), 91(1-2): 6-10.

Broomhead J N, Lessard P A, Raab R M, et al. 2019. Effects of feeding corn-expressed phytase on the live performance, bone characteristics, and phosphorus digestibility of nursery pigs. J Anim Sci, 97(3): 1254-1261.

Busquet M, Calsamiglia S, Ferret A, et al. 2005. Effect of garlic oil and four of its compounds on rumen microbial fermentation. J Dairy Sci, 88(12): 4393-4404.

Carter A, Adams M, La Ragione R M, et al. 2017. Colonisation of poultry by *Salmonella* Enteritidis S1400 is reduced by combined administration of *Lactobacillus salivarius* 59 and *Enterococcus faecium* PXN-33. Vet Microbiol, 199: 100-107.

Chang J, Wang T, Wang P, et al. 2020. Compound probiotics alleviating aflatoxin B_1 and zearalenone toxic effects on broiler production performance and gut microbiota. Ecotoxicol Environ Saf, 194: 110420.

Choi S C, Ingale S L, Kim J S, et al. 2013. An antimicrobial peptide-A3: effects on growth performance, nutrient retention, intestinal and faecal microflora and intestinal morphology of broilers. Br Poult Sci, 54(6): 738-746.

Dawood M A O, Koshio S, Ishikawa M, et al. 2016. Probiotics as an environment-friendly approach to enhance red sea bream, *Pagrus major* growth, immune response and oxidative status. Fish Shellfish Immunol, 57: 170-178.

Destoumieux D, Muñoz M, Cosseau C, et al. 2000. Penaeidins, antimicrobial peptides with chitin-binding activity, are produced and stored in shrimp granulocytes and released after microbial challenge. J Cell Sci, 113(Pt3): 461-469.

Dimitroglou A, Merrifield D L, Carnevali O, et al. 2011. Microbial manipulations to improve fish health and production-a Mediterranean perspective. Fish Shellfish Immunol, 30(1): 1-16.

Du W, Xu H, Mei X, et al. 2018. Probiotic *Bacillus* enhance the intestinal epithelial cell barrier and immune function of piglets. Benef Microbes, 9(5): 743-754.

Faber T A, Hopkins A C, Middelbos I S, et al. 2011. Galactoglucomannan oligosaccharide supplementation affects nutrient digestibility, fermentation end-product production, and large bowel microbiota of the dog. J Anim Sci, 89(1): 103-112.

Feng J, Lu M Y, Wang J, et al. 2022. Dietary oregano essential oil supplementation improves intestinal functions and alters gut microbiota in latephase laying hens. J Anim Sci Biotechno, (1): 265-279.

Gao J, Zhang H J, Yu S H, et al. 2008. Effects of yeast culture in broiler diets on performance and immunomodulatory functions. Poult Sci, 87(7): 1377-1384.

Garcia-Mazcorro J F, Lanerie D J, Dowd S E, et al. 2011. Effect of a multi-species synbiotic formulation on fecal bacterial microbiota of healthy cats and dogs as evaluated by pyrosequencing.

FEMS Microbiol Ecol, 78(3): 542-554.

Geraylou Z, Souffreau C, Rurangwa E, et al. 2013. Effects of dietary arabinoxylan-oligosaccharides (AXOS) and endogenous probiotics on the growth performance, non-specific immunity and gut microbiota of juvenile Siberian sturgeon (*Acipenser baerii*). Fish Shellfish Immunol, 35(3): 766-775.

Giannenas I, Karamaligas I, Margaroni M, et al. 2015. Effect of dietary incorporation of a multi-strain probiotic on growth performance and health status in rainbow trout (*Oncorhynchus mykiss*). Fish Physiol Biochem, 41(1): 119-128.

Gibson G R, Roberfroid M B. 1995. Dietary modulation of the human colonic microbiota: introducing the concept of prebiotics. J Nutr, 125(6): 1401-1412.

Gouveia E M, Silva I S, Onselem V J, et al. 2006. Use of mannan oligosaccharides as an adjuvant treatment for gastrointestinal diseases and their effects on *E. coli* inactivated in dogs. Acta Cir Bras, 4: 23-26.

Grela E R, Czech A, Kiesz M, et al. 2015. A fermented rapeseed meal additive: effects on production performance, nutrient digestibility, colostrum immunoglobulin content and microbial flora in sows. Anim Nutr, 5(4): 373-379.

Grieshop C M, Flickinger E A, Bruce K J, et al. 2004. Gastrointestinal and immunological responses of senior dogs to chicory and mannan-oligosaccharides. Arch Anim Nutr, 58(6): 483-493.

Haghighi H R, Gong J, Gyles C L, et al. 2005. Modulation of antibody-mediated immune response by probiotics in chickens. Clin Diagn Lab Immunol, 12(12): 1387-1392.

Heo J M, Kim J C, Hansen C F, et al. 2008. Effects of feeding low protein diets to piglets on plasma urea nitrogen, faecal ammonia nitrogen, the incidence of diarrhoea and performance after weaning. Arch Anim Nutr, 62(5): 343-358.

Hoseinifar S H, Zoheiri F, Lazado C C. 2016. Dietary phytoimmunostimulant Persian hogweed (*Heracleum persicum*) has more remarkable impacts on skin mucus than on serum in common carp (*Cyprinus carpio*). Fish Shellfish Immunol, 59: 77-82.

Hu Y, Chen W C, Shen Y F, et al. 2019. Synthesis and antiviral activity of a new arctigenin derivative against IHNV *in vitro* and *in vivo*. Fish Shellfish Immunol, 92: 736-745.

Huang A G, Tan X P, Qu S Y, et al. 2019. Evaluation on the antiviral activity of genipin against white spot syndrome virus in crayfish. Fish Shellfish Immunol, 93: 380-386.

Jiang J, Wu H, Zhu D, et al. 2020. Dietary supplementation with phytase and protease improves growth performance, serum metabolism status, and intestinal digestive enzyme activities in meat ducks. Animals (Basel), 10(2): 268.

Jiao X, Ma W, Chen Y, et al. 2016. Effects of amino acids supplementation in low crude protein diets on growth performance, carcass traits and serum parameters in finishing gilts. Anim Sci J, 87(10): 1252-1257.

Jin M, Xiong J, Zhou Q C, et al. 2018. Dietary yeast hydrolysate and brewer's yeast supplementation could enhance growth performance, innate immunity capacity and ammonia nitrogen stress resistance ability of Pacific white shrimp (*Litopenaeus vannamei*). Fish Shellfish Immunol, 82: 121-129.

Jung S J, Choi Y J, Kim N N, et al. 2016. Effects of melatonin injection or green-wavelength LED light on the antioxidant system in goldfish (*Carassius auratus*) during thermal stress. Fish Shellfish Immunol, 52: 157-166.

Kang P, Hou Y Q, Toms D, et al. 2013. Effects of enzyme complex supplementation to a paddy-based diet on performance and nutrient digestibility of meat-type ducks. Asian-Australasian Journal of Animal Sciences, 26(2): 253-259.

Kapetanovic I M, Crowell J A, Krishnaraj R, et al. 2009. Exposure and toxicity of green tea polyphenols in fasted and non-fasted dogs. Toxicology, 260(1-3): 28-36.

Kuebutornye F K A, Wang Z, Lu Y, et al. 2020. Effects of three host-associated *Bacillus* species on mucosal immunity and gut health of Nile tilapia, *Oreochromis niloticus* and its resistance against *Aeromonas hydrophila* infection. Fish Shellfish Immunol, 97: 83-95.

Kumar R, Balaji S, Uma T S, et al. 2010. Optimization of influential parameters for extracellular keratinase production by *Bacillus subtilis* (MTCC9102) in solid state fermentation using horn meal: a biowaste management. Appl Biochem Biotechnol, 160(1): 30-39.

Le Bellego L, van Milgen J, Noblet J. 2002. Effect of high temperature and low-protein diets on the performance of growing-finishing pigs. J Anim Sci, 80(3): 691-701.

Lei K, Li Y L, Yu D Y, et al. 2013. Influence of dietary inclusion of *Bacillus licheniformis* on laying performance, egg quality, antioxidant enzyme activities, and intestinal barrier function of laying hens. Poult Sci, 92(9): 2389-2395.

Lin Q, Zhao J, Xie K, et al. 2017. Magnolol additive as a replacer of antibiotic enhances the growth performance of *Linwu* ducks. Anim Nutr, 3(2): 132-138.

Lowe J A, Kershaw S J, Taylor A J, et al. 1997. The effect of *Yucca schidigera* extract on canine and feline faecal volatiles occurring concurrently with faecal aroma amelioration. Res Vet Sci, 63(1): 67-71.

Ma J, Mahfuz S, Wang J, et al. 2021. Effect of dietary supplementation with mixed organic acids on immune function, antioxidative characteristics, digestive enzymes activity, and intestinal health in broiler chickens. Front Nutr, 8: 673316.

Mahmood T, Mirza M A, Nawaz H, et al. 2018. Exogenous protease supplementation of poultry by-product meal-based diets for broilers: effects on growth, carcass characteristics and nutrient digestibility. J Anim Physiol Anim Nutr (Berl), 102(1): e233-e241.

Manes N P, Shulzhenko N, Nuccio A G, et al. 2017. Multi-omics comparative analysis reveals multiple layers of host signaling pathway regulation by the gut microbiota. mSystems, 2(5): e00107-17.

Markazi A D, Perez V, Sifri M, et al. 2017. Effect of whole yeast cell product supplementation

(CitriStim®) on immune responses and cecal microflora species in pullet and layer chickens during an experimental coccidial challenge. Poult Sci, 96(7): 2049-2056.

Mathlouthi N, Mohamed M A, Larbier M. 2003. Effect of enzyme preparation containing xylanase and beta-glucanase on performance of laying hens fed wheat/barley- or maize/soybean meal-based diets. Br Poult Sci, 44(1): 60-66.

Mexis S F, Chouliara E, Kontominas M G. 2009. Combined effect of an oxygen absorber and oregano essential oil on shelf life extension of rainbow trout fillets stored at 4℃. Food Microbiol, 26(6): 598-605.

Micciche A C, Foley S L, Pavlidis H O, et al. 2018. A review of prebiotics against *Salmonella* in poultry: current and future potential for microbiome research applications. Front Vet Sci, 5: 191.

Ming K, He M, Su L, et al. 2020. The inhibitory effect of phosphorylated *Codonopsis pilosula* polysaccharide on autophagosomes formation contributes to the inhibition of duck hepatitis A virus replication. Poult Sci, 99(4): 2146-2156.

Murai T, Kawasumi K, Tominaga K, et al. 2019. Effects of astaxanthin supplementation in healthy and obese dogs. Vet Med (Auckl), 10: 29-35.

Oliver W T, Wells J E. 2013. Lysozyme as an alternative to antibiotics improves growth performance and small intestinal morphology in nursery pigs. J Anim Sci, 91(7): 3129-3136.

Onderci M, Sahin N, Sahin K, et al. 2006. Efficacy of supplementation of alpha-amylase-producing bacterial culture on the performance, nutrient use, and gut morphology of broiler chickens fed a corn-based diet. Poult Sci, 85(3): 505-510.

Opapeju F O, Rademacher M, Blank G, et al. 2008. Effect of low-protein amino acid-supplemented diets on the growth performance, gut morphology, organ weights and digesta characteristics of weaned pigs. Animal, 2(10): 1457-1464.

Panigrahi A, Das R R, Sivakumar M R, et al. 2020. Bio-augmentation of heterotrophic bacteria in biofloc system improves growth, survival, and immunity of Indian white shrimp *Penaeus indicus*. Fish Shellfish Immunol, 98: 477-487.

Park J S, Mathison B D, Hayek M G, et al. 2013. Astaxanthin modulates age-associated mitochondrial dysfunction in healthy dogs. J Anim Sci, 91(1): 268-275.

Peng M, Wang Z, Peng S, et al. 2019. Dietary supplementation with the extract from *Eucommia ulmoides* leaves changed epithelial restitution and gut microbial community and composition of weanling piglets. PLoS ONE, 14(9): e0223002.

Peng Q, Zeng X F, Zhu J L, et al. 2016. Effects of dietary *Lactobacillus plantarum* B_1 on growth performance, intestinal microbiota, and short chain fatty acid profiles in broiler chickens. Poult Sci, 95(4): 893-900.

Pinna C, Vecchiato C G, Zaghini G, et al. 2016. *In vitro* influence of dietary protein and fructooligosaccharides on metabolism of canine fecal microbiota. BMC Vet Res, 12: 53.

Powell S, Bidner T D, Payne R L, et al. 2011. Growth performance of 20- to 50-kilogram pigs fed low-crude-protein diets supplemented with histidine, cystine, glycine, glutamic acid, or arginine. J Anim Sci, 89(11): 3643-3650.

Qian X, Zhu F. 2019. Hesperetin protects crayfish *Procambarus clarkii* against white spot syndrome virus infection. Fish Shellfish Immunol, 93: 116-123.

Qiu K, Wang X, Zhang H, et al. 2022. Dietary supplementation of a new probiotic compound improves the growth performance and health of broilers by altering the composition of cecal microflora. Biology (Basel), 11(5): 633.

Roberfroid M B. 2007. Inulin-type fructans: functional food ingredients. J Nutr, 137(11): 2493S-2502S.

Rungrassamee W, Klanchui A, Maibunkaew S, et al. 2014. Characterization of intestinal bacteria in wild and domesticated adult black tiger shrimp (*Penaeus monodon*). PLoS ONE, 9(3): e91853.

Sahu M K, Swarnakumar N S, Sivakumar K, et al. 2008. Probiotics in aquaculture: importance and future perspectives. Indian J Microbiol, 48(3): 299-308.

Serradell A, Torrecillas S, Makol A, et al. 2020. Prebiotics and phytogenics functional additives in low fish meal and fish oil based diets for European sea bass (*Dicentrarchus labrax*): effects on stress and immune responses. Fish Shellfish Immunol, 100: 219-229.

Shang H, Zhao J, Dong X, et al. 2020. Inulin improves the egg production performance and affects the cecum microbiota of laying hens. Int J Biol Macromol, 155: 1599-1609.

Shi J, Zhang P, Xu M M, et al. 2018. Effects of composite antimicrobial peptide on growth performance and health in weaned piglets. Anim Sci J, 89(2): 397-403.

Shokryazdan P, Faseleh Jahromi M, Liang J B, et al. 2017. Effects of a *Lactobacillus salivarius* mixture on performance, intestinal health and serum lipids of broiler chickens. PLoS ONE, 12(5): e0175959.

Spring P, Wenk C, Dawson K A, et al. 2000. The effects of dietary mannaoligosaccharides on cecal parameters and the concentrations of enteric bacteria in the ceca of salmonella-challenged broiler chicks. Poult Sci, 79(2): 205-211.

Swaiatkiewicz S, Koreleski J, Arczewska A. 2010. Laying performance and eggshell quality in laying hens fed diets supplemented with prebiotics and organic acids. Journal of Animal Science, 55(7): 294-306.

Swanson K S, Grieshop C M, Flickinger E A, et al. 2002. Fructooligosaccharides and *Lactobacillus acidophilus* modify gut microbial populations, total tract nutrient digestibilities and fecal protein catabolite concentrations in healthy adult dogs. J Nutr, 132(12): 3721-3731.

Tana C, Umesaki Y, Imaoka A, et al. 2010. Altered profiles of intestinal microbiota and organic acids may be the origin of symptoms in irritable bowel syndrome. Neurogastroenterol Motil, 22(5): 512-519.

Tareq K M A, Akter Q S, Takagi Y, et al. 2009. Effect of selenium and vitamin E on acrosome reaction in porcine spermatozoa. Reprod Med Biol, 9(2): 73-81.

Tsiloyiannis V K, Kyriakis S C, Vlemmas J, et al. 2001. The effect of organic acids on the control of post-weaning oedema disease of piglets. Res Vet Sci, 70(3): 281-285.

Van Hai N, Buller N, Fotedar R. 2009. The use of customised probiotics in the cultivation of western king prawns (*Penaeus latisulcatus* Kishinouye, 1896). Fish Shellfish Immunol, 27(2): 100-104.

Vasaï F, Ricaud K B, Cauquil L, et al. 2014. *Lactobacillus sakei* modulates mule duck microbiota in ileum and ceca during overfeeding. Poult Sci, 93(4): 916-925.

Verlinden A, Hesta M, Hermans J M, et al. 2006. The effects of inulin supplementation of diets with or without hydrolysed protein sources on digestibility, faecal characteristics, haematology and immunoglobulins in dogs. Br J Nutr, 96(5): 936-944.

Vierbaum L, Eisenhauer L, Vahjen W, et al. 2019. *In vitro* evaluation of the effects of *Yucca schidigera* and inulin on the fermentation potential of the faecal microbiota of dogs fed diets with low or high protein concentrations. Arch Anim Nutr, 73(5): 399-413.

Wang C, Lin C, Su W, et al. 2018a. Effects of supplementing sow diets with fermented corn and soybean meal mixed feed during lactation on the performance of sows and progeny. J Anim Sci, 96(1): 206-214.

Wang C, Zhang L, Su W, et al. 2017a. Zinc oxide nanoparticles as a substitute for zinc oxide or colistin sulfate: effects on growth, serum enzymes, zinc deposition, intestinal morphology and epithelial barrier in weaned piglets. PLoS ONE, 12(7): e0181136.

Wang J P, Jia R, Celi P, et al. 2020. Green tea polyphenol epigallocatechin-3-gallate improves the antioxidant capacity of eggs. Food Funct, 11(1): 534-543.

Wang Y, Zhou J, Wang G, et al. 2018b. Advances in low-protein diets for swine. J Anim Sci Biotechnol, 9: 60.

Wang Z, Sun B, Zhu F. 2017b. Epigallocatechin-3-gallate inhibit replication of white spot syndrome virus in *Scylla paramamosain*. Fish Shellfish Immunol, 67: 612-619.

Wang Z R, Qiao S Y, Lu W Q, et al. 2005. Effects of enzyme supplementation on performance, nutrient digestibility, gastrointestinal morphology, and volatile fatty acid profiles in the hindgut of broilers fed wheat-based diets. Poult Sci, 84(6): 875-881.

Wealleans A L, Bold R M, Dersjant-Li Y, et al. 2015. The addition of a *Buttiauxella* sp. phytase to lactating sow diets deficient in phosphorus and calcium reduces weight loss and improves nutrient digestibility. J Anim Sci, 93(11): 5283-5290.

Wondra K J, Hancock J D, Behnke K C, et al. 1995. Effects of mill type and particle size uniformity on growth performance, nutrient digestibility, and stomach morphology in finishing pigs. J Anim Sci, 73(9): 2564-2573.

Wu S, Zhang F, Huang Z, et al. 2012. Effects of the antimicrobial peptide cecropin AD on performance and intestinal health in weaned piglets challenged with *Escherichia coli*. Peptides, 35(2): 225-230.

Xu S, Shi J, Shi X, et al. 2018. Effects of dietary supplementation with lysozyme during late gestation and lactation stage on the performance of sows and their offspring. J Anim Sci, 96(11): 4768-4779.

Yadav M, Schorey J S. 2006. The beta-glucan receptor dectin-1 functions together with TLR2 to mediate macrophage activation by mycobacteria. Blood, 108(9): 3168-3175.

Yeh R Y, Shiu Y L, Shei S C, et al. 2009. Evaluation of the antibacterial activity of leaf and twig extracts of stout camphor tree, *Cinnamomum kanehirae*, and the effects on immunity and disease resistance of white shrimp, *Litopenaeus vannamei*. Fish Shellfish Immunol, 27(1): 26-32.

Yi H, Zhang L, Gan Z, et al. 2016. High therapeutic efficacy of Cathelicidin-WA against postweaning diarrhea via inhibiting inflammation and enhancing epithelial barrier in the intestine. Sci Rep, 6: 25679.

Yin J, Li F, Kong X, et al. 2019. Dietary xylo-oligosaccharide improves intestinal functions in weaned piglets. Food Funct, 10(5): 2701-2709.

Yu Q, Fang C, Ma Y, et al. 2021. Dietary resveratrol supplement improves carcass traits and meat quality of Pekin ducks. Poult Sci, 100(3): 100802.

Yuan D X, Wang J, Xiao D F, et al. 2020. *Eucommia ulmoides* flavones as potential alternatives to antibiotic growth promoters in a low-protein diet improve growth performance and intestinal health in weaning piglets. Animals (Basel), 10(11): 1998.

Yunis-Aguinaga J, Fernandes D C, Eto S F, et al. 2016. Dietary camu camu, *Myrciaria dubia*, enhances immunological response in *Nile tilapia*. Fish Shellfish Immunol, 58: 284-291.

Zeng L, Wang Y H, Ai C X, et al. 2016. Effects of β-glucan on ROS production and energy metabolism in yellow croaker (*Pseudosciaena crocea*) under acute hypoxic stress. Fish Physiol Biochem, 42(5): 1395-1405.

Zhai S S, Ruan D, Zhu Y W, et al. 2020. Protective effect of curcumin on ochratoxin A-induced liver oxidative injury in duck is mediated by modulating lipid metabolism and the intestinal microbiota. Poult Sci, 99(2): 1124-1134.

Zhu C, Lv H, Chen Z, et al. 2017. Dietary zinc oxide modulates antioxidant capacity, small intestine development, and jejunal gene expression in weaned piglets. Biol Trace Elem Res, 175(2): 331-338.